Christoph Wirtz

SIEBECK

Ein sattes Leben

CHRISTOPH WIRTZ

SIEBECK

EIN SATTES LEBEN

Der Mann, der die Deutschen
auf den Geschmack brachte

Da geh' ich ins Maxim,
Dort bin ich sehr intim,
Ich duze alle Damen,
Ruf' sie beim Kosenamen.
Lolo, Dodo, Joujou,
Cloclo, Margot, Froufrou,
Sie lassen mich vergessen
Das teure Vaterland!

Dann wird champagnisiert,
Auch häufig cancaniert,
Und geht's ans Kosen, Küssen
Mit allen diesen Süßen:
Lolo, Dodo, Joujou,
Cloclo, Margot, Froufrou,
Dann kann ich leicht vergessen
Das teure Vaterland!

Die lustige Witwe
Lehár, Léon, Stein

Inhalt

1. Prolog: Puttin' On the *Ritz* 9
2. Eine Kindheit im Ruhrgebiet 14
3. Teilnahmslos im Krieg 22
4. Ins Blaue 31
5. Formative Years 36
6. Witterung 43
7. Lebensthema 52
8. Barbara 64
9. Bayerisches Beben 72
10. Douce France 85
11. Plumpsküche 102
12. Exorzist der braunen Soße 110
13. Freiheit am Herd 125
14. In Full Swing 142
15. Prinzipien 166
16. Adorno mit dem Schneebesen 176
17. Lob der Leber 188
18. Freier Journalist 207
19. Goldener Boden 217
20. Anderswo 233
21. Never complain, never explain 244
22. Versöhnungen 259
23. Nachgeschmack 273
24. Epilog: Digestif in Mahlberg 286
25. Nachwort: GOAT 291
26. Bibliografie 294

1.

Prolog: Puttin' On the *Ritz*

Das Hotel Ritz-Carlton am Potsdamer Platz ist selbst für Berliner Verhältnisse eine ästhetische Zumutung. Ein in Stein und Glas gefasstes Missverständnis von monumentaler Mittelmäßigkeit, angestrengt bemüht, mittels natursteinverkleideter Fassaden und pseudoklassischer Proportionen an Idealbilder europäisch-urbaner Eleganz anzuknüpfen, und doch kaum mehr als eine erinnerungslose Nostalgiehülle. Im Inneren setzt sich das dekorative Hochglanzversagen nahtlos fort, trumpft ein deutsch-imperialer Stilmix aus Pseudo-Art-déco und austauschbarer Luxusästhetik in dümmlicher Symmetrie auf: Säulen und geraffte Vorhänge, Kronleuchter, Marmor und Messing. Dem Londoner Ritz so fern wie dem zeitlosen Carlton an der sanft geschwungenen Croisette von Cannes, wirkt das Ganze, als habe sich ein überambitionierter Mitarbeiter der Komödie am Kurfürstendamm mit unbegrenzten Mitteln entlang von Kunstpostkarten der Pariser Haussmann-Architektur an einen maßstabsgetreuen Kulissenentwurf für eine Boulevard-Komödie mit Günter Pfitzmann gewagt: »Die Goldenen Zwanziger im Grand Hôtel«.

Ausgerechnet in diesem Rahmen feiert an einem herbstlich kühlen Montagabend im September 2008 jemand seinen Geburtstag, der die Epoche, auf die sich die architektonische Behauptungsgeste hier beziehen soll, aus eigener – wenn auch nur kurzer und zweifellos sehr verschwommener – Anschauung kennt: Wolfram Siebeck ist wenige Tage zuvor 80 Jahre alt geworden, und die Redaktion der Wochenzeitung Die ZEIT, deren Kolumnist er seit fast einem halben Jahrhundert ist, richtet ihm aus diesem Anlass einen Festakt aus, wie ihn sonst mit Ausnahme der Herausgeber wohl kein Verlagsmitarbeiter und schon gar kein freier Autor je erhalten hat. Das Deutsche Weininstitut, Selters und Sierra Tequila sponsern. Dresscode: »Abendgarderobe«.

Auf der Gästeliste der »Gourmetparty« stehen der Regierende Bürgermeister der Bundeshauptstadt und mehrere Bundesminister a. D., Klaus Peymann und Harald Krassnitzer, Berlinale-Chef Dieter Kosslick, der Dramatiker Tankred Dorst, Helmut Karasek und Iris Berben. Joschka Fischer hält eine Laudatio. Für den kulinarischen Rahmen des Festmenüs (»8 Köche, 8 Gänge, 80 Jahre«) wurde Carme Ruscalleda aus Barcelona eingeflogen, um scharfen Thunfisch mit Erdbeereis zu präsentieren, Reinhard Gerer hat aus Wien leicht geräucherten Tiroler Schinken mit Erdäpfel-Espuma mitgebracht, René Redzepi aus seinem Kopenhagener Noma »glasierte Schafsmilch«. Sven Elverfeld verbindet Garnelen mit warmer Wassermelone, Juan Amador Taube mit gelierter Kokosmilch, Cornelia Poletto lässt Labskaus-Tortelloni servieren. Selbst der »Jahrhundertkoch« Eckart Witzigmann ist zugegen und lässt nach über vier Jahrzehnten erneut sein legendäres Kalbsbries Rumohr ins Rohr schieben, das er – der einst erste Drei-Sterne-Koch Deutschlands – im Münchner Tantris der 70er-Jahre für Wolfram Siebeck erfunden hat.

Der Jubilar selbst – weißer Bart, grauer Nadelstreifen, breite Krawatte mit geschwungenem Muster in leuchtendem Grün, Türkis, Hellblau, Rot, Gelb und Weiß – sieht am Arm seiner alterslos schönen Frau Barbara in cremefarbenem Jackett mit großer roter Seidenblume nach Ansicht der Berliner Morgenpost, die am nächsten Tag unter der Überschrift »Liebeserklärungen zum 80.« berichtet, »gütig aus und zufrieden«. Seine Lebensbilanz »scheint zu stimmen«.

Für den Festakt wurde Berlins mit rund 910 Quadratmetern größter Hotelballsaal reserviert. Ferran Adrià und Paul Bocuse (»Siebeck gebührt unsere ganze Bewunderung«) melden sich per Videobotschaft. Joschka Fischer erklärt, wie er in den 70er-Jahren »resozialisiert« wurde: »Statt Mao las ich Siebeck.« Stapelweise liegt im Hotel das aktuelle ZEITmagazin aus, das vom coverfüllenden Foto (»Hut ab«) bis zur letzten Seite durchgehend seinem jahrzehntelangen Starautor gewidmet ist, »Deutschlands feinster Zunge«, dem »Vorkoster der Nation«, dem »Zuchtmeister des Geschmacks«: Niemand habe »die Lebenskultur des Landes mehr verändert als er«.

Einziger zarter Misston im Zuneigungsfortissimo: Auf Seite 54 des Siebeck-Hefts erklärt ZEIT-Herausgeber Helmut Schmidt in charakteristischer Raubauzigkeit im Gespräch mit Giovanni di Lorenzo, er mache sich nichts »aus Essen«, sei weder Gourmet noch Gourmand, könne bestenfalls Kaffee, Tee und notfalls Bouillon kochen, schätze Sauerfleisch mit Bratkartoffeln, und übermittelt einen eher Siebeck-untypischen Restauranttipp: »Das beste Labskaus in Hamburg gibt es gegenüber der Michaeliskirche im Old Commercial Room.«

Was der Altbundeskanzler zu diesem Zeitpunkt vermutlich so wenig ahnt wie die meisten der im glitzernden Ritz-Carlton versammelten Festgäste: Die schmidtsche Frugalität passt gar nicht schlecht zu dem, was bevorsteht. Genau eine Woche zuvor hat in Manhattan die bis dahin weithin unbekannte, vergleichsweise kleine Bank Lehman Brothers vor dem U.S. Bankruptcy Court for the Southern District of New York Insolvenz beantragt. Die Folgen werden die Welt erschüttern und auch in Berlin ihre Spuren hinterlassen. Ein gutes halbes Jahr später begründet das Ritz-Carlton die Schließung seines Spitzenrestaurants Vitrum unter dem Küchenchef Hendrik Otto mit »wirtschaftlich herausfordernden Zeiten«, die Dehoga meldet »dramatische Einbußen im Gastgewerbe«, und die Konjunktur der reichweitenstarken, gottgleichen Großkritiker in den deutschen Feuilletons geht am Ende der ersten Dekade des neuen Jahrtausends ebenso spürbar auf Talfahrt.

Keine 14 Tage nach dem Berliner Siebeck-Hochamt kündet ein Auftritt Marcel Reich-Ranickis bei der Verleihung des Deutschen Fernsehpreises in Köln vom endgültigen Ende einer Ära: Auf der Bühne lehnt er als Abschiedsgeste so kalkuliert wie demonstrativ vor einem Millionenpublikum die Auszeichnung für sein Lebenswerk ab, poltert gegen Verflachung und Verblödung. Ein Schwanengesang der klassischen Kritikerfigur, der autoritären Instanz, während parallel auf breiter Front die Zeitungsverkäufe einbrechen, Blogs, Online-Magazine und soziale Medien die Diskurse zu prägen beginnen und sich die Republik zögernd mit Begriffen wie User-generated Content und Schwarmintelligenz vertraut zu machen beginnt.

Doch noch ist die Stimmung im Ritz-Carlton blendend. Deutschland ist Exportweltmeister, und Hendrik Otto serviert eine Crème von Earl Grey mit Gewürz-Sorbet.

Am frühen Morgen, der Jubilar liegt längst in seiner Suite im Bett, sitzt ein kleines Grüppchen angetrunkener Journalisten und Restgäste in der Ritz-Carlton-Brasserie Desbrosses, deren Interieur von 1875 in Freizeitpark-Manier aus einer pleitegegangenen Kneipe im burgundischen Mâcon abmontiert und hier wieder angeschraubt worden ist, und trinkt die Überbleibsel aus den Weinflaschen. Dazu gibt es lauwarme Currywurst.

Currywurst!

»Siebeck und Grönemeyer«, nuschelt einer der Derangierten am Tisch mit halbvollem Mund, »zwei Enden einer Currywurst.« Niemand versteht den Witz.

»Wegen Ruhrpott.«

Schweigen und Schulterzucken.

2.
Eine Kindheit im Ruhrgebiet

Die Oststraße 109 in Duisburg-Neudorf, östlich des Hauptbahnhofs, ist 1928 eine enge, dicht bebaute, vorwiegend gründerzeitliche Geschäfts- und Wohnstraße in einem typischen Arbeiterquartier mit vier- bis fünfgeschossigen Mietshäusern: im Erdgeschoss Kolonialwarenläden, Bäckereien, Schneidereien, Gaststätten, in den Obergeschossen Wohnungen für Arbeiterfamilien, Angestellte und kleine Gewerbetreibende. Abends brennen Gaslaternen entlang der schmalen gepflasterten Straße, tagsüber eilen Fußgänger zum nahen Hauptbahnhof, Arbeiter zu den Hüttenwerken oder zum Hafen. Das Klingeln der Straßenbahnen auf der nahen Neudorfer Straße ist so allgegenwärtig wie der Kohlenstaub der Eisen- und Stahlwerke, der Ruß der Öfen in den Häusern, der Bierdunst der Kneipen.

Hier erblickt Wolfram Siebeck am 19. September das Licht der Welt. Das erste Selbstzeugnis findet sich in einem Fotoalbum aus diesen Jahren, auf der ersten Seite – und es stammt nicht aus seiner Feder: »Daß ich heute glücklich und gesund zur größten Freude meiner Eltern Walter und Alma Siebeck, geb. Gutzeit, angekommen bin, zeige ich hiermit an. Wolfram Herbert.«

In Berlin repräsentiert der greise Reichspräsident Paul von Hindenburg die Weimarer Republik, deren Lage sich nach der Hyperinflation von 1923 und dem Krisenjahr 1923/24 vorerst beruhigt hat. Deutschland ist seit zwei Jahren Mitglied im Völkerbund, Außenminister Stresemann verfolgt eine Politik der Verständigung. Die Konjunktur ist stabil, die Industrieproduktion erreicht fast das Vorkriegsniveau. In Duisburg wie in Berlin leisten sich mehr und mehr Menschen Radios, Fahrräder oder Kinobesuche; Theater, Sport und Tanzlokale prägen das urbane Lebensgefühl. Auch manche kleine Leute erfahren diese Jahre als Zeit der allmählichen Verbesserung ihrer Verhältnisse.

Walter Siebeck nicht. Obschon gutbürgerlich möbliert, bemüht er sich mehr oder weniger vergeblich, einen standesgemäß soliden Wohlstand zu schaffen, wie er ihn als Sohn eines Druckereibesitzers und Lokalzeitungsherausgebers aus Essen-Borbeck in seinem Elternhaus vor dem Ersten Weltkrieg erlebt hat. Aus dem ist er mit Anfang zwanzig und einem zerschossenen Arm zurückgekehrt, um kurz darauf gemeinsam mit seinem Bruder Robert die Druckerei des Vaters, der sich nach Bad Ems zurückgezogen hat, in den Konkurs zu führen und notgedrungen zu verkaufen.

Verheiratet ist Walter Siebeck mit der sieben Jahre jüngeren Alma, die einer ostpreußischen, bäuerlich-handwerklichen Familie aus Pillupönen, Kreis Stallupönen, entstammt, an Tuberkulose leidet und sich – laut einer späteren Einschätzung des gemeinsamen Sohnes – nicht sehr für ihren Ehemann interessiert. Vor allem beteiligt sie sich nicht an dessen Bestrebungen, einen adäquaten Komfort aufrechtzuerhalten, sondern verbringt die Tage leidend auf der Couch, im Haushalt unterstützt durch ihre häufig anwesende Mutter, eine einfache Frau, die ihr Missfallen gegenüber ihrem Schwiegersohn nicht verhehlt.

Womit der Vater sein Geld verdient, wird seinem Sohn zeit seines Lebens nie völlig klar sein. Fest steht nur: Genug für den gewünschten Annehmlichkeiten ist es eher nicht, und es stammt aus häufig wechselnden Angestelltentätigkeiten. Mit einem gewissen Talent zum akkuraten Zeichnen ausgestattet, spielt Walter Siebeck als junger Mann mit dem Gedanken, Architekt oder Bildhauer zu werden, unternimmt nach der Pleite der Druckerei dann jedoch mehrere, offensichtlich mäßig erfolgreiche Versuche, in kaufmännischen Berufen und zwischenzeitlich bei einer Bank in Essen Karriere zu machen. Er hält es nirgendwo lange aus, auch die Wohnung in der Duisburger Oststraße ist nur eine Durchgangsstation; bis Wolfram zehn ist, wohnen die Siebecks an mindestens einem halben Dutzend Adressen in vier

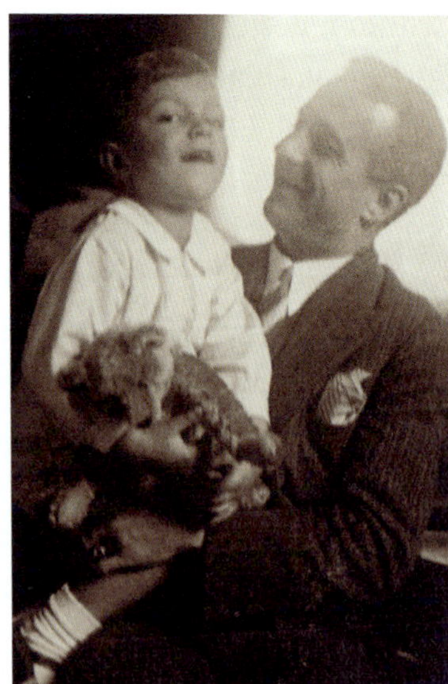

Städten des Ruhrgebiets. Über die Hintergründe dieser häufigen Umzüge wird nicht gesprochen; einzig die ohnehin skeptische Großmutter deutet raunend an, der Vater habe sich »etwas zuschulden kommen« lassen.

Die heiterste Zeit seiner Kindheit verlebt Wolfram Siebeck in der ländlichen Ruhe von Bochum-Langendreer, wo der Vater auf einer Zeche ein Büro der Firma Raab Karcher leitet. Die Familie bewohnt im Schatten der Fördertürme eine bescheidene Villa, in der sich auch das Büro befindet, von dem aus Walter Siebeck mit Kohle beladene Lastwagen zu Händlern in die umliegende Gegend schickt. Wolframs größte Freude ist es, diese Transporte zu begleiten und das Ruhrgebiet der Vorkriegszeit auf der verschlissenen Lederbank eines Dreieinhalbtonners zu durchkreuzen – zu Hause in Langendreer wird die Kohle noch mit einem einachsigen Pferdekarren transportiert.

Eingeschult wird Wolfram am 1. April 1935. Auf seinem Einschulungsfoto steht er im Matrosenanzug und hohen Schnürschuhen mit Kniestrümpfen vor einer aufgeklappten Schiefertafel mit der Sütterlin-Aufschrift »Mein erster Schultag«. Die meisten seiner Schulfreunde sind Kinder von Bergleuten, sie gießen Zinnsoldaten und sind ziemlich anders als er.

Er hat Anlagen zum Stubenhocker, ist ein träumerisches Kind mit Fantasie, angeregt durch die Reemtsma-Zigarettenbilder der Lieblingsmarke des Vaters, die abenteuerliche Geschichten aus dem Wilden Westen oder Heldenmythen deutscher Vergangenheit – Standarten, Fahnen, Landsknechte und Ritterturniere – eindrucksvoll illustrieren. Sein wahres Idol aber ist kein knorriger Westernheld und kein Kämpfer in klirrender Rüstung, sondern, weitaus jüngeren Datums, Johannes Heesters mit seinem unverwüstlichen Operettencharme als Graf Danilo in Frack und Zylinder, stets auf dem Weg ins »Maxim« zu leichten Damen und perlendem Sekt. Beeindruckt vom Ufa-Star und dessen Paraderolle posiert der junge Wolfram für ein Foto, das zum Familienmythos wird: Der Achtjährige zeigt sich am Silvesterabend im väterlichen Frack, den Zylinder auf den Ohren sitzend, und antwortet in diesem Zusammenhang zum Entzücken der Mutter auf die Frage, was er sich für sein späteres Leben wünsche: »Spitze Gläser, schöne Mädchen.«

Eine Antwort, die nicht schlecht zum Selbstbild der Eltern passt, dem die Realität mühsam, doch zumindest zeitweise nicht völlig ohne Erfolg angepasst wird. Bei den Siebecks hilft ein Dienstmädchen putzend und einkaufend mit, während Alma – im kleinbürgerlichen Umfeld als »vornehme Dame« und Welten von ihrer bäuerlich-ostpreußischen Herkunft entfernt – auf der Chaiselongue liegt, Patiencen legt, Romane liest, astrologische Studien betreibt und sich hingebungsvoll um ihre Maniküre kümmert.

Auch der Vater pflegt seine Allüren, trägt Maßanzüge; in seiner Westentasche steckt ein randloses Monokel, das er sich gelegentlich ins Auge klemmt. Dass sein Zylinder aus feinstem Haarfilz und kein Chapeau claque ist, versteht sich, ist Letzteres nach Ansicht seiner Frau doch die deutlich weniger vornehme Kopfbedeckung. Überhaupt verwendet sie das Wort »vornehm« auffällig oft. Dass der zugehörige Frack tatsächlich getragen und nicht nur zur belustigenden Staffage genutzt wird, zeigen Fotos aus den ersten Ehejahren von Wolframs Eltern in festlicher Garderobe zu entsprechenden Anlässen. Andere Aufnahmen erzählen von Bootsfahrten auf dem Rhein, einer Reise in die Schweiz. Gelegentlich steht sogar ein Opel P4 vor der Tür, mit dem die Familie Wochenendausflüge ins nahe Sauerland unternimmt.

Aufs Kulinarische erstrecken sich die großbürgerlichen Bemühungen der Familie nicht, Feinschmeckerei spielt keine

Rolle. Zwar gehört in Langendreer ein stattlicher Gemüsegarten mit Hühnerstall zum Haus auf dem Zechengrundstück, und mit gruselnder Faszination beobachtet der sechsjährige Wolfram die vom Vater mit der Axt geköpften Hühner, die flügelschlagend, Blut verspritzend über den Boden torkeln. Doch ist die Mutter schon bei Königsberger Klopsen überfordert. Wenig von dem, was sie kocht, schmeckt ihm; besonders ekelt er sich vor den halbrohen Zwiebelstücken im durchgedrehten Spinat. Einigermaßen gut munden ihm manchmal saure Nieren, Himmel und Erde, Kartoffelsalat mit Äpfeln – dessen Mayonnaise immerhin selbst gemacht ist – und Schellfisch mit Senfsauce, neben Heringen überhaupt der einzige Fisch auf dem Esstisch der Siebecks. Bratkartoffeln mit Rührei gibt es auch. Eigentlich aber mag Wolfram nur Milch.

Nicht selten isst er bei Schulfreunden zu Mittag, wo es sauer eingelegte grüne Bohnen mit Speck und Birnen gibt, die er hasst. Der Speck stammt von Schweinen, deren Ställe an die Bergarbeiterhäuser der Siedlung angebaut sind und deren Schlachtung – ein Fest für die ganze Nachbarschaft – ihm noch Jahrzehnte später in farbiger Erinnerung ist: die Sau am Strick des Metzgers im Hof, das atemlose Warten auf das Quieken, den dumpfen Schlag mit dem Holzhammer, das Ausbluten. Schließlich das riesige, rosige Tier, auf eine Leiter gebunden, den Bauch aufgeschlitzt. Dann der dampfend kochende Waschkessel, in dem das frische Fleisch, die Würste gebrüht werden. Geschmeckt hat Wolfram das Kesselfleisch nie.

Überhaupt ist zum ständigen Kummer der Mutter ihr »Wölfchen« ein schlechter Esser, isst nicht nur wenig, sondern auch ungern. Ein Butterbrot mit Marmelade oder Maggi zieht er weichem Gemüse in dicker Mehlschwitze stets vor. Keine Kompromisse gibt es einzig beim täglichen Löffel Lebertran, den er mit zugehaltener Nase herunterwürgen muss. An kulinarische Raffinesse in seiner Kindheit erinnert sich Wolfram Siebeck später nur im Zusammenhang mit Rügenwalder Teewurst, gelegentlichen Besuchen des Ausflugscafés über dem Baldeneysee, wo es Bienenstich- oder Obsttorten mit viel Sahne gibt – und seiner ersten Selbstermächtigung am Herd. Mit zehn Jahren entdeckt er die Möglichkeit kulinarischer Verfeinerung: Angeekelt von der Haut auf erkaltetem Vanillepudding entscheidet er, die Zubereitung bis zum exakten Verzehrzeitpunkt künftig selbst zu übernehmen, schüttet Pulver und Zucker in kochende Milch und rührt den dicker werdenden Pudding so lange, bis er handwarm und hautfrei gelöffelt werden kann.

Im kulinarischen Bereich noch wegweisender und mit Blick auf seinen weiteren Lebensweg sicher folgenreicher fällt –

seiner späteren Erinnerung nach – Wolfram Siebecks erster selbstständiger Restaurantbesuch aus. Ausgestattet mit einem Jugendherbergsausweis und etwas Reisegeld begibt er sich als Dreizehnjähriger allein auf eine Fahrradtour durch Westfalen. Er besteigt den Zug und sieht sich bereits wie die Orinoko-Forscher in seinen Abenteuerbüchern unerschrocken die unwägbaren Tiefen des Sauerlandes durchkämpfen, als er bereits beim ersten Zwischenhalt in Hagen auf eine Gaststätte trifft und einkehrt. Er sitzt an einem weiß eingedeckten Tisch, die Kellner tragen dunkle Jacken und behandeln ihn wie einen Erwachsenen. Er bestellt den vertrauten Schellfisch mit Senfsauce und ein Glas Apfelsaft. Hinterher begibt er sich zur örtlichen Jugendherberge, bleibt dort über Nacht und fährt am nächsten Tag postwendend mit dem Zug zurück nach Hause. Er hat an einem runden Tisch gegessen, und es gab Stoffservietten. Vor allem aber gab es in seinem Inneren ein ungeahntes Glücksgefühl von Freiheit und Luxus, an dass er sich noch Jahrzehnte später erinnern wird.

3.

Teilnahmslos im Krieg

Als Wolfram Siebeck zur Welt kommt, verfügt die NSDAP im Reichstag über zwölf der 491 Mandate, aus der Wahl im Mai 1928 ist sie mit 2,6 Prozent als Splitterpartei ohne Einfluss hervorgegangen. Mit der Weltwirtschaftskrise nach dem Börsencrash im Oktober 1929 verschlechtert sich die Lage im Reich jedoch zunehmend, die Weimarer Republik driftet in Massenarbeitslosigkeit, Verelendung, politische Instabilität. Bei der Wahl im September 1930 steigern die Nationalsozialisten ihren Stimmenanteil auf fast das Siebenfache und ihre Mandate nahezu auf das Zehnfache. Keine zweieinhalb Jahre später wird Adolf Hitler von Reichspräsident Hindenburg zum Kanzler ernannt.

Dieser rasante Aufstieg bleibt auch bei den Siebecks in Langendreer nicht unbemerkt. Der Vater Walter sieht in der proletarischen Aufsteigerbewegung eine große Chance. Seine Chance. Unmittelbar nach der Machtergreifung tritt er in die Nazi-Partei ein. Vom neuen Geist in der Familie zeugt ein Foto vom 1. Mai 1933: Drei Monate nach Hitlers Ernennung zum Reichskanzler zeigt es den fast fünfjährigen Wolfram mit seiner Mutter und Großmutter bei einem Spaziergang durch Essen. In der Hand hält er eine schwarz-weiß-rote Fahne, deren Mitte ein Hakenkreuz ziert – mit Tintenstift und grafischer Akkuratesse vom Vater in das weiße Feld gemalt.

Mit derselben Akribie und unter Aufopferung erheblicher Freizeit forscht Walter Siebeck in diesen Wochen – in Korrespondenz mit Kirchenämtern und städtischen Archiven – zur Makellosigkeit seines »arischen« Stammbaums und bannt die Erkenntnisse akkurat auf weißen Karton. Als er auf eine entfernte Verwandte mit dem »undeutschen« Namen »Jely« stößt, stellt er die Ahnenforschung umgehend ein. Antisemitische Aufwallungen verspürt er bereits in den 20er-Jahren bei seiner Kurzzeitbeschäftigung in der Bank, wenn er gelegentlich aus Galizien zugewanderten Juden Geld auszahlen oder gutschreiben muss. Nach den Novemberpogromen 1938 spricht er mit Befriedigung davon, man habe es denen endlich einmal »gezeigt«. Ob er sich selbst an Ausschreitungen beteiligt, bleibt unklar. Er verbringt viele Abende mit seinen Nazi-Genossen in Kneipen, schiebt wichtige Parteiangelegenheiten vor und geht stattdessen fremd.

Ohnehin ist der Nationalsozialismus Walter Siebeck eindeutig weniger ein glühendes Anliegen als die günstige Gelegenheit, seinem sozialen Abstieg als glückloser Angestellter ein Ende zu bereiten: Eine Parteikarriere erscheint als Füllhorn neuer Möglichkeiten. Bei Sonntagsspaziergängen schimpft er auf alles Undeutsche, mehr Ideologie ringt er sich zumindest in Gegenwart der Familie nicht ab. Fanatische Nationalsozialisten gibt es im näheren Umfeld der Eltern so wenig wie ernsthaften Widerstand. Der Völkische Beobachter liegt ungelesen auf der braunen Marmorschale im Flur, »Mein Kampf« steht unberührt im Regal. Pflichtschuldig versammeln sich die Siebecks gelegentlich vor dem Volksempfänger und hören Hitler-Reden. Die braune NS-Uniform, aus feinerem Zwirn als gewöhnlich, im Kleiderschrank des Vaters wird nur selten getragen, das Parteiabzeichen am Revers dazu eher ungern; deutlich lieber ist ihm der

»Hoheitsadler«, das vermeintlich »elegantere« Accessoire. Walters Schwägerin Gusti, der Witwe seines Bruders Robert, der sein Leben als Verkäufer bei Mercedes in Leipzig beschlossen hat, ist auch das zu viel. In zweiter Ehe mit einem Mülheimer Stadtrat der Zentrumspartei verheiratet, kommt sie zwar als einzige Verwandte regelmäßig zu Besuch, betritt jedoch die Wohnung nur, wenn der Schwager nicht zu Hause ist, was allerdings häufig der Fall ist.

So gedämpft dessen politischer Enthusiasmus ist, er zahlt sich dennoch aus. Im fünften Jahr nach der Machtübernahme endet Walter Siebecks kleinbürgerliche Existenz als Kohlehändler in Langendreer, und er übernimmt eine führende Rolle im Bochumer Gauheimstättenamt. Dort ist er zuständig für den Wohnungsbau der Arbeitersiedlungen nebst Montage einer sogenannten »Volksbadewanne«, einer platzsparenden Sitzbadewanne, für deren angebliche Erfindung er sich im Familienkreis bewundern lässt.

Im September 1938 schreibt er seinem Sohn an »Pimpf Wölfi Siebeck« adressierte Ansichtskarten vom »Reichsparteitag Großdeutschland« in Nürnberg, pflichtgemäß unterzeichnet mit »Heil Hitler, Dein Papa«. Pimpf Wölfi ist da noch nicht ganz die vorgeschriebenen zehn Jahre alt und doch schon – auf Intervention des bei jeder Gelegenheit opportunistischen Vaters – im Fähnlein 56 des Jungvolks, der Vorstufe zur Hitlerjugend, an der Trankgasse in Bochum verpflichtet. Er fühlt sich wie Gulliver bei den Riesen, trägt kurze Hosen zum braunen Hemd mit schwarzem Lederknotenhalstuch, Schulterriemen und Fahrtenmesser am Koppel. Zweimal in der Woche muss er nachmittags, die Hände an der Hosennaht, in Reihe und Glied stehen, zwischen Kindern, die er nicht kennt, im Gleichschritt marschieren oder Lieder von blauen Dragonern singen, die er nicht versteht, und unter dem Gebrüll pubertärer Anführer aggressive Spiele spielen, vor denen er sich ängstigt. Im November marschiert er mit Fackeln und rund 50 weiteren frierenden, lustlosen Pimpfen durch die Stadt und sammelt mit klappernder Büchse für das Winterhilfswerk. Er nimmt es hin und irgendwie nicht ernst. Als der Staat, dessen niedrigste Uniform er trägt, knapp drei Wochen vor seinem elften Geburtstag Polen überfällt und damit den Zweiten Weltkrieg auslöst, ändert das an seinem Leben nichts.

Am Leben seines Vaters ändert es sehr wohl etwas. Kaum ist der »Polenfeldzug« beendet, erhält Walter Siebeck seine lange ersehnte Chance: Er wird als ziviler Angestellter nach Posen versetzt, um die Leitung enteigneter polnischer Ziegeleien zu übernehmen. Dort richtet er es sich komfortabel ein, fährt einen Dienst-Mercedes, trägt maßgeschneiderte Anzüge und legt sich eine Tochter aus einer volksdeutschen Kaufmannsfamilie samt Landgut mit eigenem See als Geliebte zu. Die an Wolfram gerichteten Postkarten unterzeichnet er nun formeller und höchst pathetisch »von Soldat zu Soldat«, sendet gelegentlich Päckchen mit Rosinen und verschwindet ansonsten als Erziehungsberechtigter weitgehend aus dem Gesichtsfeld seines Sohnes. Zweimal besucht Wolfram ihn in den Sommerferien, lässt sich eine rosige Zukunft als Gutsbesitzer im neu eroberten Osten ausmalen, verdrückt Berge von Pfifferlingen in guten Restaurants und bekommt von den Realitäten des Krieges nichts mit.

Zu Hause im Westen ist der Krieg ohnehin noch fern, und mit dem Vater sind auch die Restbestände des ohnehin geringen Interesses am Politischen aus der elterlichen Wohnung verschwunden. Es dringt in Wolframs Alltag nur noch bei Jungvolk- und sonstigen patriotischen Feiern in der Schulaula, bei denen das Deutschlandlied gesungen wird, was er unbeteiligt und gelangweilt erträgt. Die jungen Lehrer seines Gymnasiums sind zunehmend an der Front, die alten schrullig. Das Leben bleibt ereignislos. Dann fallen die ersten Bomben.

Wolfram beobachtet die Luftangriffe vom Balkon aus, die Flugzeuge am Nachthimmel im Scheinwerferkegel der Flak, hört die Splitter der Granaten auf Dächern und Straßen aufschlagen. Er ist inzwischen vierzehn, hofft jeden Morgen, die Schule in Trümmern vorzufinden, schwänzt den Jungvolkdienst und freut sich an der aufziehenden Anarchie, die immer dichter werdende Fliegeralarme mit sich bringen. Die Nächte über sitzt er mit seiner Mutter und seiner Großmutter, deren Haus zerstört ist und die nun bei ihnen wohnt, im Keller – und beginnt, um sein Leben zu fürchten.

1943 hat er, eigentlich schon fast zu alt, noch einmal das Glück, all dem zu entgehen. Auf Kinderlandverschickung in Friedeberg in der pommerschen Neumark, dem heutigen Strzelce Krajeńskie – einer hübschen Kleinstadt zwischen Stettin und Posen, in der vom Krieg nichts zu spüren ist –, erlebt er einen friedlichen Sommer und Herbst als schönste Zeit seiner Kindheit. Bei »herzlichen Leuten« wohnt er in einem Zimmer über einer Druckerei und erfährt eine durch nichts getrübte Idylle. Und zum ersten Mal so etwas wie Freiheit. Er ist selig zwischen bunten Wiesen, Kopfsteinpflastergassen, Obstgärten, Stadtmauern. Und mit einer ersten großen Liebe, die er in lauen Mondnächten an stillen Seen küsst – oder im kleinen Kino, in dem er ohne zu bezahlen für sein Alter nicht freigegebene UFA-Filme sieht.

Wenige Monate später, im Januar 1944, ist er fünfzehn, und seine Kindheit ist zu Ende.

Mit einem Dutzend gleichaltriger Mitschüler tritt er in der Flakkaserne in Bochum-Harpen an, wird in eine feldgraue

Wehrmachtsuniform gesteckt und als Flakhelfer der 3. Batterie der Heeres-Flak-Artillerie-Abteilung 301 zur Verteidigung des Reiches abkommandiert. Er zieht mit anderen Flakhelfern in eine kleine, zugige Holzbaracke auf einem Acker im Norden Bochums. Das Interieur besteht aus sechs Spinden und zwei dreistöckigen Betten mit Strohsäcken sowie einem Kanonenofen, der den scharfen Geruch von Mäusekot und ungewaschenen Pennälern aufheizt. Auf den Tisch, um den grobe, niedrige Schemel stehen, kommt schweres, dunkles Kommissbrot, darauf Margarine und Kunsthonig aus Rübenzucker. Wolfram trägt am Arm eine Hakenkreuzbinde der Hitlerjugend, auf dem Kopf einen Stahlhelm, an den Füßen schwere Holzschuhe, steht nachts in der Kälte Wache oder liegt in einem feuchten Erdbunker. Seine knapp hundert Soldaten starke Batterie bedient sechs Flugabwehrgeschütze vom Kaliber 8,8 Zentimeter, mit denen sie Nacht für Nacht erfolglos versucht, englische und amerikanische Bomber vom Himmel über dem Ruhrgebiet zu schießen.

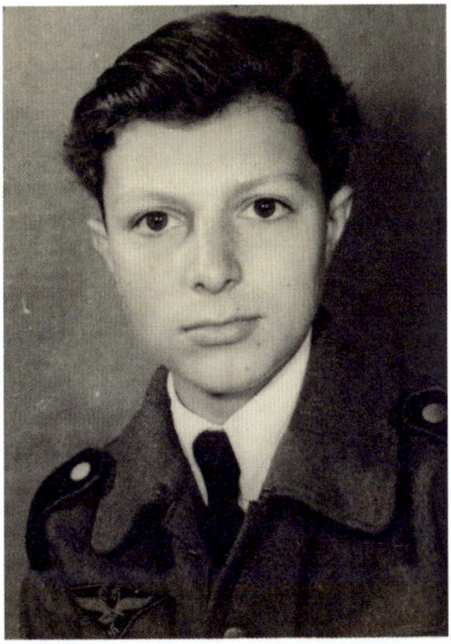

Mit dem Frühjahr intensivieren die Alliierten ihre Bombardierungen des »Herzens« der deutschen Rüstungsindustrie. Im Juni rückt mit der Landung in der Normandie die Westfront näher, im Juli entgeht Hitler einem Attentat. Die Zeichen mehren sich, die Zweifel am Endsieg wachsen – selbst bei Wolfram Siebeck, der sich darunter gar nichts vorstellen kann. Im Herbst hört er bei klarem Wetter an manchen Tagen den Kanonendonner des Vormarsches in Belgien und den Niederlanden, sieht bei Nacht das Leuchtfeuer der Angriffe. Von September bis November wird Bochum in Schutt und Asche gelegt. Tiefflieger greifen gezielt Züge, Straßen, Kolonnen an. Ausgebombte und Evakuierte ziehen mit Bollerwagen über die Felder. Im Winter bricht die Versorgung häufig zusammen, in den Baracken wird es kalt, weil Brennmaterial fehlt. Draußen herrscht einer der härtesten Winter des Jahrhunderts: Dauerfrost, Schneeverwehungen, eisige Ostwinde. Die Verpflegung wird noch schlechter; es gibt immer öfter angefrorene, süßlich-wässrige Kartoffeln. Die Gläubigen sprechen von »Frontbegradigungen«, doch inzwischen ist allen klar, dass alles verloren ist.

Und dann kommt der Moment, ohne den Wolfram Siebecks weiteres Leben nicht zu verstehen ist. Der Moment in einer der ersten Wochen des Jahres 1945, in dem er gefragt wird, ob er bereit sei, mit der Batterie an die Ostfront zu gehen. Und er Ja sagt.

Im Güterzug, der sich wegen der täglichen Luftangriffe nur in der Dunkelheit vorwärts bewegt, erreicht er im Januar Eberswalde, zahlt seinen Sold auf dem Postamt ein und ist nun nicht mehr Flakhelfer, sondern Soldat. Kindersoldat. Statt in einer Baracke schläft er in einem ehemaligen Viehwaggon mit kleinem Ofen, statt der Holzschuhe trägt er Stiefel, dazu die Uniform ohne HJ-Binde. Er ist sechzehn und als Kanonier Teil des letzten Aufgebots der Wehrmacht mit dem Auftrag, an der Oder den Vormarsch der Roten Armee aufzuhalten.

Zwischen Angermünde und Schwedt werden vier Flakstellungen eingerichtet. Wolfram Siebeck bewacht mit umgehängtem Karabiner die Waggons oder hilft beim Ausheben von Gräben und dem Verlegen der Geschütze auf den Äckern. Vom Ostufer der Oder trennen ihn nur wenige Kilometer; dort liegt die Rote Armee und bereitet sich auf die Offensive vor. Als er einem vorgeschobenen Beobachtungsposten zugeteilt wird, kann er sie von einem Erdbunker im Oderdamm bei Schwedt direkt am Fluss sehen. Er schiebt 48-Stunden-Schichten und erholt sich zwischendurch in der Etappe.

Als schließlich die russische Offensive im Oderbruch mit ihren übermächtigen Schützen- und Artilleriedivisionen, Raketenwerferbrigaden und Panzern beginnt, läuft er im Kugelhagel zum Munitionsbunker, versorgt sich mit Leuchtspurmunition und versucht mit seiner Batterie, die feindlichen Soldaten durch gezieltes Gewehrfeuer bis zur Abenddämmerung auf Distanz zu halten. Dann lässt sein Batteriechef entgegen dem Durchhaltebefehl Kanonen, Granaten und sonstiges Gerät sprengen und den Rückzug antreten. Keine 24 Stunden später reiben russische Panzerspitzen die Reste der Batterie 3/301 auf und schießen im Morgengrauen eine Scheune in Brand, in der Wolfram Siebeck schläft.

Er entkommt mit dem Schrecken und schlägt sich dann allein Richtung Westen durch, ziel- und orientierungslos im Strom Hunderttausender, die ihr Leben und ihre wenigen Habseligkeiten auf Handkarren und Fahrrädern zu retten bemüht sind. Wie sie lebt er von dem, was er in Speisekammern verlassener Gutshöfe findet. Nicht minder als den Vormarsch der Roten Armee muss er blindwütige Feldjäger fürchten, die ihn zwingen wollen, umzudrehen und dem Führer, der sich inzwischen durch eine Kugel im Kopf der Verantwortung entzogen hat, den Endsieg zu sichern. In den Straßengräben sieht Siebeck die Opfer der Todesmärsche.

Nach 300 Kilometern durch die Uckermark, nördlich an Berlin vorbei über Oranienburg und durch Havelland und Elbtal, erreicht er am 8. Mai Boizenburg. Dort trifft er auf amerikanische GIs. Sie nehmen ihn gefangen und internieren ihn mit Hunderten anderen auf einer nahen Wiese unter freiem Himmel, wo er unter einer schmalen Zeltbahn auf dem Boden schläft. Und zum ersten Mal dreht sich für ihn alles ums Essen. Wolfram Siebeck hat Hunger. Echten, sämtliche Gedanken bindenden, existenzbedrohenden Hunger. Gibt es ein Stück Margarine, so groß wie eine Skatkarte, wird es in 16 Stücke geteilt. Gibt es Reis, kratzt er den schwarz angebrannten Bodensatz aus den Töpfen.

Als das provisorische Lager nach einem Monat aufgelöst wird und die Kriegsgefangenen mit Güterwaggons nach Fehmarn verlegt werden, wo sie unter englischer Aufsicht in einer ehemaligen Kaserne untergebracht sind, schöpft er etwas Hoffnung. Im August wird er entlaust und darf ins Ungewisse hinaus. Die Frage, die ihn nie mehr loslassen wird, nimmt er mit: Hat er mit seinen ziellosen Schüssen über die Oder einen Menschen getötet?

4.
Ins Blaue

Abgemagert und mit sechzehn Jahren erkennbar kein Hauptkriegsverbrecher, wird Wolfram Siebeck nebst seiner Habe – in erster Linie einem zerbeulten Kochgeschirr sowie einem zusammenklappbaren Blechbesteckset – aus der »Zone F« des britischen Internierungsgebiets für Hunderttausende deutscher Soldaten entlassen. Wenige Tage zuvor haben Stalin, Truman und Churchill in Potsdam Fakten geschaffen, die Einrichtung von Besatzungszonen verfügt und Deutschlands Demilitarisierung, Denazifizierung, Dezentralisierung, Demontage und Demokratisierung beschlossen – und damit die entscheidenden Voraussetzungen für eine Zukunft geschaffen, von deren Gestalt sich niemand Vorstellungen zu machen vermag. Wolfram Siebeck am allerwenigsten.

Das Nazireich ist in Schutt und Asche versunken, viele Millionen Deutsche sind tot. Die Familie Siebeck hat den Krieg überlebt. Walter Siebeck ist auf seinem bequemen Posten in Posen gegen Kriegsende bei seinem Vorgesetzten in Ungnade gefallen und infolge dessen als Obergefreiter zur Marine eingezogen und im Frühjahr 1944 in die Schreibstube eines U-Boot-Stützpunkts auf einer griechischen Insel abkommandiert worden. In der Bochumer Wohnung – auch sie hat den Krieg überstanden – lebt weiterhin die Großmutter. Ihre Tochter Alma verbringt das Kriegsende in einem Sanatorium im nördlichen Schwarzwald, wo sie sich mit Handlesen und Kartenlegen befasst.

Wolfram wird nach Stuttgart transportiert; er hat den Kurort, in dem er seine tuberkulosekranke Mutter vermutet, als Heimziel angegeben. Von Vaihingen wandert er bei, wie er noch Jahrzehnte später erzählen wird, strahlendem Sommerwetter bis in den Schwarzwald, Bauersfrauen entlang des Weges versorgen den schmalen, blassen Jungen – Erinnerungen, die bis ins hohe Alter zu den »schönsten« seiner Jugend zählen werden. Dabei ist seine Lage keineswegs rosig. Als einstiger Kriegsgefangener meidet er Hauptstraßen und schlägt sich lieber querfeldein durch die Büsche – stets in Sorge, von französischen Besatzungssoldaten verhaftet und zur Zwangsarbeit nach Frankreich verschickt zu werden. Und auch seine Mutter findet er nicht, sie ist bereits zurück nach Bochum gereist.

Dort komplettiert Wolfram dann kurz nach seinem siebzehnten Geburtstag die zwischenzeitlich aufgelöste Wohngemeinschaft, deren einzige Einkommensquelle die schmale Rente seiner Großmutter bildet. Ersparnisse gibt es keine, und der Vater fällt selbstverständlich als Ernährer aus. Ihn sieht Wolfram nach dem Krieg in Coburg wieder, wohin Walter Siebeck sich aus Griechenland durchgeschlagen hat und wo er, rheumatisch und in einen aus einer Wolldecke geschnittenen Poncho gehüllt, täglich im ersten Restaurant am Platze am Stammtisch sitzt und vergleichsweise gut davon lebt, mit Buntstiften nach Fotografien vermisster Soldaten wirklichkeitsnahe Porträts zu zeichnen.

Walter Siebeck interessiert sich für seine Familie so wenig wie sein Sohn, dem nach fast anderthalb Jahren Krieg und Gefangenschaft die enge Hausgemeinschaft mit Mutter und Großmutter so unerträglich ist wie die Vorstellung, seine unterbrochene Gymnasiallaufbahn nahtlos fortzusetzen. Drei Tage hält es ihn in der Bismarck-Oberschule im Kreis der einstigen Lehrer und Klassenkameraden – von denen die meisten, weil ein Jahr jünger als er, den Krieg in Kinderlandverschickung überlebt haben –, dann beendet er seine formale Bildungskarriere endgültig.

An ein Studium wäre sowieso nicht zu denken. Außerdem hat er Hunger – und zu allem Überfluss, wie er schnell feststellt, auf dem existenzsichernden Schwarzmarkt absolut kein unternehmerisches Geschick. Eine Hamsterfahrt zu einem Münsterländer Bauernhof, auf dem einer seiner Fehmarner Mitgefangenen inzwischen wieder lebt, endet für Wolfram Siebeck mangels attraktiver Tauschobjekte statt mit Schnaps und fettem Schweinefleisch mit etwas Getreide. Der dilettantische Versuch, mit Besatzungsgeld in Frankfurt an Zigaretten zu kommen, scheitert ebenso. Stattdessen fängt Wolfram selbst an zu rauchen und vernichtet damit noch die letzten Aussichten auf Kapitalakkumulation. Sein vom Vater geerbtes künstlerisches Talent reicht zunächst gerade einmal aus, um mit bunten Stofffarben Krawatten zu bemalen, für die er ganze vier Kunden gewinnt.

Mittellos, arbeitslos und ratlos steht er in der Trümmerlandschaft, ohne Ausbildung und eine nachweisbare – oder wenigstens ihm selbst bekannte – Fähigkeit, die sich zu einer ansatzweise sinnvollen Tätigkeit ausbauen ließe. Also tut er, was für einen ehemaligen Hitlerjungen, Flakhelfer, Hilfs-Kanonier, Deserteur und Kriegsgefangenen mit abgebrochener Oberschulzeit und ohne jede über den Tag hinausreichende Zukunftsplanung zwingend erforderlich ist, um mit Lebensmittelkarten und einer kleinen Unterstützung zumindest dem Verhungern zu entgehen: Er meldet sich beim Arbeitsamt.

Als Berufswunsch gibt er »Zeichner/Kunstmaler« an – hat er doch auf dem Weg zu seinen HJ-Treffen jahrelang mit verträumtem Interesse den Schaukasten voll Schmähzeichnungen der SS-Zeitung »Das Schwarze Korps« studiert oder im heimischen Wohnzimmer die Bildbände von Arnold Böcklin und Anselm Feuerbach – und sabotiert fortan jegliches Bestreben, ihn an Baufirmen zur Trümmerbeseitigung zu vermitteln. Insgesamt zwei Wochen Gärtnerarbeit auf dem Friedhof am Freigrafendamm zum Nachweis seiner Arbeitswilligkeit kann er nicht abwenden, aber im Anschluss verschafft ihm der zuständige Sachbearbeiter, was im weltkriegsverheerten Ruhrgebiet einer adäquaten Beschäftigung für einen ungelernten, arbeitslosen Künstler am nächsten kommt: eine Lehre als Schildermaler.

Das prätentiös als »Reklameatelier« firmierende Unternehmen, das sich seiner annimmt, befindet sich im Souterrain einer zerbombten Villa in einem bürgerlichen Wohnviertel, wird geführt von Rudolf Schemann, einem ebenfalls erfolglosen Künstler mit unbürgerlich langen Haaren, sowie seinem Partner, einem nach Siebecks Eindruck exzentrischen Drogistensohn, und beschäftigt eine Belegschaft von drei Angestellten in weißen Kitteln, die in Vorausahnung des nahenden Wirtschaftswunders mit Nitrofarben Firmennamen auf weiß lackierte Blechschilder malen. Außerdem gibt es eine dickliche Renate, die an einer Schreibmaschine für das Tippen des Schriftverkehrs und andere administrative Aufgaben des stets von Insolvenz bedrohten Betriebs zuständig ist und kurz nach Siebecks Firmeneintritt kündigt. Woraufhin dieser – froh, dem Gestank der Farben zu entrinnen – seine soeben begonnene Ausbildung umstandslos abbricht und an den verwaisten Schreibtisch wechselt. Bringt die Tätigkeit dort doch den unschätzbaren Vorteil mit sich, nicht nur das Schreiben von Rechnungen und Mahnungen zu erlernen, sondern diese auch noch täglich persönlich bei den Kunden auszuliefern und kassieren zu können.

Diese Aufgabe wiederum erfreut durch viel unbeaufsichtigte Tagesfreizeit in der Stadt, deren Zerstörung Wolfram Siebeck nach seinen glücklich überstandenen Erfahrungen an der Front und auf der Flucht nicht erschüttern kann. Er fährt mit der Straßenbahn bis zu weit entfernten Vororten in der meist trügerischen Hoffnung auf ein überfälliges Inkasso, bummelt zwischendurch ausgiebig durch den Stadtpark, döst auf dessen Bänken und Grasflächen in den Tag hinein und lernt, sich mit den Entbehrungen seiner Realität zu arrangieren. Statt Perspektivlosigkeit empfindet er Freiheit, statt Hoffnungslosigkeit und Zukunftssorgen die feste Überzeugung, dass es irgendwann besser werde. Wie, ist ihm unklar, und unternehmen tut er erst recht nichts dafür. Dem steht schon sein ausgeprägtes Erholungsbedürfnis entgegen, hat er doch kürzlich eine ganz neue Attraktion für sich entdeckt: das Bochumer Nachtleben.

5.
Formative Years

Zur großbürgerlichen Ausstattung des Vorkriegsfamilienlebens der Siebecks gehört ein Klavier. Es steht verstimmt im Flur – unbespielt von der Mutter Alma, die sich von ihren jugendlichen Träumen, Konzertpianistin zu werden, längst verabschiedet hat, wie vom Vater Walter, dessen Musikalität sich nach der Erinnerung seines Sohnes darin erschöpft, den Badenweiler-Marsch zu erkennen, wenn der aus dem Volksempfänger dröhnt. Auch Wolframs musikalische Karriere kommt über den Flohwalzer nicht hinaus und findet einen traurigen Höhepunkt in zwei Jahren Akkordeonunterricht, an deren Ende er den Schunkelklassiker »Schön ist die Liebe im Hafen« fast fehlerfrei intonieren kann.

Als die Bomben auf das Ruhrgebiet zu fallen beginnen und der Erzeuger gen Osten im Krieg verschwindet, wird das Klavier verkauft. Die folgenden Jahre prägen donnernde Marschmusik und schlichte Schlager die musikalische Kulisse, akzentuiert durch militärisches Gebrüll und Trillerpfeifen. Wolfram erträgt es gleichgültig. Kleine Lichtblicke bilden während seines Militärdienstes die Propagandasender, die er mittels eines improvisierten Kristalldetektors empfängt: britischer Swing bei Radio Calais.

Die neu gewonnene Freiheit nach dem Kriegsende kommt für Wolfram Siebeck mit einem neuen Soundtrack: Jazz. In den Trümmern eines zerbombten Hauses findet er ein funktionstüchtiges Koffergrammophon samt einigen englischen Platten – Jack Hylton & His Orchestra: »You're the Cream in My Coffee« – und ist hingerissen. Nacht für Nacht sitzt er vor dem Grammophon oder vor dem Radio und lässt sich bei Voice of America von Glenn Miller, Frank Sinatra, Nat King Cole, Woody Herman und Count Basie beschwingt aus den Ruinen tragen. Oder, noch besser, vom »Progressive Jazz« eines Stan Kenton, von Bebop und Slim Gaillards unkonventioneller, hochwitziger »Avocado Seed Soup Symphony« elektrisieren. Siebecks enthusiastischer Versuch, es Jack McVea gleichzutun, der auf der legendären Aufnahme des Armed Forces Radio Service die Klarinette spielt, scheitert auf einem eingetauschten Instrument nach einigen fruchtlosen Anläufen jedoch ähnlich hoffnungslos wie seine vorhergegangene Pianisten- und Akkordeonlaufbahn. Ein berühmter Jazzmusiker wird er nicht, das ist ihm zu seinem Bedauern schnell klar.

Und sonst? Überhaupt zeichnet sich so recht kein Talent oder auch nur eine Passion ab. Nur ein Ehepaar in der Wohnung über den Siebecks, vor dem Krieg bereits mit dem Akkordeon gemartert, scheint in ihm mehr zu sehen als er selbst: Der Bratschist des renommierten Häusler-Quartetts und die Gesangslehrerin erkennen so hellsichtig wie folgenlos Wolfram Siebecks kreatives Potenzial und bemühen sich vergeblich um dessen Förderung. Den Start einer erfolgversprechenden Schauspielerlaufbahn verbaut er sich, indem es ihn statt zum vermittelten Vorsprechen beim Intendanten des Bochumer Theaters – zugedacht ist ihm die Rolle des Hans in Max Halbes naturalistischem Liebesdrama »Jugend« – ins Vorstadt-Tingeltangel Rosenkabarett des Illusionisten Professor Lichtwald zieht, wo er sich gegen freien Eintritt und Zugang zu dessen Assistentinnen gelegentlich zum unsagbaren Erstaunen des Publikums hypnotisieren lässt.

Das Einzige, was Wolfram Siebeck neben der Musik wirklich interessiert, ist die Literatur. Kaum dem Krieg entronnen, steigert sich seine kindliche Begeisterung für Karl May, die Drei Musketiere und Tom Shark, die ihm angesichts der vielen Wohnungswechsel, der als tumb empfundenen Kameraden und vor allem des trostlosen Drills der gleichgeschalteten NS-Gesellschaft Weite und Perspektive gegeben haben, zu einer Obsession. Im dunklen Eichenfurnier des elterlichen Bücherschranks stehen, sofern sie nicht aus der Stadtbücherei entliehen sind, die mehr oder minder schöngeistigen Werke, in die sich die Mutter versenkt – Jakob Wassermann, Hermann Hesse, John Knittel, Fjodor Dostojewski, Mirko Jelusich, Bruno Brehm. Was es dort nicht gibt, wie Mann, Heine oder Kafka, holt Wolfram sich bei den musenfreundlichen Nachbarn oder bei zwei älteren Schwestern, die ihr kleines Haus in eine gut bestückte Leihbibliothek verwandelt haben.

Hat er schon als Flüchtling unter Todesgefahr nicht darauf verzichtet, neben Essbarem aus den verlassenen Gutshöfen entlang des Weges das eine oder andere literarische Werk von der Oder an die Elbe zu schleppen, verschlingt er nach dem Krieg zeitweise ein Buch pro Tag, gierig und unkritisch, ob »Schuld und Sühne« oder Sherlock Holmes. Tagelang durchstöbert er die Regale der bibliophilen Schwestern. Manchmal wird ihm eine hauchdünne Porzellantasse mit Hagebutten- oder Apfeltee angeboten, dazu ein hausgebackener Haferflockenkeks – Höhepunkt kultureller wie kulinarischer Raffinesse.

Viel mehr zu essen, als zum schieren Überleben nötig, hat er ansonsten nicht, braucht er aber auch nicht. Er findet sich mit dem lästigen Hunger ab, behandelt ihn wie eine Nebensache und nährt sich stattdessen von Musik, Büchern, Literaturzeitschriften. Das Einzige, was er zur Zeit der Währungsreform 1948 wirklich gerne und weiterhin in großen Mengen zu sich nimmt, ist Milch. Sogar den englischen Gin, den ein Bekannter billig aus NAAFI-Beständen organisiert, vermischt Siebeck mit Buttermilch. Anderes ist ihm wichtiger. Er, dem Familie, Flak und Front jede Chance auf eine halbwegs adäquate geistige Entwicklung oder auch nur eine solide Bildung verbaut haben, bahnt sich nun selbst seinen Weg durch die Welt von literarischer Moderne und künstlerischer Avantgarde.

Die hereinbrechenden 50er-Jahre werden für ihn zum intellektuellen Eldorado, der neu zu entdeckende kulturelle Kanon des amerikanischen, französischen, britischen Westens ist ihm Leitstern. Während auf der Leinwand Marika Rökk schäkert und Theo Lingen blödelt und sich die Deutschen nach dem Wirtschaftswunder wieder auf Buttercremetorten und Eisbein zu stürzen beginnen, schlägt Wolfram Siebeck sich unter konsequenter Vermeidung jeder ökonomisch zielführenden Betätigung irgendwie durch und füllt jede freie Minute mit Hemingway und Sartre, Camus, Charlie Parker und Ella Fitzgerald, französischem Existenzialismus und italienischem Neorealismus. »Wem die Stunde schlägt«, »Früchte des Zorns«, »1984«, »Endstation Sehnsucht«, »Der dritte Mann«, Expressionismus, Surrealismus, Dada, Saul Steinberg, Joyce, Hemingway, Jazz, Eisenstein und Cocteau – Tag und Nacht arbeitet er auf, was er verpasst zu haben glaubt. Er wird Mitglied bei einem Filmclub und zwei Leihbibliotheken, fährt quer durchs Ruhrgebiet, um Galerien zu besuchen oder die Theater in Essen und Düsseldorf, deren Spielpläne er inhaliert wie amerikanische Zigaretten.

Buchseite für Buchseite, Akt für Akt, Bild für Bild, Song für Song wird so aus dem verträumten Jungen und desillusionierten Kindkrieger ein intellektuell unabhängiger Mensch auf dem Weg zu einem selbstbestimmten Leben. Womit er es bestreiten soll, weiß er immer noch nicht. Und daran verschwendet er auch keinen intensiveren Gedanken.

Seine Tante Gertrud in Hannover, eine der beiden Schwestern des Vaters, dagegen schon. Obwohl sich ihre Existenz im Familiengefüge der Siebecks sonst nur durch eine jährliche Weihnachtssendung von Äpfeln und einem Räucheraal aus dem Maschsee bemerkbar macht, lässt sie ihrem kriegsentronnenen Neffen Anfang der 50er-Jahre ein Stipendium in Form von monatlichen 50 Mark zukommen. Mit der Auflage, diese in seine

Ausbildung zu investieren. Das tut er, indem er sich an der Werkkunstschule Wuppertal einschreibt, die nach dem Krieg unter der Leitung von Jupp Ernst neu aufgebaut wird. In provisorischen Räumen in Vohwinkel bietet sie eine moderne Ausbildung zwischen Handwerk, Gestaltung und angewandter Kunst, ein fortschrittliches, praxisnahes Umfeld für junge Gestalter und Designer, geprägt von Reformansätzen nach Bauhaus-Art und einer engen Verbindung zur regionalen Textil- und Druckindustrie.

Die Aufnahmeprüfung besteht für Wolfram Siebeck im Vorzeigen einiger hingeworfener Karikaturen. Platz für ihn findet sich in einer Textilklasse, die zu seiner Freude ansonsten ausschließlich weiblich belegt ist – ein Umstand, der seine Ausbildung als Gebrauchsgrafiker weit weniger fördert als das Nachholen seiner Pubertät. Lästige Fleißarbeiten lässt er sich von seinen Mitschülerinnen abnehmen, während er selbst eine ausgesprochene Begeisterung für das Aktzeichnen entdeckt und ansonsten die Tage nun gerne in Begleitung im Wuppertaler Zoo verbringt. Nach drei Semestern bricht er die akademische Laufbahn umstandslos ab, um mit seiner Kommilitonin und späteren ersten Ehefrau Erika Vaupel nach ihrer Abschlussprüfung – in deren Rahmen sie ein Kochbuch illustriert – in eine Essener WG zu ziehen.

Leider bleibt trotz des Endes der Bochumer Wohngemeinschaft mit Mutter und Großmutter bei aller Bescheidenheit und Anspruchslosigkeit seines Alltags die lästige Notwendigkeit eines geregelten Unterhalts bestehen. Also wendet sich Siebeck zunehmend ernsthaft der Erstellung von Karikaturen zu, einer Disziplin, in der es schon sein Vater zu einer gewissen Fertigkeit gebracht hatte – vornehmlich auf dem Gebiet antisemitischer Schmähzeichnungen, die er säuberlich in Aktenordner einheftete, entsprechend der NS-Propaganda gekennzeichnet durch groteske »Judennasen«.

Die zeichnerische Betätigung entspricht nicht bloß Wolfram Siebecks Talent, sie bringt auch den praktischen Vorteil mit sich, dass er sie ohne größere körperliche oder sonstige Anstrengung – und vor allem: ohne dienstliche Anweisung – in freier Alltagsgestaltung ausüben kann, was für ihn nach den Erfahrungen in Hitlers Armee einerseits und mit Sartre andererseits von entscheidender Bedeutung ist. Gegen Verfügungen und Verpflichtungen aller Art hat er bereits mit Anfang zwanzig eine Abneigung, die sich im Lauf der folgenden Jahrzehnte zur Obsession entwickeln wird. Außerdem kann er beim Zeichnen Radio hören und so – unter anderem bei Vorträgen des Nachtprogramms zu Existenzialismus, Gertrude Stein und Brechts Dualismus als Dichter und Marxist – seinen eher noch wachsenden Bildungshunger stillen.

Die Möglichkeit, auf solche Art ganz nebenbei Geld zu verdienen, kennt Siebeck ungeachtet aller Vermeidungsstrategien bereits aus der Endphase seines ersten Ausbildungsversuchs als Schildermaler. Damals erkundigt sich der Mitarbeiter einer Dortmunder Zeitung anlässlich der Bestellung eines Schildes für deren neues Bochumer Redaktionsbüro beiläufig, ob sich in der Schemannschen Kellerwerkstatt nicht zufällig jemand fände, der Vignetten zur Illustration von Berichten zeichnen könnte. Fotografische Abbildungen sind in der unmittelbaren Nachkriegszeit extrem teuer und drucktechnisch kompliziert, daher nur ganz besonderen Texten vorbehalten; der Rest der Bleiwüste muss durch Strichzeichnungen aufgelockert werden. So wird Wolfram Siebeck Pressezeichner und kommt unmittelbar nach der Währungsreform im Juli 1948 erstmals mit dem Milieu in Berührung, das sein späteres Leben prägen wird.

6.
Witterung

Ende der 40er-Jahre erwacht zwischen rauchenden Fördertürmen und wiederaufgebauten Druckereien eine Presselandschaft, die nicht älter ist als die Republik selbst. Das Ruhrgebiet, dicht besiedelt und sozial aufgeladen, ist ein idealer Resonanzraum. Hier, wo Arbeiterzeitungen und bürgerliche Blätter um die Deutungshoheit streiten, findet der Journalismus zu einer Vitalität zurück, die lange verschüttet war. Die Zeitungen des Reviers – Westdeutsche Allgemeine Zeitung, Neue Ruhr Zeitung, Ruhr-Nachrichten, Westfälische Rundschau – sind eben erst gegründet worden oder aus der Lizenzpresse der Nachkriegsjahre hervorgegangen, sie leben vom Streit und von der Neugier. Ihre Redakteure, Setzer und Zeichner arbeiten mit dem Sendungsbewusstsein, Neues zu schaffen: eine freie, demokratische Öffentlichkeit nach Jahren der brutalen Gleichschaltung und des Schweigens. In den beengten Redaktionsräumen klappern die Schreibmaschinen, der Geruch von Druckerschwärze liegt über allem, und in den Kantinen tobt der Streit um Adenauer, eine mögliche Wiederbewaffnung und die Kohlepreise.

Wolfram Siebeck saugt das alles auf, eifert in seinen Gepflogenheiten denen seiner neu gewonnenen Freunde nach. Nacht für Nacht sitzen sie in Kneipen und diskutieren über Kunst und Politik, am liebsten im Csikós in Düsseldorf, das Günter Grass nicht nur in seiner »Blechtrommel« verewigt, sondern wo er zu dieser Zeit selber regelmäßig am Schlagzeug eines Trios sitzt und bei »Honey Suckle Rose« für einen reibungslosen Swing-Flow – »ding-ding-da-ding« – sorgt. Siebeck lernt, wie man sich in Affären stürzt und Spesenabrechnungen fälscht, plant im Kollektiv zu schreibende Kriminalromane und entwickelt ein Bewusstsein für die Möglichkeiten einer freien Presse, die mit jedem Artikel, mit jeder Karikatur dazu beitrüge, das Land aus den Ruinen, aus dem politischen, gesellschaftlichen, moralischen Versagen seiner kaum vergangenen Vergangenheit herausführen. Je schneller, desto besser. Darum geht es: Der Welt den Spiegel vorzuhalten, die Finger in jede Wunde zu legen. Was eignet sich dazu besser als Karikaturen, als Witz, Kritik, Ironie?

Nach und nach kommen Siebecks Freunde aus der kreativen und kulturell begeisterten Ruhrgebiets-Jugend zu Anstellungen bei der Neuen Ruhr Zeitung, bei Vorwärts und Kölner Stadt-Anzeiger. Sie versorgen ihn mit Aufträgen, geben ihm Gelegenheit, sich in den 50er-Jahren als Illustrator einen Namen zu machen. Schon wenige Jahre später präsentiert ihn das außerordentlich angesagte Lifestyle-Journal Twen als »jungen deutschen Zeichner«, der »illustriert, karikiert« und »Witz, nicht Witze zeichnet«.

Es geht also aufwärts. Statt der Bohème der Essener WG zieht Siebeck Ende der 50er-Jahre mit Erika, die – double income, no kids – ebenfalls lukrative Zeitungsaufträge erhält, in ein Zweifamilienhaus mit Garten auf der südlichen Ruhrseite oberhalb von Kettwig am Baldeneysee. Längst hat er verstanden, was ein Text über ihn Jahrzehnte später so fassen wird: Er hat Talent zum Zeichnen, vor allem aber »zum Überzeichnen«.

Mag sein Lebensstandard allgemein steigen, kulinarisch tut er dies nur auf äußerst bescheidenem Niveau. Nach dem existenziellen Hunger der unmittelbaren Nachkriegszeit und den darauffolgenden Körnersuppen, grauen Leberwürsten und dem Rübenschnaps spielt jetzt – im vergleichsweise wohlständigen Journalistenmilieu der 50er-Jahre – frugale Kneipenkost die Hauptrolle: kalte panierte Schweinekoteletts, Klopse, Knackwürste, Soleier, gelegentlich ein exotischer »Toast Hawaii«, scharf gewürzte Gulaschsuppen und serbisches Reisfleisch in der nächtlichen Düsseldorfer Altstadt. Luxusdelikatessen

begegnet der junge Pressezeichner zum ersten Mal 1958 im französischen Pavillon der Brüsseler Weltausstellung: Champagner im offenen Ausschank und Canapés aller Art. Er nimmt es nur am Rande wahr.

Einerseits.

Andererseits: Wenngleich kulinarische Genüsse nicht im Zentrum seines Interesses stehen, ist ihre Abwesenheit auf Dauer nur schwer kompatibel mit dem von großbürgerlichen Maßstäben nicht unberührten Selbstbild eines Verlegerenkels mit frühkindlicher Hausmädchenbetreuung. Zumal die exzessive Befriedigung seines Kulturhungers den Wunsch nach Verfeinerung in anderen Bereichen nicht endlos kompensieren kann. Im Gegenteil: Vermutlich stimuliert die wachsende intellektuelle Raffinesse das Streben nach kultureller Entwicklung auch auf anderen Feldern. Siebeck selbst jedenfalls hält mit Blick auf diese Jahre später lapidar fest, er habe zwar keine Ahnung gehabt, was gut schmecke – dass ihm aber das, was er aß, keine Freude bereitete, dessen sei er sich sehr bewusst gewesen.

Dies zu ändern und generell die Verhältnisse auf ein immer angenehmeres Level zu heben, stellt Wolfram Siebeck freilich vor berufliche Herausforderungen. Ein weiterer Aufstieg erfordert Ruhm oder Geld, im Idealfall beides. Als Pressezeichner und mit sonstiger Gebrauchskunst, so viel wird ihm ziemlich schnell klar, ist weder das eine noch das andere im erwünschten Ausmaß zu erlangen. Um es jedoch als echter Künstler in absehbarer Zeit zu Anerkennung und wirtschaftlicher Potenz zu bringen, fehlt es ihm, wie er selbst sieht, am erforderlichen Talent wie an der Bereitschaft, Konzessionen ans Formlose, Irrationale zuzulassen. Zu allem Überfluss erkennt er hellsichtig, dass sich in den Zeitungen die Fotografie zunehmend gegen die grafische

Illustration durchsetzt und gezeichnete Kurzgeschichten angesichts des Fernsehens zusehends aus der Mode kommen, was die alltägliche wirtschaftliche Basis seiner Existenz bedroht. Auf dem Höhepunkt seiner Karikaturistenkarriere veröffentlicht er folglich 1961 ein erstes – mäßig erfolgreiches – Buch im DuMont-Verlag: »Lady Chatterleys Füße«, eine absurde Geschichte des Fußes in komischen Zeichnungen. Dann wechselt er den Beruf.

Wolfram Siebeck ist Mitte 30, als er zum Autor wird, und das aus einem ganz banalen Grund, wie er später festhält: Das Schreiben liegt ihm mehr, es fällt ihm leichter.

Das Bewusstsein für diese Tatsache entwickelt sich schleichend; seine ersten Anläufe zur Textproduktion liegen Anfang der 60er-Jahre schon länger zurück. Sie fallen zusammen mit seinem frühen Enthusiasmus für den kulturellen Aufschwung der jungen Republik, seiner intellektuellen Neugier auf alles, was nach Kunst und Moderne klingt, sei es Jazz oder der Surrealismus. Seine Freunde sitzen bald in sämtlichen Feuilletons des Ruhrgebiets, der Zusammenbruch der alten Strukturen schafft Möglichkeiten, an Personal mangelt es überall – an Gelegenheiten somit nicht. Also versucht sich Wolfram Siebeck neben seinem zeichnerischen Broterwerb schon Mitte der 50er-Jahre an Besprechungen der großen Ausstellungen jener Zeit, recherchiert akribisch und entwickelt Ehrgeiz – zum ersten Mal in seinem Leben. Er sieht die Ionesco-Premieren in Düsseldorf – »Die Stühle«, »Die kahle Sängerin«, »Die Nashörner« –, die Documenta 1955 in Kassel. Alles interessiert ihn, alles inhaliert er. Aber nichts fasziniert ihn mehr als das aufblühende Feld der Trickfilme. Seinem Broterwerb als Zeichner entsprechend findet er als angehender Journalist hier vertrautes Terrain. Seiner Persönlichkeitsstruktur entsprechend wird er Kritiker.

Zu Siebecks Glück hat er seit 1954 ein Mekka des aktuellen Trickfilms gleich vor der Tür: die Oberhausener Kurzfilmtage. Gegründet von einer Gruppe kinobegeisterter Kulturschaffender, angeführt von Hilmar Hoffmann, unter dem Namen »Westdeutsche Kulturfilmtage«, entwickelt sich das Festival rasch zu einem der wichtigsten Foren für den künstlerischen Kurzfilm und die Avantgarde des Mediums in Deutschland und darüber hinaus.

Wolfram Siebeck ist von Anfang an dabei. Er freundet sich mit Hoffmann an und kommt über ihn in Kontakt mit den aufstrebenden Regisseuren und Zeichnern dieser Jahre – Wim Wenders, Alexander Kluge, Edgar Reitz. Die experimentellen Kurzfilme von Roman Polanski, Georges Franju, Kenneth Anger, Peter Lilienthal, Jonas Mekas oder Chris Marker mit ihrem radikalen Kunstanspruch begeistern ihn vom ersten Augenblick an. Wichtiger noch ist das Klima der Freiheit und des künstlerischen Aufbruchs, des kreativen Austauschs, das in Oberhausen herrscht und mit den Jahren neben Amerikanern, Kanadiern, Franzosen, Engländern auch – eine Rarität in der jungen Bundesrepublik – Künstler aus dem kommunistischen Osten und ihre Werke einschließt: Polen, Tschechen, Jugoslawen. Siebeck beginnt, slawische Autoren zu lesen, begeistert sich für die Trickfilme von Jan Lenica, Walerian Borowczyk und anderen, denen teilweise die Collagen in Max Ernsts »Une semaine de bonté« als Vorbild dienen – avantgardistische Kunstwerke völlig eigenständiger Art. Sławomir Mrożek, Erwin Axer, Wojciech Fangor und andere Künstler beherbergt er in seinem Essener Haus; von dort reisen sie weiter nach Paris, wo sich um die Exilzeitschrift Kultura ein bedeutendes Forum der polnischen Emigration etabliert hat.

Wie die Künstler in Oberhausen sehnt Wolfram Siebeck sich zunehmend danach, sein Wirkungsfeld auszudehnen. Zu seiner

Begeisterung entdeckt er bald darauf das internationale Animationsfilmfestival in Annecy. Sein Freund Michael Lentz, bei der WAZ zuständig für Literatur und Film, versorgt ihn mit dem notwendigen journalistischen Auftrag und den zugehörigen Eintrittskarten und Einladungen – und stellt damit eine entscheidende Weiche: Siebeck beginnt zu reisen.

Quer durch Europa trifft er sich mit Künstlern und Regisseuren, taucht tiefer und tiefer ein in die Welt der Kreativen. Mit Jan Lenica besucht er Witold Gombrowicz, den sein zwischen Existenzialismus, Groteske und Absurdität schillerndes Werk zu einem der bedeutendsten Literaten seiner Zeit macht. Beim Experimentalfilm-Festival in Knokke-Het Zoute faszinieren Siebeck die nackt in einen Teppich gerollte und im Foyer des Casinos ausgestellte Yoko Ono und die surrealistischen Fresken von René Magritte. In Jugoslawien plant er gar, selbst einen Trickfilm zu produzieren, nachdem er sich in Oberhausen mit dem Direktor von Zagreb film angefreundet hat.

Dieses künstlerisch etwas überambitionierte Projekt des Zeichners Siebeck kommt laut dessen späterer Erinnerung nicht über das Stadium eines »primitiven Entwurfs« hinaus, entfaltet aber in anderer, gänzlich unerwarteter Hinsicht erhebliche Wirkung: Ausgerechnet die Sommerwochen des Jahres 1960 auf dem Balkan wecken in ihm ein erstes ernsthaftes Interesse am Kulinarischen. Abend für Abend zieht er mit den Einheimischen durch Zagreb und zu allerlei privaten und halblegalen Gartenrestaurants, in denen sich Ziegen und Lämmer am Spieß drehen und die Titos Sozialismus ein erträgliches Gesicht verleihen. Zu Ćevapčići oder Ražnjići, auf Holzkohle gegrillt und in Fladenbrot serviert, trinkt er Fasswein, am nächsten Morgen zum Frühstück in der Studio-Kantine mit Krautsalat, Pfefferwürsten und kalten gebratenen Paprikaschoten dann Sliwowitz. Falls der nicht gegen den Kater hilft, gibt es Hühnersuppe mit Reis. Als Siebeck nach zwei Monaten nach Deutschland zurückkehrt, hat er zwar keinen Film im Gepäck, aber eine unbestimmte Sehnsucht im Kopf. Von nun an soll die Frage, wann und wo die nächste gute Mahlzeit zu erwarten sei, eine zunehmend wichtige Rolle in seinem Leben spielen.

Das verstärkt zugleich nochmals deutlich seine Begeisterung für internationale Filmfestivals, deren Charme für ihn neben dem künstlerischen Gehalt ab sofort vor allem darin besteht, dass ausländische Journalisten nicht nur zu Hotelübernachtungen und Filmvorführungen eingeladen werden, sondern auch zu den Mahlzeiten. Und die gestalten sich, das merkt er schnell, in Italien und Frankreich wesentlich erfreulicher als alles, was in der Heimat an der Tagesordnung ist. Presse-Gutscheine für täglich zwei Restaurantbesuche inklusive einer halben Flasche Wein – in frei wählbaren Lokalitäten der jeweiligen Festivalstädte! – stehen am Beginn von Wolfram Siebecks gastronomischer Expertise.

An deren Vertiefung arbeitet er jetzt mit sich steigernder Intensität. Zwar beteiligt er sich im Kreis der mit ihm eingeladenen Kollegen gern an den Tischgesprächen zur gebotenen Filmkunst – die Konzentration auf das im Vergleich zu seiner bisherigen Ruhrgebietskost signifikant bessere Essen nimmt jedoch einen immer größeren Raum ein. Die Frage, wo die gesponserten Gutscheine mit dem größten kulinarischen Gewinn einzusetzen seien, beschäftigt ihn mindestens so sehr wie die Programmgestaltung der Festivals.

Wenige Wochen nach dem Zagreber Sommer beginnt er seine Berichterstattung für die Westdeutsche Allgemeine Zeitung über das Filmfestival in Bergamo denn auch mit dem Hinweis, dass in italienischen Restaurants nach wie vor Lerchen verspeist würden, obwohl der Bestand dieser Singvögel rapide schrumpfe. Diese Erkenntnis verdankt er einer italienischen Großfamilie, die im Saal des Hotels Capello d'Oro – das laut seiner Einschätzung zwar die miesesten Zimmer, aber die beste Küche der Stadt bietet – eine Hochzeit feiert und den jungen deutschen Journalisten und seine Kollegen spontan zum Festmahl dazulädt. Siebeck sieht kapitale Fische auf silbernen Platten, gewaltige Töpfe mit Bollito misto, pralle Steinpilze, glänzende Kalbshaxen und dampfende Minestrone. Und ist begeistert.

Fortan orientiert sich die Auswahl der von ihm frequentierten Festivals vor allem an der Qualität der lokalen Gastronomie. »Spätestens um diese Zeit«, schreibt er später, »begann ich, dem Kulinarischen eine größere Bedeutung beizumessen, als es die natürliche Neugier oder ein permanenter Appetit auf Lammrücken gerechtfertigt hätten.« Wolfram Siebeck hat sein Lebensthema gefunden.

7.
Lebensthema

Wem Anfang der 60er-Jahre in Deutschland der Sinn nach kunstvoll präparierten Fischen auf silbernen Platten, glasierten Kalbshaxen, rosigen Lammrücken und ähnlichen Ergebnissen gastronomischer Raffinesse steht, der muss lange suchen und weit fahren. Zumal, wenn er im Ruhrgebiet lebt. Die Speisekarten jener Jahre verzeichnen dort mehr oder weniger einheitlich Schnitzel, Sauerbraten und Rouladen, sofern es sich um eine gehobene, »gutbürgerliche« Gaststätte handelt. Als Spitze der Gourmandise gelegentlich auch Krabbencocktail mit Ketchup und Mayonnaise.

Einige wenige gastronomische Leuchttürme stechen aus dem deutschen Einerlei hervor, darunter die Grandhotels in den großen Städten: die Vier Jahreszeiten in Hamburg wie in München, der Bayerische Hof, der Nassauer Hof in Wiesbaden, der Frankfurter Hof in Mainz, der Breidenbacher Hof in Düsseldorf oder das Kölner Dom Hotel. Und der Erbprinz im badischen Ettlingen unter der Regie von Helmut Gietz, einem Weltmann und Connaisseur mit besten Verbindungen nach Paris und einer Abneigung gegen Folklore. Sein Restaurant im »Düsseldorfer Stil« – Samt und Seide, Polster und Brokat, Gold und Kristall, Panoramafenster mit Blick auf einen wasserspeienden Flamingo – empfiehlt sich als Zwischenhalt rheinischer Mercedes-Piloten und anderer Prominenter aus Politik, Adel und

Showbusiness auf dem Weg in die tessinische Sommerfrische, so wie Rudolf Katzenbergers Adler in Rastatt, die Bühlerhöhe und Brenners Park-Hotel in Baden-Baden. Ihnen allen ist gemein, dass sie im Süden der Republik, genauer: im Südwesten liegen.

Dort wohnt seit Anfang der 50er-Jahre auch Siebecks Vater, dessen Hang zum Wohlleben den Krieg ebenso unbeschadet überstanden hat wie seine Fähigkeit, sich irgendwie über Wasser zu halten, und der hier ein weiteres Mal seine eindrucksvolle Begabung zu opportunistischer Anpassung demonstriert. In Pforzheim hat er eine neue Heimat gefunden – und zwei neue Berufe gleich dazu: Erst ist er Betriebsführer in einer Wäscherei, dann schließlich Gastwirt. Bei diesem letzten Berufswechsel kommt ihm zupass, dass seine neue Frau, eine örtliche Metzgerstochter, ein Grundstück in der Innenstadt geerbt hat. Dort gründet Walter Siebeck eine Imbissstube, die das Paar schon früh am Morgen öffnet, um die Pforzheimer Arbeiter – er am Zapfhahn, sie am Herd – mit einer ersten Stärkung des Tages zu versorgen. Dank des segensreichen Aufschwungs im Wirtschaftswunderland kann er neben seiner Vorliebe für Maßanzüge gastronomische Ambitionen kultivieren und seinen Sohn bei dessen gelegentlichen Visiten zum Essen ausführen.

Dem gefällt die Selbstverständlichkeit, mit der im Badischen über das Kulinarische verhandelt wird, ebenso wie die weitgehend intakte Struktur der vom Bombenhagel verschonten Orte im Südwesten – beides in deutlichem Kontrast zu seinem eigenen Ruhrgebietsalltag. Von den kleinen Gasthäusern in den Tälern von Enz und Murg ganz zu schweigen, die statt Soleiern handgeschabte Spätzle zu bieten haben, statt Koteletts Wildragout und Forellen sowie Fasswein statt Pils und damit eine selbstverständliche, traditionsreiche Esskultur mit bescheidenem, aber klar erkennbarem Anspruch an die Qualität.

In Katzenbergers Adler geht das Angebot noch deutlich darüber hinaus. In fünfter Generation wirtet und kocht Küchenmeister Rudolf Katzenberger dort in kunstschmiedeeisern-schnuckeligem Kleinbarock mit allerlei Goldapplikationen, ist berühmt für sein Badisches Schneckenrahmsüpple, seine Gänseleberterrine, Rebhuhn auf Sauerkraut, Wildhasen-Schäufele mit Kartoffelnocken und ein Parfait von Schwarzwaldhonig (»Adlerwirts Kirschwasser-Bömble«). Wolfram Siebeck erlebt hier zum ersten Mal eine aus großbürgerlicher Tradition stammende, badisch grundierte und französisch beeinflusste Festtagsküche deutscher Prägung, wie es sie in der restlichen Republik nicht gibt und die dem Haus treue Stammgäste beschert. Zu denen gehört auch Walter Siebeck, dessen Leichenschmaus bald darauf konsequenterweise nicht mit Streuselkuchen und Kartoffelsuppe, sondern mit Katzenbergers Hechtklößchen und Entenbraten im Adler begangen wird.

Während sein Vater sich anschickt, diese Welt zu verlassen, öffnet sich für Wolfram Siebeck eine neue. Erfüllt von den Eindrücken aus Italien, Jugoslawien, Frankreich beginnt er – tastend zunächst, im Rahmen seiner Möglichkeiten und für die Zeit wie sein Umfeld durchaus nicht ohne Exzentrik –, sich dem Kulinarischen mit größerem Ernst zu widmen, Gasthäuser mit anderen Augen zu betrachten, nicht mehr wahllos mit der erstbesten Kneipe zufrieden zu sein, gar Geld in Besuche besserer Restaurants zu investieren. Er nähert sich diesem Thema in der ersten Hälfte der 60er-Jahre exakt so, wie er sich eine Dekade zuvor die moderne Kunst, die neue Musik des Westens, die Literatur des künstlerischen Aufbruchs erschlossen hat: begeistert, autodidaktisch und mit stetig wachsender Vehemenz. Dabei nutzt er eine bereits als Filmkritiker gewonnene Erkenntnis: Verfolgt man den Gegenstand seines Interesses mit einem journalistischen Auftrag in der

Tasche, senkt das die Kosten dafür so rapide, wie es die Zahl der Gelegenheiten hebt. Diese Möglichkeiten gilt es auszuweiten.

Unter konsequenter Ausbeutung seiner Kontakte aus der Zeit als Illustrator etabliert Siebeck sich ab Anfang der 60er-Jahre zunehmend als Autor kleinerer satirischer Beiträge – zeitkritisch-humoristisch, ironisch-parodistisch –, die er über den Umweg seiner filmkritischen Tätigkeit auf den Humorseiten verschiedener Zeitungen und Illustrierter platzieren kann, so in der Wochenzeitung Die ZEIT und später im Magazin Stern. Hier findet er das ideale Terrain, um seine Spottlust und seine Aversion gegen Autoritäten aller Art auszuleben, sei es, indem er nach der Wahl Ronald Reagans zum Gouverneur von Kalifornien den deutschen Parteivorsitzenden die Gründung einer Kandidaten-Agentur zur Vermittlung aussichtsreicher Filmschauspieler empfiehlt, sei es, dass er sich über eine Dienstanweisung des nordrhein-westfälischen Innenministers Willi Weyer belustigt, der seinen Polizeibeamten ruhiges, beherrschtes Ansprechen von Verkehrsteilnehmern – »Höflichkeit entwaffnet« – verordnet (»Ah, glückliches Düsseldorf, wo Kraftfahrer und Polizisten unter anmutigen Verbeugungen Bekanntschaften schließen; beneidenswertes Bochum, wo der verkehrsregelnde Beamte den Autos Handküßchen zuwirft – nichts wie hin und falsch geparkt!«), sei es, dass er Hans im Glück an Agrarsubventionen, Steuertricks und Scheinfirmen scheitern lässt oder eine päpstliche Enzyklika entwirft, die jede Form künstlicher Sehverbesserung verbietet: »Nein zur Brille!«

Vor allem findet er hier eine Möglichkeit, die ihm Illustrationen so wenig bieten wie Filmkritiken: Indem er seine neu erwachte Leidenschaft thematisiert und das Kulinarische in seine Arbeit integriert, steigt er beiläufig in jenes Metier ein, bei dem er für sein weiteres Leben bleiben wird – indirekt nur und gelegentlich zunächst, aber wiederkehrend. »In der Kürze liegt die

Kunst« lautet der Titel eines satirischen Siebeck-Textes, den Die ZEIT in ihrer Ausgabe 21/1968 veröffentlicht und der mit dem Hinweis eines »altpersischen Kochbuchs« beginnt, dass »Hirsebrei am besten gerät, wenn der Jupiter in Quadratur zum Mond« stehe. Und »wenn der Übersetzer eines baskischen Kochbuches nicht irrt«, müsse ein gutes Bohnengericht zwölfmal »jeweils anderthalb Stunden lang« überkrusten, »damit der verwöhnte Gourmet nicht die Serviette hinschmeißt und enttäuscht unser Haus verläßt«. Und er fährt fort:

»Wer sich daran macht, solche Rezepte zu befolgen, braucht eine Prise Mut und eine große Portion Ausdauer. Es ist, als ginge man nach der Lektüre eines Wagnerlibrettos ins Bayreuther Festspielhaus. Was man zu Hause in einem knappen Stündchen überflog, dauert plötzlich sechs Stunden – und was für Stunden! So liest sich eine gastronomische Regieanweisung: 4 Eßlöffel Kalbsjus, die für eine besondere Art Rumpsteaks benötigt werden, ganz harmlos. Wenn man aber beginnt, diese vier Löffel Kalbsjus zuzubereiten, ist man unversehens in eine Arbeit verwickelt, die zwei Tage dauert. In der Zwischenzeit haben die hungrigen Gäste die Rumpsteaks ohne Kalbsjus gegessen. Es war ganz gut, meinen sie hinterher. Aber gemessen an dem Aufwand, den er mit der Kocherei getrieben hat, könnte man sagen: Es fehlte noch was dran. Eben – die Kalbsjus. All diese Sorgen der Kochbuch- und Librettoleser werden jetzt gegenstandslos. Die Industrie hat einen Radar-Grill auf den Markt gebracht, der ein Huhn in zwei Minuten, einen Pfannkuchen sogar in dreißig Sekunden gar kriegt. Und wie für den eiligen Gast der zäheste Rinderbraten seine Schrecken verloren hat, so hat ein langer Theaterabend aufgehört, lang zu sein. Das verdanken wir der Straub-Methode. Jean-Marie Straub, ein Münchener Filmregisseur, hat nämlich das Rezept entdeckt, mit dem man die viele Akte lange Ungewißheit über den Ausgang einer Bühnenschlacht beseitigt. Er strich ein abendfüllendes Theaterstück auf zehn Minuten zusammen. Daß vor ihm noch keiner drauf gekommen ist! Mit seiner Methode ist ein Schiller in fünfzehn Minuten weich zu kriegen, Goethes Faust, auf die Fechtszene unter Gretchens Fenster reduziert, sogar in höchstens fünf Minuten. Eine Shakespeare-Retrospektive, von Straub fachmännisch eingekocht, läßt sich an einem Abend erledigen, und die Abonnenten kämen immer noch früh genug nach Hause, um eine Rehkeule unter den Radar-Grill zu schieben. Die so gewonnene Zeit benutzen sie, um ins Kino zu gehen. Dort sehen sie einen Film von Jean-Marie Straub. Es war ganz gut, meinen sie hinterher. Aber gemessen am Theater könnte man sagen: Ein bißchen lang war es schon! Allerdings – neunzig Minuten, ungekürzt.«

Der endgültige Eintritt des Pressezeichners, Filmkritikers und Satirikers Wolfram Siebeck in die Welt des kulinarischen Journalismus lässt sich klar datieren. Am 18. Januar 1969 berichtet er in der Wochenendbeilage Bunte Blätter der Westdeutschen Allgemeinen Zeitung in einem seitenfüllenden, farbig illustrierten Artikel unter der Überschrift »Von einem, der auszog, das Kochen zu lernen« über einen Kurs – eine ganze Woche lang, organisiert durch den Düsseldorfer »Europa-Sprachklub« und der erste seiner Art für deutsche Feinschmecker überhaupt –, den er 1967 bei Pierre Gaertner im Restaurant Aux Armes de France in Ammerschwihr absolviert hat.

Gaertner, 1921 geboren und wie der fünf Jahre jüngere Paul Bocuse bei Fernand Point, dem unangefochtenen Gottvater der französischen Gourmandise des frühen 20. Jahrhunderts, im La Pyramide in Vienne ausgebildet, hat sein Traditionshaus bereits in den frühen 50er-Jahren zu einer der ersten Adressen Frankreichs und zum Maßstab anspruchsvoller klassischer Küche im Elsass gemacht. Mit zwei Michelin-Sternen gewürdigt, beherrscht er die Techniken der französischen Haute Cuisine und verbindet sie mit hervorragenden, meist regionalen Produkten und den kulinarischen Traditionen seiner elsässischen Heimat zu Köstlichkeiten wie Pâté de viande mit Foie gras de canard, Seezunge auf Eiernudeln mit Hollandaise oder getrüffeltem Kapaun. Über diese Art gastronomischer Hochkultur und ungeahnter Genüsse schreibt Siebeck zu Beginn des Jahres 1969. Schon die allerersten Sätze des neugeborenen kulinarischen Feuilletonisten besitzen alles, was sein gesamtes weiteres Werk durch die Jahrzehnte auszeichnen wird: Freude am Fabulieren, an der Groteske, satirische Spottlust, Respektlosigkeit. Und das lustvolle Luftablassen, wo allgemein anerkannten Koryphäen – und seien es gastronomische – auf dem Sockel gehuldigt werden soll:

»Es war einmal ein Koch, der war so berühmt, daß die Leute von weither zu ihm kamen, um seine köstlichen Mahlzeiten zu probieren. Schon beim Frühstück riefen sie entzückt: ›Ah, Meister, dieses Ei ist göttlich! Sagt uns, worin habt Ihr es gekocht?‹ Der Koch lachte nur und antwortete: ›Ich koche es in etwas, das fängt mit ›W‹ an – aber Ihr ratet es nie!‹ Dann rieten die Gäste: ›Kochtet Ihr es in Weißwein?‹ Doch der Meister schüttelte den Kopf. ›Vielleicht in Wildschweintränen?‹ – ›Nein, nein‹, rief der Koch, ›Ihr ratet es nie.‹ ›Kochtet Ihr es etwa in Waldbeerensaft?‹, fragten die Leute weiter, ›in Wacholdersirup oder in Warmelade?‹ Aber sosehr sie auch in ihn drangen, das Geheimnis des Frühstückseis gab der Koch nicht preis. Ich habe neben einem dieser Meisterköche am Herd gestanden, acht Tage habe ich zugesehen, wie er briet, buk und kochte für seine Gäste, die von weither kamen, um seine köstlichen Mahlzeiten zu probieren. Und ich weiß, worin er die Eier kocht: Er kocht sie in Wasser.«

Im Gepäck auf dem Weg nach Ammerschwihr hat Siebeck eine weiße Kochjacke – und den brennenden Wunsch, die Zubereitung eines Soufflé Grand Marnier zu erlernen, nach dem er, wie er schreibt, seit einer ersten Begegnung »süchtig« und an dem er am heimischen Herd bereits »dreimal« gescheitert sei. Große Fotos des Autors, mit der Kochjacke sowie einer blütenweißen Schürze und beeindruckender Toque bekleidet, ergänzen neben zwei Siebeck-Zeichnungen – ein hummerschleppender Koch und eine Köche-Pyramide nach Art der Matroschkas – den Artikel optisch. Inhaltlich dominieren die Erkenntnisse, dass Mehl in Saucen nichts zu suchen habe und diese mit saugfähigem Papier zu entfetten seien, dass gute Küche keine Geheimnisse kenne, sondern nur handwerkliche Fähigkeiten verlange, dass die besten Produkte gerade gut genug seien – Hähnchen aus der Bresse, Fische aus der Bretagne, Rinder aus den Alpen –, und dass ein Menü zwischen 25 und 40 Mark (»Viel Geld, gewiß«) angesichts des Aufwands im Grunde zu günstig sei.

Das Soufflé gerät beim Selbstversuch mit Unterstützung des Patissiers zum »Traum aus Duft und Schaum« aus zwölf Eiern, Zucker und Orangenlikör, der sich nach 20 Minuten im Ofen als »ein Gedicht in Goldgelb, Butterblumengold, Brigitte-Bardot-Blond« präsentiert, ehe es auch in einer Zwei-Sterne-Küche nach 20 Sekunden zu einem »pappig-klebrigen Fladen« zusammenfällt. Ansonsten amüsiert sich Siebeck in seinem Text im Wesentlichen über die übrigen – neureichen bis verschrobenen – Kochkursteilnehmer und Gäste des Restaurants. Was auf der Speisekarte steht, wie es schmeckt, erfährt der Leser mit keinem Satz. Siebeck kann erkennbar noch nicht einordnen, was er da kulinarisch erlebt. Und doch hat dieser Kochkurs entscheidenden Einfluss auf ihn; seine Beobachtungen und Einsichten werden sich ein halbes Jahrhundert durch sein Werk ziehen. »Nach den Erfahrungen in Ammerschwihr«, so schreibt er später, »ließ ich bei meinen Reisen den kulinarischen Aspekt keine

Minute mehr aus den Augen.« Dort, in der heißen Küche am glühenden Kohleherd dieses Hohepriesters der Haute Cuisine, erlebt er endgültig seine Erleuchtung.

An seiner Seite in Ammerschwihr absolviert den Kochkurs Willy Fleckhaus, der ihn zu diesem Abenteuer motiviert hat, »ein verfressener Graphiker und seine Frau (sie hatte eine Waage mitgebracht, auf der sie ihr Gewicht kontrollierte, während er den Kellner nach zwei Tagen so weit hatte, daß er ihm ungefragt von jedem Gang eine zweite Portion brachte)«. Fleckhaus, drei Jahre älter als Siebeck und einer der einflussreichsten deutschen Grafikdesigner der Nachkriegszeit, hat 1958 das legendäre Zeitgeist-Magazin Twen erfunden und mit dessen typografisch klarem, modernistischem Stil neue Standards gesetzt. Außerdem hat er Anfang der 60er-Jahre das ikonische Farbkonzept für die Edition Suhrkamp entwickelt.

Siebeck lernt Fleckhaus Ende der 50er-Jahre in Köln kennen, hält ihn für ein »Genie« (»Er wirkte wie Buddha, unnahbar, sehr groß, saß immer massiv und eindrucksvoll da und hatte einen Bart«) und freundet sich mit ihm an. Er besucht ihn Mitte der Sechziger auch in dessen toskanischem Haus, wo er ihm ein Ragout von der Kalbsbrust mit Olivenöl und Kräutern kocht, sich lange mit ihm über die wachsende Passion für das Kulinarische unterhält und Fleckhaus die wegweisende Idee entwickelt, ein doppelseitig aufgemachtes Rezept in Twen zu veröffentlichen. Siebeck erkennt in ihm einen Mann mit sicherem Gespür für kommende Moden, begeistert sich für Fleckhaus' Idee, Rezepte wie opulente Reportagen, wie essayistische Erzählungen abzudrucken. Im Januar 1969 widmet sich ein Siebeck-Dreiseiter in Twen dem Bœuf à la Carbonade. Der Beitrag wird prächtig illustriert durch ein doppelseitiges Foto eines rohen Rinderbratens, eines Rosenstücks.

Siebecks erste Restaurantkritik erscheint ein gutes Jahr später, am 13. März 1970, im Reiseteil der ZEIT. Sie führt ihn an den Ort seiner kindlichen Sehnsüchte und trägt den Titel: »Abendessen im Maxim's«. Mit bedeutender – möglicherweise von Johannes Heesters inspirierter – Stimme und »in mutigem, nicht akzentfreiem Französisch« habe er, so schreibt er, einen Tisch in diesem »wohl berühmtesten und möglicherweise teuersten, sicher aber einem der besten Restaurants der Welt« an der Rue Royale zwischen Place de la Concorde und Madeleine bestellt und sich bei der Ankunft daran gefreut, dass auf dem Trottoir vor dem Eingang unter den charakteristischen karminroten Markisen zwei große Männer in knöchellangen dunkelblauen Mänteln mit roten Kappen Dienst taten, »ganz die guten, alten Knechte, die schon vor fünfzig Jahren Graf Boni de Castellane den Kutschenschlag aufrissen«.

Drinnen: rankender Jugendstil, blattförmige Bronzebeschläge an den Wänden, Spiegel in bizarren Formen, roter Teppich, Plüsch – und über allem die Aura einer glanzvollen Tradition, die zurückreicht bis in die Belle Époque. Ein Befrackter reicht Siebeck die Speisekarte, von links klimpert ein Klavier »Orpheus in der Unterwelt«, »O sole mio«, »I love Paris« und »C'est si bon«. Außerdem zieht es (»Gab deshalb Marcel Proust, der Zugempfindliche, seine berühmten Diners nie bei Maxim's, sondern immer im Ritz? Wahrscheinlich störte ihn auch die Musik«). Siebeck beobachtet, wie hier und da »cognacduftende Flammen aus einer Kupferpfanne zur Decke« schlagen, notiert beeindruckt, wie der ebenfalls befrackte ältere Sommelier (»der Weinkellner, der Mann, der für nichts anderes da ist, als die Gäste bei der Wahl des passenden Weins zu beraten, die Flaschen zu öffnen und darauf zu achten, daß die Gläser nicht leer werden«) den Korken »geschwinde, aber sanft wie ein routinierter Zahnarzt« aus dem 63er

Meursault, Premier Grand Cru, zu 38 Franc entfernt. Und weniger beeindruckt, wie er mit ungepflegten Fingernägeln – »Kellerstaub, vermute ich« – die Spalten mit den Preisen entlangfährt.

Ums Essen und dessen Qualität geht es erneut nur am Rande. Zur Vorspeise wird Hummercocktail serviert – »ein beliebtes Hors d'oeuvre, das überall in der Welt in besseren Restaurants zu haben ist« – und Rissole de Foie Gras, würfelig geschnittene Gänseleberpastete und Trüffelscheiben, in dünne Teigkissen eingebacken, dazu eine Soße, die vor allem aus gehackten Trüffeln besteht (»esse ich zum erstenmal«), außerdem Seezunge und als Tagesspezialität »frischen Loire-Lachs« mit Sauerampfer: »Der Sauerampfer ist ein wenig sandig, in meiner Seezunge finde ich drei Gräten. Macht das was? Es macht nichts; denn alles, Lachs, Seezunge, Sauerampfer und die Soßen sind so köstlich, so unaufdringlich delikat, daß mich auch ein Kieselstein im Essen nicht stören würde.«

Der Hauptgang, das Pièce de résistance, erscheint auf einem »Silberkarren« in Form eines Filet de Bœuf du Charolais, Sauce Périgourdine, Pommes Maxim's, Haricots verts au gratin und wird dem deutschen Leser prosaisch als »nichts weiter als ein Filet von besonders guten Mastochsen mit einer delikaten Trüffelsoße, besonders leckeren, leicht überbackenen jungen grünen Bohnen und auf besondere Art angemachten Kartoffeln« nahegebracht: »Ein Tellergericht würde man es in deutschen Gaststätten nennen, und es wäre nicht von besonders gemästeten Ochsen, die Soße wäre nicht getrüffelt, die Bohnen nicht so lecker und die Kartoffeln – nun, die Kartoffeln wären vielleicht ganz gut. Und gerechterweise wäre es nicht halb so teuer wie hier bei Maxim's.«

Viel mehr noch als das kulinarische Panoptikum, das Siebeck in diesem ersten gastronomischen Text auffächert, fasziniert aus der Rückschau, mit welcher Selbstverständlichkeit er sich in dieser Welt bewegt. Wie wenig staunend er – abgebrochene Schulausbildung, freier Künstler und weder Großerbe noch Selfmademillionär – die Dinge hier betrachtet. Wie selbstbewusst und amüsiert er ist. Ohne klassenkämpferische Attitüde, mit größter, beiläufiger Selbstverständlichkeit. Keine Frage: Hier ist jemand in seinem natürlichen Habitat angekommen. Zumal es hier zwischen wirbelnden Frackschößen und Champagner in spitzen Gläsern an einer weiteren entscheidenden Zutat seiner kindlichen Imagination nicht mangelt: schönen Frauen.

Eine von ihnen – weder Lolo noch Joujou oder Froufrou, sondern im Text schlicht: »Madame« – sitzt neben ihm, nachdem er erst jüngst ihre Bekanntschaft gemacht hat, meint fortgesetzt, Prominenz im Saal zu erspähen (»Arthur Rubinstein!«, »Der Bruder der belgischen Königin!«, »Prinzessin Irene!«), und wird im weiteren Verlauf der Ereignisse noch eine zentrale Rolle einnehmen. Genauer: Ein halbes Jahrhundert lang wird er sich ohne sie an überhaupt keinen Tisch mehr setzen.

8.
Barbara

Während sich die Welt des Wolfram Siebeck im ersten Jahrzehnt der jungen Bundesrepublik in den Sphären von Avantgarde und Moderne dreht, schwelgt die späte Adenauer-Gesellschaft kollektiv in Heimatfilmen und schwungvollen Operettenklassikern, lässt sich in seichten Unterhaltungsschmökern von verliebten Oberförstern in den Wald locken und von Caterina Valente im »Traumschiff der Liebe« Richtung Hawaii gondeln. Mit den real existierenden Umständen dieser Liebe, zumal deren körperlichen Folgen, will sie möglichst nicht behelligt werden. Schon gar nicht öffentlich.

So ist sie einigermaßen entrüstet, als Heft 8 des Jahres 1960 der Zeitschrift Twen sich in der Reportage »Mein Kind kommt« auf den Seiten 27 bis 35 genau damit befasst, illustriert durch eine doppelseitige Fotografie einer jungen, schönen Frau im Profil mit herausforderndem Blick, die Jeans über dem hochschwangeren, von einem dünnen Pullover bedeckten Bauch halb aufgeknöpft. Züchtig das Ganze, aber doch zu viel für ein Land, das hier auf höchst unverschämte Weise – kaum sind die Mutterkreuze aus den Schmuckkästchen verschwunden – mit ersten frühfeministischen Vorbeben anstelle zeltartiger Umstandskleider und mütterlicher Wärme belästigt wird. Und dessen Bundesprüfstelle zur Verhinderung jugendgefährdender Schriften folglich umgehend einen Indizierungsantrag wegen

»Verletzung des natürlichen Schamgefühls junger Menschen« zu prüfen hat, sekundiert vom Bayerischen Jugendring, dessen Präsident über so viel »Superindividualismus ohne Bindung an Gesellschaft und Moral« die Republik direkt Richtung Gomorrha abdriften sieht.

Ein Triumph für die Twen-Macher, die in der nächsten Ausgabe lustvoll die erbosten Leserbriefe abdrucken, die angesichts dieses Bildes säckeweise die Redaktion erreichen. Ein weiterer Triumph vor allem auch für Willi Fleckhaus, der sich die Geschichte ausgedacht und damit den von ihm früh als herausragend erkannten Fotografen Will McBride beauftragt hatte, einen mit der Army nach Deutschland gekommenen Amerikaner, der daraufhin sein Lieblingsmodell, seine Muse und Ehefrau in entsprechender Pose ablichtete. Seine Frau ist sie ziemlich genau bis zu dem Tag, an dem sie Wolfram Siebeck erstmals begegnet.

Nach Ammerschwihr ist es ein zweites Mal Fleckhaus, der in diesem Schicksalsjahr 1969 entscheidend in Siebecks Biografie eingreift und die Weichen stellt: Er bittet Barbara McBride, seinen Freund, der inzwischen mit seiner Kommilitonin Erika verheiratet und aus dem Ruhrgebiet nach Riederau am Ammersee gezogen ist, zu einer Vernissage in ihre im Vorjahr gegründete Starnberger Galerie einzuladen. Siebeck kommt, steht – vom Schlag getroffen und, wie er später sagen wird, heftigst »Midlife-Crisis-geschädigt« – vor dem 14 Jahre jüngeren Model, diesem »zarten, hübschen, schüchternen« Mädchen, schreibt ihr anschließend den einzigen Liebesbrief seines Lebens und fährt mit ihr zunächst nach London und dann nach Paris. Angemessen beeindruckt verlässt sie nach ihrer Rückkehr aus Saint-Germain ihren Mann und flieht damit aus einer zunehmend toxischen Ehe in Richtung einer Welt, die ihr so fremd erscheint wie verlockend.

Neben ihrer Schönheit und ihrem Charme fasziniert Wolfram Siebeck die Ausstrahlung von Freisinn und Leichtigkeit, die Barbara ihrem Aufwachsen in der Bohème des Künstlerdorfs Worpswede bei Bremen verdankt, ihre Lässigkeit, die in größtmöglichem Kontrast steht zur geistigen Enge seiner eigenen bürgerlichen, in seiner Wahrnehmung intellektuell bornierten Herkunft. Anders als er denkt sie gern an ihre Kindheit, an dieses besondere Licht, das »Remmidemmi« der eigenartigen Menschen um sie herum, »die etwas zu sagen hatten«: Horst Janssen, Richard Oelze, Paul Wunderlich. Ihr Vater, der Maler Paul Ernst Wilke, war in erster Ehe mit der Sängerin Lale Andersen verheiratet gewesen, dritter Mann der Mutter ist Klaus Pinkus – kultiviert, klug, generös, Mäzen, Sammler, Flüchtling, Fremdenlegionär, Freund Heinrich Manns, Gönner Robert Musils, später Galerist in Worpswede.

Barbara hat aus den diversen Ehen ihrer Eltern fünf Halbgeschwister und selber mit Will McBride drei Söhne von sechs bis zehn Jahren, Brian, Robin und Shawn. Die steckt sie in diesem Herbst 1969, nach Brians Erinnerung, in »so niedliche Kleidchen«, packt sie in einen VW-Bus, instruiert sie, sich nur ja anständig zu benehmen, und fährt mit ihnen zu Wolfram Siebeck. Der ist – bei Kindern grundsätzlich »etwas reserviert in Erwartung des nahenden Weltuntergangs« – auf das Schlimmste vorbereitet und daher umso verzückter, als sie sich engelgleich in eine Ecke setzen und brav malen.

Glücklich mit Barbara und darüber, dass ihr Anhang einerseits aus dem Windelalter heraus ist und andererseits nicht in grundsätzlicher Opposition zu ihm steht, stellt er sich auf ein Dasein als Familienvater ein, tauscht den inzwischen stolz erzeichneten und ertexteten englischen Sportwagen gegen ein zweckmäßigeres Auto und mietet im Dörfchen Widdersberg oberhalb des Pilsensees ein großes Landhaus im »preußisch-italienischen Stil« der 20er-Jahre mit knarrenden Bohlen und weitläufigem Garten am Waldrand. Zwischen Äckern, Weiden und Wiesen, am Horizont das Kloster Andechs und die Alpen, lebt er hier ein ländliches Idyll. Abends holen die Kinder abwechselnd beim nächsten Bauern in zwei Blechkannen die noch warme Milch, Fische werden zuckend aus den umliegenden Seen angeliefert, das Wasser stammt aus der eigenen Quelle, nachts knabbern die Rehe im Mondlicht die Rosenknospen ab. Tagsüber sitzt Wolfram Siebeck mit seiner Schreibmaschine im Garten oder im Kaminzimmer mit Bibliothek der Villa und schreibt Filmkritiken, Satiren, Kulinarisches; nachmittags, wenn die Kinder aus der Schule kommen, schmiert er dick gebutterte Marmeladenstullen, für deren Sauerteigbrot aus dem Holzofen er eine halbe Stunde zum nächsten guten Bäcker fährt. Wenn er mit Barbara verreist, um Restaurants zu besuchen, kümmert sich um die Kinder eine alte Resi, die schon vor dem Krieg im Haus gedient hat.

Barbara führt derweil mit einigem Erfolg ihre Galerie Die Insel in Starnberg und verlegt sie später nach München in die Stollbergstraße, zeigt Ed Kienholz' Inszenierung »Art Show«, die Zeichnungen von Saul Steinberg und Lothar-Günther Buchheims Kriegsfotos, darunter zum ersten Mal die Aufnahmen von seinem U-Boot. Bei der ersten deutschen Ausstellung seiner Grafiken kommt David Hockney selbst zur Eröffnung, ebenso wie das komplette Ensemble des Musicals »Hair« oder die Rockband Amon Düül.

13 Jahre führt Wolfram Siebeck ein klassisches Familienleben, wie er es vorher und hinterher nicht kennt. Und wohl nie gesucht hat. Er selbst bekundet ein ausgeprägtes Desinteresse an seiner eigenen Familie; zum Grab des Vaters geht er nach dessen Beisetzung nie wieder, und wo die Mutter bestattet ist, weiß Barbara Siebeck noch nach jahrzehntelanger Ehe nicht zu sagen. Als ihn im Pariser Hotel ein Telegramm aus Essen vom Tod seiner Großmutter, mit der er während des Kriegs jahrelang unter einem Dach gelebt hat, sowie dem bevorstehenden Begräbnis unterrichtet, reagiert er eisig. In einer Erinnerung schreibt er: »Jeder brave Bürgersohn hätte das Diner im Restaurant abgesagt und wäre ans Grab seiner Großmutter geeilt. Doch mich lockte die renommierte Seezunge ›Colbert‹ viel stärker als der Anblick trauernder Verwandter, die ich ohnehin kaum kannte.« Er sagt die Beerdigung ab, nicht die Tischreservierung.

Als Brian als letzter der drei Jungen Anfang der 80er-Jahre schließlich das Haus verlässt, knüpft Wolfram Siebeck nahtlos dort an, wo er ein gutes Jahrzehnt zuvor aufgehört hat: Ab sofort kreist er wieder konsequent um sich – und nun auch um Barbara. 47 Jahre weicht sie nicht von seiner Seite, wird zum einzigen Bezugspunkt seiner Existenz neben ihm selbst. Sie ist sein Fixstern und seine Muse, die nervöse Küchenchefs anlächelt, wenn er unwirsch wird, die stichelt und glättet, ablenkt und beobachtet, die ihn aufheitert und besänftigt. Und leidenschaftlich mitnörgelt (»Er meckert laut, ich leise«).

Siebeck gibt es ab sofort nur im Duett – mit klar verteilten Rollen. Er der große Star, sie stets an seiner Seite: Strahlend, mit der Haltung einer Ballerina, hochdiszipliniert und gertenschlank, mit rollenden Augen, meist charmant und manchmal böse. In Vincent Klinks Worten ein »Duo der gehobenen Zungensensorik« in »unzerstörbarer Komplizenschaft«. Am Anfang, sagt sie in einem Interview mit der Süddeutschen Zeitung, habe sie von verfeinerter Esskultur keine Ahnung gehabt, Siebeck habe ihr sehr viel erklären müssen (»Das machen Männer ja gerne ...«). Später beeinflusst sie sein Urteil maßgeblich, er selbst sagt, ihre Rolle sei nicht hoch genug einzuschätzen. Sie weiß es und stapelt tief: »Wenn der Küchenchef kommt, dann spricht selbstverständlich mein Mann. Ist ja logisch, die würden sonst denken: Was quatscht die Alte? Damit muss ich leben.«

Dass sie das sehr gut kann, dass sie das Zusammensein mit ihm als Geschenk empfindet, daran lässt sie nie einen Zweifel – so wenig wie daran, dass er es mindestens so gut getroffen hat, wenn sie süffisant nachschiebt: »Dass ich immer gegessen und nicht zugenommen habe, war doch auch ein Segen. Eine Frau, die immer nur zunimmt, hat auch keine Lust, noch irgendwo essen zu gehen, und macht dem anderen das Leben nicht leicht. Da hat Siebeck Glück mit mir gehabt.« Nicht nur auf der leiblichen Ebene: »Für jede Frau, die nicht ganz doof ist und vielleicht auch ein paar Ambitionen hat, ist es schwierig, mit einem Mann verheiratet zu sein, der prominent ist. Aber man findet da immer einen eigenen Weg, sich zu behaupten.«

Hunderte von Polaroids wird sie in seinen späten Jahren von ihm machen, viele seiner Artikel werden mit ihren Bildern illustriert, eines ziert das Cover des ZEIT-Sonderhefts zu seinem 80. Geburtstag. Er liebt es, von ihr fotografiert zu werden. Im Alter gibt er in einem Artikel zu seinen Maximen den schlichten und von ihm weitgehend beherzigten Rat: »Findet die Frau oder den Mann des Lebens – und dann: Don't rock the boat!«

Bis zum Schluss ist Siebeck stolz auf die schöne Frau an seiner Seite. Und sie auf ihn. Und ein kleines bisschen auch darauf, dass sie ein Leben vor ihm gehabt hat. Auf ihre Vorreiterrolle bei der frühen Normalisierung der öffentlichen Darstellung von Schwangerschaft, die Annie Leibovitz im August 1991 – gut 30 Jahre später – mit der nackten hochschwangeren Demi Moore auf dem Cover von Vanity Fair aufgreift, und auf ihren Platz in der Geschichte: Neben dem Zweispitz, den Napoleon in Waterloo trug, der Erstausgabe der Luther-Thesen und einem Uniformrock Friedrichs des Großen hat »Barbara McBride schwanger mit Shawn, 1960« unter der Inventarnummer Ph 93/231 Eingang in die Sammlung des Deutschen Historischen Museums in Berlin gefunden.

9.
Bayerisches Beben

Seine wenig geliebte Heimat, das Ruhrgebiet, verlässt Wolfram Siebeck Ende der 60er-Jahre regelrecht »fluchtartig«. Er will dem »grau-feuchten Klima« entrinnen, dem »Dunst der Provinzialität«. Bayern mit seinen schönen Landschaften, vor allem München als »heimliche Hauptstadt« der Republik, erscheint ihm als ideales Lebens- und Arbeitsumfeld. Anders als im Pott spielt hier in den Jahren um 1970 die Musik.

In Schwabing pulsiert eine aufmüpfige Bohème, deren frühe Reibung mit dem Staat seit den Schwabinger Krawallen den kulturellen Aufbruch markiert. Clubs wie das Blow Up ziehen eine neue, internationale Musikgeneration an; experimentelle Gruppen wie Amon Düül formieren eine Avantgarde, während Rainer Werner Fassbinder mit Aktion-Theater und Antiteater eine neue Filmsprache schmiedet. So dicht bündelt Kreativität, Medienmacht und Produktionsräume kein anderer Ort im Land, schon gar nicht Berlin – geteilt und für viele lediglich Zuflucht für Dienstverweigerer. Wer Ambitionen hat, wer gestalten will, findet sich in München wieder.

Auch an den »Prominentenufern« von Münchens südlichen Seen sucht und findet Siebeck Urbanität statt Provinz. In seiner Widdersberger Nachbarschaft, darauf legt er Wert, gibt es kaum Bauern, dafür allerlei Akademiker, darunter die Enkelin von Ludwig Mies van der Rohe. Den Kreis der Freunde an Starnberger

See, Ammersee, Tegernsee bilden und prägen ebenfalls Kreative aller Couleur, Künstler, Intellektuelle. Zu den engsten gehören Vicco von Bülow alias Loriot, der in diesen Jahren mit seinen Knollennasen-Männchen zu Berühmtheit gelangt und erste Fernsehformate entwickelt, und Lothar-Günther Buchheim, der an seinem Weltbestseller »Das Boot« schreibt. Auf Buchheims Partys trifft Siebeck die Söhne, Töchter oder Nachlassverwalter der Maler Otto Dix, Paul Klee, Otto Mueller und Max Pechstein, bei der Schriftstellerin Barbara König aus dem Dunstkreis der Gruppe 47 zudem Künstler und Intellektuelle wie Hans-Werner Richter, Rudolf Baring, Peter Hamm, Rolf Hochhuth, Michael Krüger, Marianne Koch, Hans E. Neunzig. Auch die Sphäre von Barbaras Galerie bietet jede Menge kreativer Anregungen. Was sie nicht bietet, ist eine Verpflegung, die über Kalterersee und Schnittlauchbrote wesentlich hinausgeht.

In dieser Hinsicht ist anfangs nicht einmal in München selbst viel los. Der ZEIT-Redakteur Haug von Kuenheim bittet Wolfram

Siebeck, den Satiriker mit dem kulinarischen Interesse, für den Zeitungsteil »Modernes Leben« um eine große Recherche in den Lokalen der Stadt, angeregt von einem witzigen Testbericht im New York Magazine, für den ein Kollege Manhattans Hühnersuppen akribisch unter die Lupe genommen hat. So kommt Siebeck zu seiner ersten Reportage über die gastronomische Lage einer Region: »In München auf dem Haxntrip«. Inhaltlich hätte sie sich auf die beiden ersten Sätze beschränken können, ohne wesentlich an Erkenntnisgewinn einzubüßen: »Hitler war nicht immer Vegetarier. Er entsagte dem Fleisch erst in seiner Münchener Zeit.«

Was Siebeck in seinen Satiren über die politischen und gesellschaftlichen Verhältnisse der Republik im Allgemeinen geübt hat, wendet er nun auf die kulinarischen im Speziellen an. In gewisser Weise liefert er einen Gegenentwurf zu seinem Bericht aus dem Maxim's, indem er – auf dem Feld der deutschen Hausmannskost fühlt er sich erkennbar sattelfester als auf dem der Haute Cuisine – weniger auf die Rahmenhandlung als auf den Teller fokussiert und dessen Inhalt dezidiert kritischer unter die Lupe nimmt als die Seezunge an der Rue Royale.

So präsentiert ihm der Kellner beim Franziskaner »in grüner Weste« die georderte Kalbshaxe: ein »mächtiger Brocken Fleisch, braun gebraten in allen Schattierungen von Gold bis Dunkelrot, herrlich glänzend vom Demi-glace, mit einem herausragenden, sauberen Knochen – im wahrsten Sinne des Wortes ein Augenschmaus, barockes Eßvergnügen verheißend«, gekrönt von einer kleinen Papierfahne mit aufgedruckter Firmenreklame. »Als wir ihn genügend bewundert hatten, machte sich die grüne Weste daran, den Braten zu zerlegen. Da sie es mit der kurzen und stumpfen Klinge eines normalen Tafelmessers versuchte, stieß sie auf hartnäckigen Widerstand, siegte jedoch schließlich nach mehreren Anläufen knapp, aber verdient. Als der Kellner mit vor Anstrengung zitternden Händen die Fleischstücke servierte, interessierte ich mich für das Papierfähnchen. Auf der mir abgewandten Seite stand handgeschrieben der Preis: 55 Mark.« Ein stolzer Preis für ein ernüchterndes Erlebnis: »Die herrlich braune Kruste war hart und trocken und für mittelkräftige Zähne unverwundbar wie einst der hörnerne Siegfried. Das Innere der Fleischstücke war wunderbar saftig und rosa. Leider auch wunderbar zäh. Und schmecken tat das alles, die appetitlich aussehende Kruste, das herrlich rosa und wunderbar saftige Fleischinnere – nach nichts.« Die »Beilage« tröstet ihn darüber nicht hinweg: »für jeden einen Teller gemischten Salat, jene von Passau bis Flensburg bekannte Anhäufung von grünen Salatblättern, Gurkenscheiben, Tomaten, Kartoffelsalat, Zwiebeln und Wasser«. Immerhin, »Zahnstocher gab es gratis«.

Im Hofbräuhaus (»liegt in einem Viertel, das wegen der zahlreichen Stripteaselokale auch Vergnügungsviertel genannt wird«, man erkenne es »an den vielen Touristen, die andächtig an seiner barocken Fassade hochblicken, als stünden sie vor einer gotischen Kathedrale«) ist die Lage nur marginal besser: das Fleisch zwischen »mattbraun« und »fahlgelb«, der herausragende Knochen so unansehnlich, als »habe er seit dem Pliozän in einer Endmoräne gelegen«. Als Siebeck dann wenigstens »ein taubeneigroßes Fleischstück vom Knochen säbelte, das so war, wie ich mir Fleisch von einem Rinderbaby vorstelle, nämlich rosig, saftig und wunderbar zart, da tranken wir aus Freude und Dankbarkeit ein zweites Glas Bier«.

Beim Haxnbauer ordert er zur Abwechslung eine Schweinshaxe. Sie sieht furchtbar aus: »Die fettige Haut hat unter dem Grill unzählige Blasen geworfen, die aufgeplatzt und kross geworden sind. Die Farbe ist nicht das ruhige Rembrandtbraun von gebratenem Fleisch, sondern ein ungewohntes, fast ins Orange übergehendes Rostrot. Das Ganze sieht aus wie ein beim Waldbrand umgekommenes Krokodil (Teilansicht)«. Geschmacklich aber hat er Erfreuliches zu vermelden: unter knuspriger Haut und dicker Fettschicht zartes Fleisch und vor allem »Eigengeschmack«. Der Testsieger schließlich: das Bratwurstglöckl, »der Inbegriff des gemütlichen deutschen Wirtshauses«. Dessen Schweinshaxn sei zwar zu klein für zwei, sehe dafür aber »eßbar« aus und schmecke ganz vorzüglich: »Sie war weder hart noch zäh, und hätte sie noch zwanzig Minuten länger in der Bratröhre geschmort, wären auch die Zahnstocher überflüssig gewesen, die neben der Maggiflasche auf dem Tisch standen.«

Der »Haxntrip« im Hamburger Intellektuellenblatt erregt so erwartungs- wie wunschgemäß einiges Aufsehen in der lokalpatriotischen Münchner Gasthausszene. Die Resonanz gibt der ZEIT-Redaktion und ihrem Autor das sichere Gefühl, dass in dieser Art Berichterstattung einiges Potenzial liegt. Siebeck legt also systematisch los, entwickelt einen unverwechselbaren Stil, wenn er mit Hingabe schwärmt und schimpft, ob es um exquisite Küchen entlang der Rhône geht, das traurige Niveau der bundesrepublikanischen Gastronomie, lausige Lebensmittel und Weine oder zweckmäßige Küchengeräte: unterhaltsam, pointiert, süffisant-ironisch, gerne polemisch, stets leicht von schräg oben herab. So wird er in diesen Münchner Jahren begeistert, talentiert und fleißig zur wiedererkennbaren, dann unverwechselbaren, endlich weithin unangefochtenen Instanz. Wobei ihm freilich der gastronomische Zeitgeist – den er, nicht zuletzt bestärkt durch Fleckhaus, früher wittert und stärker befeuert als sonst niemand – entscheidend hilft. Und der Münchner Bauunternehmer Fritz Eichbauer.

Wie Siebeck 1928 geboren, hat Eichbauer um die Zeit, als dieser dem Ruhrgebiet gen Süden entflieht, auf einem riesigen nächtlichen Parkplatz irgendwo bei Omaha im US-Bundesstaat Nebraska samt angrenzendem Steakhaus – beide bis auf den letzten Platz belegt – eine entscheidende Vision: Wieso gibt es so etwas eigentlich nicht bei uns? Wieso müssen Restaurants in Deutschland immer mitten in der Stadt liegen? Und wieso müssen sie entweder im Rathausstil samt Deckenbalken und Zinntellerreihen oder goldbarock-plüschig ausdekoriert sein? Wäre ein großes, zeitgemäßes Restaurant – funktionell und doch behaglich – ohne Parkplatzprobleme vor der Stadt nicht ein wirkliches Zukunftskonzept? Und dann noch mit einer Küche, wie es sie bislang in Deutschland nicht gibt? Modern, ambitioniert, so wie Eichbauer sie mit seiner Frau Sigrid schon seit Jahren auf seinen Frankreichreisen bei Georges Blanc, Paul Bocuse, Roger Vergé, Raymond Oliver, im Maxim's in Paris, im Côte d'Or in Saulieu, in der Pyramide in Vienne erlebt hat? Seit Jahren träumt er von einem eigenen Restaurant auf höchstem Niveau, weit entfernt von dem Dilettantismus und der nervtötenden Langeweile im gastronomischen Niemandsland zwischen Nordsee und Alpen. Und nun, hier, mitten in der nächtlichen Prärie, weiß Fritz Eichbauer plötzlich, wie sein Restaurant auszusehen hätte.

Bei einem Abendessen in Mövenpicks Baron de la Mouette in Zürich findet er wenig später genau den Stil, den er für sein Projekt im Kopf hat. Gemeinsam mit dem Architekten des Baron, Professor Justus Dahinden, macht er sich umgehend an die Planung. 18 Monate wird konzipiert und wieder verworfen, mit versessener Perfektion jedes Detail festgelegt. Ein ganz neues, anderes Restaurant soll es werden – exotisch und fremd, geräumig, zukunftsweisend, bloß nicht verzopft. Gleichzeitig durchkämmen die Eichbauers gezielter die französische Provinz, studieren Speisekarten, lassen sich von Köchen beraten: Wer soll am Tantris-Herd stehen? Der legendäre Elsässer Paul Haeberlin gibt die entscheidende Antwort. Ein unbekannter junger Österreicher, »der Eckart«, sei der beste Schüler seiner schon damals berühmten Auberge de l'Ill in Illhäusern, einen Steinwurf von der deutschen Grenze ein wenig nördlich von Colmar gelegen.

Nur leider kocht Witzigmann inzwischen im Washingtoner Jockey Club und hat das Angebot, als Küchenchef auf den Familiensitz der Kennedys in Hyannis Port zu wechseln. Ganz Mann der Tat fliegt Eichbauer über den Atlantik, die fertigen Baupläne in der Tasche. Stolz präsentiert er seine Vision – und muss sich anhören, die Planungen für die Küche seien unprofessionell und unpraktisch. So könne er nicht kochen, erklärt der nicht einmal 30-jährige Witzigmann kühl: »Der Herd gehört in die Mitte.« Noch im Flugzeug zum nächsten Termin wirft Eichbauer die Pläne um und übergibt sie bei der Zwischenlandung einer Stewardess mit der Bitte, sie so schnell wie möglich nach München zu befördern. Pfingsten 1971 kommt Eckart Witzigmann nach München. Am 2. Dezember öffnet das Tantris die Drehtür zu seinem leuchtend hummerroten und trüffelschwarzen Elysium an der Johann-Fichte-Straße im tristen Nordschwabinger Industriegebiet. Für Wolfram Siebeck ganz persönlich und die deutsche Gastronomie im Allgemeinen ist es nicht weniger als »das große Beben«.

Für die meisten Münchner ist die gastronomische Offenbarung des »Baulöwen« inmitten der urbanen Wüste zwischen Großmarkt und Tankstelle, einem Betongebirge von Hochhaus und einer Polizeiwache eher eine mittelschwere Eruption des Irrsinns. Statt in Verzückung brechen sie in schallendes bis hämisches Gelächter aus: »Wenn es stimmt, dass das Auge mitisst, dann versteht man jetzt endlich auch, was das heißt: Das

Auge bricht.« Alles so avantgardistisch, Betonfassade, Kupferdächer (»ein hübsches Stück Feuerwehrhaus«), vor der Tür echsenartige Fabelwesen aus Beton mit breiten Mäulern und gerippten Flügeln, die ihre massigen schuppigen Leiber die Stufen empor auf eine rote Eingangstonne wuchten. Und erst im Inneren: brauner Teppich, der sich bis zu den Decken hinaufzieht, Kacheln und Vorhänge und Kugellampen in leuchtendem Orange, dazu merkwürdige Orgelpfeifensäulen, schwarzlederne Sessel und an den Wänden Worte wie »dionysisch«, »lukullisch«, »barbarisch« ... »Da muss einer schon gerne essen, wenn er wiederkommt«, ahnt ein Münchner Architekt.

Dabei ist das auch mit dem Essen so eine Sache. Das Preis-Leistungs-Verhältnis wird in Bayern konsequent am Schweinsbratentarif von 9,50 Mark gemessen. Eichbauer erntet Argwohn und offenen Protest angesichts der Vorstellung, seine Gäste müssten geschlagene fünf Stunden essen und hinterher hung-

rig nach Hause gehen. Die Spießer schäumen, und Wolfram Siebeck ist schlagartig interessiert. Ein »Luxusrestaurant mit dem Ambiente eines kalifornischen Sektentempels«? Exakt seine Welt. Natürlich kennt er die Auberge de l'Ill, ihren berühmten Saumon soufflé, die Froschschenkel-Mousseine, den Hummer »Prince Vladimir«, den »Pêche Haeberlin«. Und so etwas soll es jetzt in München geben? Er ist begeistert – erst recht angesichts des flächendeckenden Widerstands gegen das Restaurant.

In der ZEIT lässt er den Tantris-Küchenchef Witzigmann – für ihn »ein Meister«, »schüchtern und gleichzeitig selbstbewußt, ehrgeizig und voller Zweifel« – unter der Überschrift »40 côtes und kein coq – die Leiden eines Zweisternekochs« zu Wort kommen. »Die Gäste beschweren sich, die Ente sei nicht gar, weil sie noch nie eine anständig gebratene Ente gegessen haben«, oder »Was soll ich machen, wenn einer die Fleurons auf seinem Teller moniert, weil er denkt, es sei Fisch, oder ein anderer Quenelles de Brochet für die Kalbsmedaillons hält, die seine Begleiterin isst?« Überhaupt der ganze französische Kram, höchst suspekt. Hendl isst man aus dem Wienerwald, nicht aus der Bresse. Ein Publikumsliebling dagegen ist der enorme Holzkohlengrill vor der Küche, handfest und deutsch. Ergebnis: Bei 120 Gedecken laufen im Schnitt 40 Entrecôtes. Außerdem muss den Gästen erst mühsam beigebogen werden, dass eine Tagesempfehlung mit Fisch nicht bedeutet, dass dieser dringend weg muss.

Ein Restaurant wie das Tantris hat es vorher noch nicht gegeben – in Deutschland nicht, und in München schon gar nicht. Völlig unvorstellbar die Idee, ein Küchenchef lasse provenzalische Kräuter extra aus Paris einfliegen, um sie dann frühmorgens persönlich am Riemer Flughafen abzuholen. Abwegig, Fisch mit der Air France dienstags aus Boulogne und freitags aus Marseille liefern zu lassen. Und dass da einer plötzlich kompromisslos Qualitätsunterschiede geltend macht bei körnergefütterten Hühnern, Charolais-Rindern, europäischen Hummern, bretonischen Austern, Gänseleber aus dem Elsass oder der Dordogne und dann auch noch Sauerampfer selbst auf der Wiese pflückt! Es geht doch um Himmels willen nur um Essen. Sattwerden.

Fünf harte Jahre dauert es bis zum Durchbruch. Daran ändert selbst der 1971 erstmals für die Bundesrepublik eingeführte Michelin-Stern über dem Tantris zunächst nichts, zu dem sich schon im Folgejahr ein zweiter gesellt. Doch dann beginnt zu wirken, was später ungläubig staunend das »Deutsche Küchenwunder« genannt werden wird.

Für Siebeck ist es der »Aufbruch in das bislang unentdeckte Reich der kulinarischen Verfeinerung«, die »Geburt unserer Gastronomie«. Dass er als unentbehrlicher publizistischer Geburtshelfer bereitsteht, ist Fügung, und er nutzt die Gelegenheit so konsequent wie niemand sonst. Die Schlachtordnung im öffentlichen Meinungskampf ist ihm instinktiv klar, die damit verbundene Chance für ihn persönlich auch: »Also erregten unsere ersten Restaurants mit ihren modisch reduzierten Speisen das notwendige Aufsehen, um von der Öffentlichkeit gebührend registriert zu werden. Und sofort bildeten sich zwei Fronten: die Traditionalisten bekämpften die Progressiven. Ausgebuffte Marktstrategen hätten es nicht besser planen können, was nun in ganz Westdeutschland rotierte wie Hoola-Hoop-Reifen um biegsame Hüften. Die Gäste der einschlägigen Restaurants gewöhnten sich an Gemüsebreis und Gemüsesorbets, die Portionen auf den großen Tellern schrumpften und die Preise stiegen. Der Boulevard stürzte sich mit Freuden auf das neue Thema.«

Während man in Frankreich schon seit dem frühen 19. Jahrhundert Restaurantkritiken druckt, wagen sich nun auch in

Deutschland seriöse Medien, Magazine sowie Tages- und Wochenzeitungen daran. Oder zumindest halbseriöse: Die erste regelmäßige Gastrokritik erscheint ab August 1972 als »Restaurant des Monats« im Playboy. Klaus Besser schreibt 1973 sein erstes »Gourmet-Journal« fürs Gesellschaftsmagazin Esprit, Gert von Paczensky kümmert sich bei essen & trinken um das Thema. Wolfram Siebeck aber überstrahlt mit seiner Kolumne im ZEITmagazin ab 1971 innerhalb kürzester Frist und dann auf Jahrzehnte alle anderen – dank seines unverwechselbaren Stils und seines Selbstbewusstseins.

Von Anfang an reklamiert er den Platz des Primus inter Pares für sich, indem er in die besten Küchen der Stadt marschiert und sich von den jungen Chefs der Stunde vorführen lässt, wie man einen ganzen Steinbutt fachmännisch filetiert, den Bezugsquellen ihrer Luxusviktualien nachspürt oder sich im Tantris von Witzigmann ein Gericht erfinden lässt, das bis heute zu den Mythen der deutschen Kochkunst gehört: Kalbsbries Rumohr. Schon der Name ist Programm, war Carl Friedrich von Rumohr (1785–1843) doch nicht nur Schriftsteller, Gutsbesitzer und Begründer der modernen Kunstwissenschaft im deutschsprachigen Raum, sondern zugleich Urvater der deutschen Gastrosophie. Die ihm und ein wenig natürlich auch Siebeck gewidmete Kreation beschreibt dieser zu Jahresbeginn 1976 in seinem ersten Text fürs Magazin Der Feinschmecker, dessen Kolumnist er für fast vier Jahrzehnte sein wird: eine Komposition aus Kalbsbries mit schwarzen Trüffeln, Gänseleber, Porree, Parmaschinken und Teighülle, dazu eine Champagnersauce.

Einen »jener Geniestreiche, deretwegen die Gourmets zu einem bestimmten Küchenchef pilgern wie Heilungssuchende nach Lourdes« nennt Siebeck das Zusammenspiel: »An das Bries geschmiegt, vom Trüffelaroma durchzogen und in inniger Gemeinschaft mit der herrlichen Foie gras, spielt der Lauch eine triumphale Rolle in dieser Schöpfung Witzigmanns, der ihn abschließend mit dünnen Streifen Parmaschinken umwickelte und alles nun zu einem länglichen Kuchen geformt in hauchdünnen Strudelteig einschlug, um jeglichen Aromaverlust zu vermeiden. [...] Meine Aufregung ließ erst nach und machte einer uneingeschränkten Bewunderung Platz, als er das Kalbsbries Rumohr anschnitt und mich probieren ließ. Es war der 10. Januar 1976, 18.08 Uhr – eine Sternstunde deutscher Küchengeschichte!«

Auch unterhalb dieses Gipfels gibt es gute Neuigkeiten. Statt über zähe Haxen kann Siebeck im Februar 1976 im Feinschmecker berichten: »München ist immer eine Reise wert.« Zwar handele es sich bei Donisl, Franziskaner, Haxnbauer, Palais-Keller, die in jedem Reiseführer als Perlen Münchner Gastlichkeit gerühmt würden, bestenfalls um Touristenattraktionen wegen der in stramme Dirndl gekleideten Maßkrugstemmerinnen, Durchschnittsgastronomie mit einer Küche auf Konserven- und Tiefkühlbasis, die – schlichtweg deprimierend – der in Kassel, Kaiserslautern und Dortmund gleiche. Doch könne man daneben inzwischen in München besser essen als in vielen Städten des Landes. Im Tantris natürlich, das mit seinem Küchenchef Eckart Witzigmann – »für die deutsche Gastronomie ein Glücksfall« – eine Sonderstellung einnehme und sich mit den besten Adressen in Frankreich vergleichen lasse. Aber auch Häuser, die in gehörigem Abstand danach kämen – »zwei oder drei Handvoll Restaurants« –, könnten sich sehen lassen, verarbeiteten und importierten selbst vom Pariser Großmarkt Trüffeln, Gänseleber, Brühhühner, frische Jakobsmuscheln: Le Gourmet von Otto Koch, Die Ente im Lehel von Hans-Peter Wodarz, das Hotel Vier Jahreszeiten mit Dieter Biesler.

All diese Meister werden – nicht zuletzt durch ihre unzähligen »Schüler« – eine zentrale Rolle bei der Entwicklung einer deutschen Spitzenküche spielen, deren beschleunigter Fortschritt in diesen Jahren sich rückblickend nur als atemberaubend bezeichnen lässt. Wolfram Siebeck ist dabei Verstärker und Chronist, Weichensteller, Cheerleader und Schiedsrichter zugleich. Ein Foto von 1978 zeigt, wie Witzigmann, Biesler, Wodarz und Koch in konspirativer Runde bei Siebeck zu Hause die Beschaffung exzellenter Materialien vom Pariser Großmarkt planen, möglichst unter Umgehung des deutschen Zolls.

Siebeck selbst will es künftig ins gelobte Land jenseits des Rheins nicht mehr so weit haben wie vom Ammersee. Barbaras Jungs sind aus dem Haus, das der Vermieter überdies wieder selber beziehen möchte – also sucht Siebeck Anfang der 80er-Jahre per Anzeige in der ZEIT etwas Angemessenes und zieht in den äußersten Westen der Republik. Für den Rest seines Lebens wird er aus seinem Frühstückszimmer Frankreich vor Augen haben.

10.

Douce France

Das Wahrzeichen von Mahlberg im Ortenaukreis zwischen Offenburg und Freiburg ist sein Schloss, dessen Ursprünge auf einem Vulkanfelsen bis ins 13. Jahrhundert zurückreichen. In hellem Gelb leuchtet es weit ins Rheintal, eingerahmt vom Grün der alten Bäume in seinem Park, den Weinterrassen darunter und dem Städtchen, das sich ringsum an den Felsen schmiegt. Auf dem Söller, der das malerische Ensemble gegen Süden mit einem Torbogen abschließt und den ein schmaler Freisitz krönt, liegt die oberrheinische Tiefebene als Panorama vor dem Betrachter, mit dem hügeligen Vorgebirge und darüber dem Schwarzwald als Begrenzung zur Linken – und rechts, in der Ferne hinter dem Rhein, mit der flirrenden Kette der Vogesen am Horizont. Kein Ort könnte besser als Ausgangspunkt für Wolfram Siebecks gastronomische Exkursionen taugen als diese zum Barockschloss umgebaute Burg im deutschen Südwesten, 40 Minuten von Straßburg und 50 Minuten von Basel entfernt. Frankreich ist und bleibt sein Hauptreiseziel, und nach fast zwei Jahrzehnten in Bayern ist er die nervtötende Anfahrt über die Autobahn München-Straßburg gründlich leid.

Er bezieht mit Barbara die zweite und dritte Etage im südlichen Trakt des Schlosses, heiter angesichts des vielen Weins in seiner neuen Heimat, des guten Wetters, das vom Mittelmeer her schon früh im Jahr durch die Burgundische Pforte ins Land am

Oberrhein hinaufzieht, und gelassen angesichts der anfänglichen Baufälligkeit, der Schwalbennester im romantischen Gebälk und der Mäuse in den Wänden. Ob im Ruhrgebiet oder am Ammersee, Siebeck hat stets in alten Häusern gelebt, Beton und Kunststoff sind ihm zuwider. Der Eigentümer Freiherr von Türckheim, Spross eines alten Straßburger Patriziergeschlechts, nimmt einen angenehmen Mietpreis und baut zudem eine Heizung ins Gemäuer ein; außerdem wohnt Barbaras Mutter in der Nähe, in Staufen. Siebeck hat seine ersten Ausflüge ins Badische in guter Erinnerung – die sommerliche Wanderung aus der Kriegsgefangenschaft durch den Schwarzwald, die Besuche bei seinem Vater in Pforzheim, die ersten gastronomischen Erfahrungen an dessen Seite und die daraus folgende Erkenntnis: »Je mehr man sich dem Elsaß näherte, um so besser wurde gegessen.«

Und nun hat er es vor der Haustür: das Elsass, Traumland deutscher Genießer schon im Wirtschaftswunder, Sehnsuchtsziel. Hier, zwischen Straßburg und Mulhouse, hat nicht nur Wolfram Siebeck im Aux Armes de France in Ammerschwihr seine kulinarische Erleuchtung erfahren und die erste Grundausbildung erhalten. Legionen rechtsrheinischer Gäste und Köche verdanken solche Erlebnisse der Auberge de l'Ill der Familie Haeberlin in Illhaeusern, jener »berühmten Pilgerstätten der Gourmets, wo die Kochkunst eine rare Subtilität erreicht« – nicht zuletzt Eichbauer und Witzigmann, der eine am Tisch, der andere am Herd. Keine Region, da ist sich Siebeck sicher, beeinflusst eher und stärker die gastronomische Erziehung der Deutschen jener frühen Jahre als das Zauberland gleich hinter dem Rhein, die ideale erste Etappe für die Sucher

nach dem verfeinerten Essen: »Die elsässische Küche war die Gouvernante, die dem deutschen Esser das ABC der Haute-Cuisine beibrachte, und da sie keine strenge Gouvernante war, lernten die Deutschen um so lieber.«

Siebeck, durch Krieg und Kunst jeder Art von Patriotismus gründlich abhold, findet hier ein Land, wie er sich Deutschland insgeheim wünscht: romantisch und fröhlich, die Traditionen pflegend, das Leben genießend, nicht großstädtisch, dafür friedlich und bukolisch. Frankreich zwar, aber doch nicht fremd. Man spricht deutsch, serviert Rahmsaucen und Rehrücken, die Nudeln ähneln den vertrauten Spätzle, Hechte, Karpfen, Forellen schwimmen auch in deutschen Gewässern. Man kocht hier sogar so ähnlich – nur eben viel besser.

Verzückt veröffentlicht er 1977 ein Buch über die »Weinstuben des Elsass«, besingt den Caveau Morakopf, Niedermorschwihr, À l'Aigle d'Or, Osthouse, das Muensterstuewel, Straßburg, den Caveau du Vigneron, Turckheim, und ihre »Wonnen der Sahnesaucen, der zarten Fischfilets und Schneckentöpfe, die Hühnerragouts, Hasenrücken, Fasanenbrüste«, dazu »Gugelhupf und Gewürztraminer, diese geniale Kombination; die Deftigkeiten vom Schwein; die Zwiebelkuchen und Gänseleberterrinen; Fischgulasch, Spätzle und, natürlich, das traditionelle Sauerkraut«. Lauter Namen und Begriffe, die in deutschen Ohren längst nicht so exotisch klingen wie Bouillabaisse, Andouillette oder Cassoulet. »Es weht ein Duft von Heimat durch die elsässischen Küchen ...« Straßburg mit seinen alten Häusern und krummen Gassen, das windschiefe Fachwerk, die Butzenscheiben und die Kopfsteinpflastersträßchen der verwunschenen Weindörfchen im hügeligen Vorland der Vogesen von Marlenheim bis hinunter nach Eguisheim zeigt ihm, was einmal auch in Deutschland existiert hat und durch Krieg und

Wohlstand zerstört worden ist. Selbst wenn der Siebeck der Kunstfilmfestivals und der Grandhotels es zweifellos bestreiten würde: Für das Elsass schwärmt er romantisch.

Und doch (oder darum) ist es ihm nur Vorgarten und Durchgangsstation. Das Elsass ist zu nah an Deutschland. Seine wahre Passion gilt dem weiten Frankreich dahinter. Sie geht bis in die frühesten Kindertage zurück und entstammt der Literatur: Mit den »Meisterwerken in 12 Bänden« von Alexandre Dumas im elterlichen Bücherschrank – »Die drei Musketiere«, »Das Halsband der Königin«, »Die eiserne Maske« und natürlich »Der Graf von Monte Christo« – lockt es ihn auf die ersten Abenteuerreisen durch die Geschichte und ins Land seiner Träume und erweist sich auch später als unerschöpflicher Quell freudiger Erregung.

Frankreich erfüllt Wolfram Siebeck mit einer Begeisterung, die sich bis zu seinem Lebensende nicht mehr legt und die er nach seinem Besuch in Ammerschwihr mit regelmäßigen gastronomischen Expeditionen über den Rhein konsequent anfacht. Schon als Trickfilmkritiker ist ihm das Festival von Tours das liebste und lohnendste. Hier lernt er seine ersten vom Michelin besternten Restaurants kennen und mit ihnen die Nuancen, die gute von besserer Küche unterscheiden, empfindet bei seinen Premieren von Aalragout in Rotwein, Foie gras und Lammrücken mindestens ebensolchen Nervenkitzel wie als kindlicher Leser angesichts der raffiniert geplanten Rachefeldzüge des Edmond Dantès durch die feine Pariser Gesellschaft. Was er dort erlebt, ist ihm in der Rückschau kaum weniger stimulierend als 25 Jahre zuvor die Begegnung seiner Generation »mit der bis dahin unbekannten modernen Literatur und der bildenden Kunst«. Frankreich ist seine Hochschule.

Kein Land der Erde scheint ihm für seine Entwicklung zum kulinarischen Kenner und Könner besser geeignet als dieses mit seiner einzigartigen landschaftlichen und klimatischen Vielfalt, seinen lebendigen bäuerlichen Traditionen, von der bretonischen Atlantikküste mit ihren milden Wintern und kühlen Sommern, Austern, Jakobsmuscheln und goldgelber Butter über das Zentralmassiv mit seinen Charolais-Rindern, die Alpen mit ihren Käsen und Trockenwürsten bis zur kräuterduftigen, olivenölsatten Mittelmeerküste. Mit der Fülle verehrter Großmeister einer Kochkunst, wie sie ihm, vom ersten Bissen an schockverliebt, im Grunde alternativlos erscheint. Bei ihnen erkundet er, was mit Verzögerung auch in Deutschland zu entdecken sein wird – und immer sein Maßstab bleibt.

Von all dem berichtet Siebeck in zunehmender Intensität seinen deutschen Lesern. Schon 1974 kategorisiert er Frankreichs Gourmetrestaurants aus eigener Kenntnis: Die sechs Drei-Sterne-Restaurants in Paris seien nicht so exzellent wie die vier im Lyonnais. 1978 erlebt er beim 80. Geburtstag von Mado Point, der Witwe des Pioniers, alle dessen berühmten Schüler und Nachfolger: Bocuse, Gaertner, Vergé, Charles Barrier, Alain Chapel, Louis Outhier, Jacques Pic, die ihrerseits wieder den Boden bereiten für Jacques Maximin, Joël Robuchon, Alain Ducasse.

Keine Region wird er in den nächsten Jahrzehnten häufiger bereisen als den französischen Süden. Von Mahlberg und dem Elsass säumen hinter dem Vogesenkamm einige der berühmtesten Restaurants seinen Weg dorthin: L'Auberge du Pont de Collonges, die Maison Lameloise, Georges Blanc in Vonnas, Les Frères Troisgros, das Relais Bernard Loiseau, die Maison Pic in Valence. Die Route führt durch das Jura mit seinem Comté und dem geliebten Vin Jaune, durch Burgund mit seinen berühmten Grand-Cru-Lagen, die Bresse mit ihren herrlichen Hühnern,

Poularden, Kapaunen, Lyon mit seinen Märkten und Bouchons, in denen glänzende Andouillettes und fette Blutwürste Hechtklößchen in Sahnesauce und Kartoffelgratins einrahmen. Dann kommt das Rhônetal mit seinen klingenden Namen – Côte-Rôtie, Hermitage, Châteauneuf-du-Pape – und schließlich, hinter Montélimar, die Provence, das »Land der sonnenbeschienenen Lavendelfelder, wo irgendwo hinterm südlichen Horizont das blaue Mittelmeer schlapp an die Küste rollt«.

Schon mit Mitte zwanzig zieht es Wolfram Siebeck zum ersten Mal ins gelobte Land zwischen Montpellier und Monaco. Franz, ein Freund aus der Bochumer Bismarck-Oberschule, überredet ihn Anfang der 50er-Jahre, in den Semesterferien seines Jurastudiums per Autostopp an die Côte d'Azur zu fahren. Ein tollkühnes Unterfangen, für das in Düsseldorf ein Visum zu beantragen ist und das bei Siebeck trotz oder vielleicht auch wegen seiner abenteuerlichen Bedingungen einen solchen Eindruck hinterlässt, dass er die Tour gleich im nächsten Sommer wiederholt, diesmal mit seiner Freundin und späteren Ehefrau Erika. Dank eines nach Art der Wuppertaler Werkkunstschule professionell gestalteten Schildes (»étudiants«) lässt sich das junge Paar im August an einem elsässischen Straßenrand von einem Ehepaar aus Metz im Citroën aufgabeln, gen Süden kutschieren und noch dazu in schlichten Kneipen entlang des Weges mit blutigen Steaks, fettigen Frites und ungewohnt benebelndem Rotwein versorgen. Hat Siebeck sich mit Franz noch durchgehend selbst verpflegt, begegnet er nun zum ersten Mal der französischen Gastronomie.

Noch eine weitere erste Begegnung verbindet sich für Wolfram Siebeck mit dieser Reise: die mit dem Luxus. Im Süden angekommen, bringen Erika und ihn die mitgebrachten Skizzenblöcke, auf denen sie die pittoresken Gässchen und die dekorative Vegetation der mittelalterlichen Dörfer festhalten, bald mit der Künstlerkolonie von Saint-Paul-de-Vence und Vallauris in Kontakt, zu der nicht wenige Emigranten gehören. Auf Umwegen verschaffen diese ihnen ein Gästezimmer amerikanischer Ferienhausbesitzer im Hinterland der Côte d'Azur. Zwischen Designermöbeln von Charles Eames oder Eero Saarinen und Kunstwerken von überaus avantgardistischem Geschmack in einer futuristisch-modern dekorierten Traumwelt fühlt Siebeck sich – furchtsam erregt durch das absolut Neue des dekadenten Glamours dieser eleganten Menschen aus dem internationalen Jetset, dieser »in Wildleder gewandeten Ästheten« – wie »Gulliver in Brobdingnag«. Das hinterlässt in ihm einen bleibenden Eindruck, weckt oder verstärkt eine nie mehr erlöschende Faszination für den größtmöglichen Komfort.

Bis er die Kochkunst des französischen Südens kennenlernt, deren beste Vertreter die Leichtigkeit der mediterranen Küche mit höchster Eleganz der Haute Cuisine verbinden und die er schätzt wie keine andere, vergehen noch zwei Jahrzehnte. Die Initialzündung ist dann ein Besuch im dreifach besternten L'Oasis des Point-Schülers Louis Outhier in La Napoule, nach dem er sich überwältigt und trunken auf die Felsenklippen vor dem Restaurant zum Mittagsschlaf zurückzieht.

1999 schreibt er seinen Restaurantführer durch die Provence und die Côte d'Azur. Die Realität der geliebten Region verheimlicht er seinen Lesern dabei nicht. Von der Schönheit der Küste, die er in den Fünfzigern erlebt hat, als Saint-Tropez noch ein Fischerdorf und Brigitte Bardot eine blonde Unschuld gewesen sei, ist für ihn wenig übrig geblieben. Die hemmungslose Zersiedelung und der Massentourismus hätten ihren Charme zerstört, hier spätestens werde sichtbar, »daß die viele Freizeit eine riesige Umweltkatastrophe« sei.

Die bessere Gastronomie zwischen Monte-Carlo und Saint-Tropez mit ihren mediterranen Einflüssen ist für ihn dagegen auch Ende der 90er-Jahre noch immer besonders reizvoll, wenngleich in ihrer Existenz bedroht von abertausend Pizzabuden und der Anspruchslosigkeit der Sommertouristen. Im stillen Winter unternimmt er Ausflüge in die Provence, durchs Hinterland, von Sisteron bis Nîmes, die ihn – »ohne einen einzigen Wohnwagen auf den Straßen« – an eine Zeit erinnern, »als das Autofahren noch Spaß machte«.

Ende der 80er-Jahre erwerben die Siebecks dort, nördlich von Orange und östlich von Montélimar, in Puy-Saint-Martin im Département Drôme am Rande der Provence einen Zweitwohnsitz. Ein Grundstück von knapp über 3500 Quadratmetern in einer Sackgasse am Dorfrand, mit einer kiesbestreuten Auffahrt, hinter der zwei alte, vom Weinlaub überwucherte steinerne Bauernhäuser stehen – in früheren Jahrhunderten waren sie Schäferhütten –, dazwischen ein schattig-kühler Innenhof, dominiert von einem früchteschweren Feigenbaum, aus dessen Ertrag Wolfram Siebeck Marmelade kocht. Die ZEIT schreibt nach einem Besuch, das Haus gleiche seinem Leben: »Großzügig ist es, liebevoll eingerichtet, etwas höher gelegen als der Großteil des Dorfes, aber auch verwinkelt, voller Überraschungen, ein Haus mit Charakter. Und im Zentrum, zwischen Wohngebäude und Arbeitshaus, steht die Küche.«

Siebeck liebt die bukolischen déjeuners sur l'herbe unter dem Olivenbaum, den Mistral in den Akazien, die Fledermaus im Weinkeller, die Buntheit der Bauernmärkte ringsum. Weiß geflügelte Schmetterlinge flattern über die Terrassen in den Garten. Gleich dahinter, am Dorfausgang, beginnen die Ausläufer der Alpen, wo die enge Straße in eine elegante Rechtskurve übergeht. Puy-Saint-Martin wird ihm neben Mahlberg zur Heimat werden.

Hier wie dort achtet Siebeck bei der Instandsetzung der alten Häuser peinlich genau darauf, keine billigen Materialien und keine schlechten Formen zu verwenden, fahndet nach alten Fliesen und anderen feudalen Trümmern zerstörter Burgen und Schlösser der Religionskriege, stellt nagelneue Trockenmauern in die alte Landschaft und lässt sich – stolz, vom Vater das Lesen von Bauskizzen und Grundrissen erlernt zu haben – von »Handwerkern mit dem Temperament von Zirkusclowns« auf der Nase herumtanzen und übervorteilen, »allesamt freundliche Zeitgenossen, liebenswürdig, wenn sie logen, und erfindungsreich, wenn es darum ging, Entschuldigungen für nicht erledigte Arbeiten zu erfinden«. Sie halten ihn zum Narren, machen ihn arm und bereichern zugleich sein Leben. Perfekter Stoff. Er will ein Buch darüber schreiben: die »Schwierigkeiten beim Hausbau

unter Berücksichtigung des azurblauen Himmels und des Thymianduftes, garniert mit den Erlebnissen eines unerfahrenen Bauherrn und leidenschaftlichen Epikuräers«. Kaum hat er den Kaufvertrag unterzeichnet, setzt er sich an die Schreibmaschine. Als sein Text halb fertig ist, erscheint das Buch, das all das beschreibt, womit er einen Bestseller landen wollte: Peter Mayles »A Year in Provence«.

Stattdessen schreibt Barbara ein Buch über den prachtvollen großen Garten, den sie mit Pascal, dem Gärtner, nach Ideen ihres Sohnes Brian angelegt hat – über seine Terrassen und Mauern, seine alten Pinien und Akazien, Oleander und Rosmarinsträucher und seinen Olivenbaum als Schattenspender im Innenhof, unter dem Siebeck Sardinen vom Markt in Montélimar fotografiert. Ein Paradies. Und doch eines, das er nur bezieht, weil er sich am eigentlichen Ort seiner Träume keines leisten kann: in Paris.

Er träumt schon lange. Nur wenige Wochen nach dem Sommer, in dem er mit Erika von der Côte d'Azur zurückkommt, unternimmt die Werkkunstschule eine Studienfahrt – und damit Wolfram Siebeck seine erste Reise nach Paris. Er übernachtet mit seiner Erika im kleinen Hôtel de la Sorbonne nahe dem Panthéon, in dem einst schon Rainer Maria Rilke gewohnt hat. Bistro-Besuche verbieten sich wirtschaftlich, von besseren Restaurants ganz zu schweigen. Sie stehen auch nicht im Zentrum seines Interesses. Siebeck lebt von seiner Begeisterung für die Ateliers und improvisierten Galerien von Montparnasse, Saint-Germain-des-Prés und dem Quartier Latin, von der »Abstraction lyrique«, von Picassos kubistischen Damen im Musée d'art moderne. Er fahndet tagelang in den Plattenläden des Quartier Latin, kulinarisch umrahmt von einer herzkranzgefährdenden Diät aus eingedickter Dosenmilch, Ölsardinen und Monbazillac, einem süßen Billigwein aus dem französischen Südwesten.

Fürs Essen interessiert er sich so wenig »wie ein Teenager für gregorianische Gesänge«.

Und doch ist Paris seit dieser ersten Begegnung in den frühen 50er-Jahren für ihn eine unsterbliche Liebe und Sucht. Ein Rauschmittel. Er will »immer und zu allen Zeiten nach Paris«. Sobald er 200 Mark zusammen hat, macht er sich auf den Weg nach Westen, zu Vernissagen und Buchläden. Paris bleibt das Zentrum seines Interesses, in vielerlei Hinsicht das Maß der Dinge. Irgendwann dann auch – und mehr als alles andere – kulinarisch. Für ihn ist klar: Wie die Mode in Paris kreiert wird, so entstehen dort neue Küchentrends. »Die weltbesten Köche kochen in Paris, nicht in Mailand oder New York. Das ist so selbstverständlich, wie General Motors in Detroit sitzt und nicht in Rothenburg o. d. Tauber.« Wenn sich in der Geschichte der französischen Kochkunst ein genialer Koch in der Provinz als Initiator einer bedeutenden Entwicklung ausmachen lässt wie Fernand Point in Vienne, wenn gelegentlich ein neuer Stil gar gleichzeitig in der Hauptstadt und an der Côte d'Azur entsteht wie die Verwendung asiatischer Gewürze bei Alain Senderens im Pariser Lucas-Carton und Outhier im L'Oasis in La Napoule, dann gilt das Siebeck als »eine bemerkenswerte Koinzidenz«; sind Südfranzosen wie Vergé, Maximin und Ducasse als Begründer des Olivenöl-und-Safran-Einflusses in der Hochküche anzusehen, so ist das eine »geographisch bedingte Ausnahme«.

Siebeck ist Zentralist durch und durch, wie ihn sich Kardinal Richelieu nicht treuer hätte wünschen können. Natürlich erkennt er die Schattenseiten der Stadt (»Die Luft ist schlecht, das Gedränge groß, die Menschen daher nicht immer gut gelaunt«), natürlich versteht er die Pariser, die bei jeder sich bietenden Gelegenheit aufs Land flüchten. Auch er empfindet bei jeder Rückkehr die »heimatliche Landluft wie ein Lebensselixier« und genießt die Ruhe der Provinz. Doch nach spätestens drei Tagen wird er zunächst »unruhig«, dann macht sich langsam Panik breit: »Warum gibt es hier keine Brasserie? Wo sind die Straßen mit den Bistros, eines neben dem anderen, wo die Eckkneipen und die eleganten Gourmetlokale? Warum quellen die Pariser Märkte über von den ausgefallensten Delikatessen, warum kriege ich gewisse Käse, die hier bei mir in der Nachbarschaft hergestellt werden, dort in so viel besserer Qualität? Warum wähnt sich der Feinschmecker in Paris im siebten Himmel; warum nur dort? Ah, der Anblick der fürs Mittagessen hergerichteten Kleinrestaurants mit den weißen Leinentischdecken, den sorgfältig aufgestellten Servietten! Ah, die Sicherheit, mit der Hausfrauen auf den Märkten das Angebot beurteilen, wie sie wissen, wo die Baguettes knuspriger, die Sardinen frischer sind! Ob exotische Gewürze, Pfifferlinge im Winter, Kalbsnieren in ihrem Fettmantel, Fleisch von einer bestimmten Rinderrasse, Weine aus allen Regionen Frankreichs – in Paris ist alles zu haben, was gut schmeckt, und es schmeckt hier fast immer besser als woanders.«

Dass die Stadt an der Seine und im Mittelpunkt seines Universums ihm diese Hingabe nicht mit niedrigeren Immobilienpreisen dankt, dass die Tarife für die ihn interessierenden Objekte zwischen Bois de Boulogne und Parc de Bercy stets ein klein wenig schneller steigen als seine Einnahmen, ist sein permanentes »Trauma«. Zum Trost wie zur Freude der Verlagsbuchhaltungen logiert er in den folgenden Jahrzehnten im Wesentlichen in den besten Hotels der Stadt, im Meurice, nicht ungern auch im Bristol, notfalls im Lancaster. Und zweimal erfüllt er sich die Sehnsucht nach zumindest dem Anschein von Sesshaftigkeit. Einmal mietet er eine stattliche Wohnung in der Beletage eines Jugendstilhauses in Saint-Germain-des-Prés von einem adeligen Herrn, der unbedingt Geld braucht, um in Deauville zu spielen – feudal eingerichtet und heruntergekommen, samt einem jungen dunkelhäutigen Diener namens Josselin. Im Winter 1987 bezieht Siebeck für zwei Monate die Wohnung eines amerikanischen Ehepaars am Quai d'Orléans auf der Île Saint-Louis mit Blick auf die Seine, samt Flügel im Zentrum des großen Salons sowie zahlreichen bunten Kunstwerken des Hausherrn auf fleckigen Tapeten (»für 5000,- FF pro Woche – das ist Paris!«, schreibt er einem Freund).

Für Hauskonzerte wie für künstlerische Meditationen bleibt freilich wenig Zeit. Er verfasst in diesen Wochen eines von zwei Büchern über Pariser Bistros, auf das er besonders stolz ist und bleibt, weil er es für »informativer und lesbarer« hält »als alles, was zu diesem Thema irgendwo publiziert wurde«. Unverkennbar ist es eine Frucht der Liebe: »Das Essen in einem Pariser Bistro ist eines der schönsten Erlebnisse, welche die Gastronomie weltweit zu bieten hat. Das hat nichts mit der Qualität der Küche zu tun, aber alles mit der humanen Atmosphäre der Kleinrestaurants. Das Essen ist authentische französische Hausmannskost, manchmal mehr, manchmal weniger. Kulinarische Wonnen darf man nicht erwarten. Aber keine andere Institution vermittelt wie die Bistros das Glücksgefühl, sich in einer nicht uniformierten Welt zu befinden, in einem Milieu, wo Herzlichkeit und Wärme, Freundschaft und Toleranz gedeihen. Bistros sind die vorweggenommene Antwort der Stammkneipen auf die Weltraumkälte der Fast-Food-Filialen.«

Seinen persönlichen Führer zu den schönsten und besten Adressen lernt Siebeck Jahre zuvor kennen, am Rande des Experimentalfilmfestivals EXPRMNTL in Knokke-Het Zoute, in diesem Trubel pseudorevolutionärer Filmkunst Mitte der 50er-Jahre, vielleicht über einem Teller Meeresfrüchte, einer Scholle mit Fritten – da ist er sich rückblickend unsicher. Wie dem auch sei: Roland Topor bleibt ihm von da an bis zu seinem frühen Tod im Jahr 1995 ein herzlich verbundener Freund, neben Barbara die wohl wichtigste Begegnung seines Lebens. Und ein ewig unerreichtes Vorbild.

Topor, zehn Jahre jünger als er und in Paris geboren, verkörpert für Siebeck vom ersten Augenblick alles, was er selbst gern wäre. Statt der Werkkunstschule Wuppertal hat Topor die École nationale supérieure des Beaux-Arts gleich gegenüber dem Louvre besucht, statt Sohn eines Pleitiers und Nazi-Karrieristen ist er Sohn eines polnisch-jüdischen Bildhauers. Und er ist Künstler. Ein echter Künstler. Multibegabt und mutig. Als Zeichner, Maler, Romancier, Dramatiker, Schauspieler und Filmemacher prägt Roland Topor die europäische Satire nach 1960. Seine Karikaturen erscheinen nicht in der WAZ, sondern in Le Monde, Elle und New York Times. Seine präzisen Linien, grotesken Anatomien, albtraumhaften Szenarien machen ihn zu einem der markantesten Illustratoren von Hara-Kiri, Frankreichs bedeutendstem Satiremagazin, dessen Schärfe und Respektlosigkeit Siebeck unmittelbar faszinieren. Topor ist ein Virtuose des grotesken Humors. Mit seinen surrealen Verzerrungen, seiner schwarzen Satire und seiner Körperlichkeit wird er zu einem Wegbereiter moderner Graphic Arts, Fantastik und absurden Humors, zu einer Leitfigur der europäischen Gegenkultur der 60er- bis 80er-Jahre. Seinen Paranoia-Roman »Le locataire chimérique« (»Der Mieter«) von 1964 verfilmt später Roman Polanski; 1979 spielt Topor in Werner Herzogs »Nosferatu« mit. Vor allem aber trennt er nicht zwischen Kunst und Realität. Beide Sphären seiner Welt regieren Exzess und Spektakel.

»Niemand«, schreibt Siebeck, »hat sich so hemmungslos des Lebens gefreut wie er. Und niemand, der so viel konnte und so viel zu sagen hatte, nahm sich so wenig wichtig. Er tanzte wie ein Kork auf den Wellen des Lebens; sein gellendes Lachen war das Nebelhorn, mit dem er sich vor Kollisionen schützte.« Topor lacht, dass die Gläser klirren und die Serviererinnen sich bekreuzigen. Für Siebeck ist er in seiner planlosen Existenz, seiner Unvernunft im Umgang mit dem Ernst des Lebens – 20 Jahre ignoriert er sämtliche Mahnungen der französischen Bürokratie –, seiner Verachtung aller Konventionen, seiner Gelassenheit gegenüber seinen Frauen und seinem Sohn Nicolas, seiner selbstzerstörerischen Lebenslust der »letzte authentische Dadaist«. Er verkörpert alles, was sein deutscher Freund so gern wäre und nicht zu sein wagt, weil Topor den »Mut besaß, sein Leben und sein Werk vom Risiko bestimmen zu lassen. Je chaotischer es in seinem Leben zuging, umso wohler fühlte er sich. Er war Frankreichs berühmter Bürgerschreck, ein Asphalt-Monster, der seine Ängste hinter einem gellenden Lachen versteckte und in seinen Bildern und Zeichnungen drastische Formen und ebensolche Inhalte unterbrachte, wozu ich mich nicht traute.«

Mit ihm, dem »letzten Bohemien«, »der sich in seiner Wohnung allenfalls zum Mondwechsel einmal ein Spiegelei brät«, durchstreift Wolfram Siebeck Abend für Abend die Bistros, Kneipen und Cafés der Stadt, taucht in die Nacht ein, wie man nur mit einem echten Habitué eintauchen kann. An seiner Seite entwickelt er, der früh erkennt, dass ihm seine Furcht, sein Wunsch nach Komfort und wohl auch seine im Grunde bürgerliche Denkweise den Weg zum wahren, radikalen Künstlertum versperren, den Gegenentwurf – und zeigt im Paris von 1968 seine ganz eigene Form der Résistance.

In den historischen Mai-Tagen flaniert Siebeck mit Topor durch den revolutionären Trubel, trifft sich abends zu Beginn ihrer Streifzüge in der Buchhandlung La Hune in der Rue de

Buci – und entdeckt gleich nebenan eine Kneipe, die zu saurem Menetou-Salon herausragendes Sauerteigbrot reicht. »So war ich nun mal: mochten auf der Straße auch die Barrikaden brennen, ich saß nebenan in der Kneipe und futterte Schinkenbrote.« Die Qualität dieses Brotes aus der Bäckerei Poilâne, um das später ein veritabler Kult entsteht, schon so früh und unter diesen erinnerungswürdigen Umständen erkannt zu haben, freut Siebeck und macht ihn stolz. Sein Hedonismus ist politisch: »Dieses Brot, für das die Kenner vor dem Urladen der Bäckerei in der Rue du Cherche-Midi Schlange standen, hat die kulinarische Landschaft mindestens so nachhaltig verändert wie die Barrikaden des Mai 68 die Umgangsformen in der bürgerlichen Mittelschicht.«

11.

Plumpsküche

Dass Siebeck, der mit »Wolfram« einen urgermanischen Namen trägt – der Wolf und der Rabe begleiten schon den mythologischen Odin – und seinen Kosenamen gar mit dem »Führer« teilt, von Grund auf deutsch ist, das ist ihm bewusst. Schmerzlich bewusst. Er ist deutsch in einer Art, die ihn von Topor und seinen intellektuellen Freunden, ob in Frankreich oder auf dem Balkan, bei allem Gleichklang der Herzen und Leidenschaften immer trennen wird. Er spürt es, wenn er in den Dörfchen im Elsass ein Deutschland sucht und beglückt findet, wie es nie da war, ein Deutschland, das romantisch-vertraut und doch durch die Zugehörigkeit zu Frankreich gemildert ist. Er kann sich von seinem Deutschsein nicht freimachen, wenn er bei seinem Leben in der Provence genervt davon ist, dass Postämter, Banken, Behörden ihre ineffizienten Büros am späten Morgen nur öffnen, um sie schnellstmöglich für die Mittagspause wieder schließen zu können und »jedwede Form kundenorientierter Dienstleistung für Riten exotischer Völker« halten. Nachgeschickte Post erreicht ihn in Puy-Saint-Martin, wo er einen Gutteil des Jahres arbeitet, »klumpenweise« einmal in der Woche, sofern Briefe nicht sowieso unterwegs verloren gehen. Die abonnierte Tageszeitung, nach der er süchtig ist, kommt alle zwei Tage, Bahnauskünfte sind seiner Einschätzung zufolge öfter falsch als richtig, alles im geliebten Süden ist insgesamt »zeitraubend und ineffizient«.

Erstmals bewusst wird ihm sein Deutschsein Mitte der 60er-Jahre, als er im Sommer 1966 nach Krakau zu einem Filmfestival reist. Er fährt durch blühende schlesische Akazienwälder, über ungepflasterte Wege entlang wuchernder Hecken, durch melancholische Dörfer, vorbei an mit dicker Entengrütze begrünten Dorfteichen. Die Reise hinterlässt einen beunruhigenden Eindruck bei ihm. Sie weckt den Gedanken, dass hier, im ländlich-romantischen Osten, und nicht im kultivierten, eleganten Westen, die deutsche Identität zu suchen sei. Hier, wo Gemütlichkeit und maßvolle Schlichtheit das Dasein bestimmen und jede Verfeinerung der Sitte wie der Formen Lichtjahre entfernt liegt, meint Siebeck dennoch – oder vielleicht: gerade darum – einen »merkwürdig vertrauten Stallgeruch« wahrzunehmen. Ihn in jeder denkbaren Art und Weise abzustreifen oder wenigstens zu überdecken, wird zeitlebens sein Ziel sein.

Denn die Haltungen und Tugenden, die er in dieser behaglichen Landschaft wittert, die sie geformt und geprägt haben, sind ihm nur allzu vertraut, zum Teil inzwischen tief verhasst: Pünktlichkeit, Fleiß, Sparsamkeit, Ordnung, Disziplin, Mut, Tapferkeit, Opferbereitschaft. Vor allem empfindet er sie als ultimativen Gegensatz zu allem, was er inzwischen auf dem fröhlichen Balkan, an der sonnigen Côte d'Azur und im traumschönen, wilden, eleganten Paris kennen und lieben gelernt hat: Sinnenfreude, Heiterkeit, Übermut, Sorglosigkeit und Großzügigkeit. Er schätzt über alle Maßen, was die ostelbischen Junker in preußischem Geist verabscheuten, die verweichlichende Genusssucht der welschen Nachbarn. Heesters statt Heerscharen, Maxim's statt Marschmusik.

Im Geiste Theodor Fontanes stößt Siebeck im schönsten schlesischen Idyll auf jene »schreckliche Verwandtschaft zwischen Teutoburger Wald und Grobheit«, die für ihn den deutschen Nationalcharakter ausmacht. Und findet deren alltäglichsten Ausdruck in der frugalen deutschen Küche als Symptom einer Freudlosigkeit, die er in den folgenden Jahrzehnten inbrünstig in immer neuen Wendungen geißeln wird.

Die deutsche Küche, das entspricht seiner Erfahrung aus der Kindheit, aus dem Krieg, aus der Nachkriegszeit im Ruhrgebiet, ist von jeher durchweg eine Arme-Leute-Küche, regionale Unterschiede sind im Vergleich zu Italien oder Frankreich minimal. Seine Mitbürger hat er stets im Verdacht, zu nicht geringen Teilen nach wie vor an Eintopfseligkeit und »Futtern wie bei Muttern« zu hängen. Anspruch hat er nur dort erlebt, wo französische Einflüsse segensreich wirkten: im Südwesten, in Katzenbergers Adler, besser gleich im Elsass. Den überwältigenden Rest zwischen Glücksburg und Garmisch, Geldern und Görlitz wird er später auf einen Begriff bringen, den er den Deutschen fortan hingebungsvoll um die Ohren haut: »Plumpsküche«.

Alles, was ihn an seiner Heimat abstößt, die empfundene Enge, den unverbesserlichen Konservativismus seiner Landsleute, alles, was ihn nach Frankreich treibt, verdichtet sich für ihn in der Anhänglichkeit an Mehlschwitze, Margarine und Mischgemüse, Toast Hawaii, Quark und Pellkartoffeln, Eisbein mit Sauerkraut, Buttercremetorte und Fleischklopse aller Art. »Der deutsche Beitrag zur Lebensfreude«, davon ist er tief überzeugt, »beschränkt sich auf Wandern mit Gesang und Bierkonsum auf der Kegelbahn.«

Der Deutschen »atavistische Reflexe« gegenüber Verfeinerung wurzeln seiner Ansicht nach tief, sind im Grunde religiös herzuleiten. Spätestens seit »Luthers Bekenntnis zur anspruchslosen Deftigkeit« prägten sie einen Gutteil der deutschen Identität: »Wir werden niemals zur kulinarischen Avantgarde gehören! Da ist unser protestantisches Erbe vor, Sündenbewusstsein und Schuldgewissen!« Wo gebe es das sonst auf der Welt, dass man im Alltagssprachgebrauch »sündig« sei, nur weil man Pralinen esse? Dann dieser Unsinn, am Schluss noch rasch einen Baum zu pflanzen! »Dass ein großer Teil der Menschen am Tag vor dem Weltuntergang den sinnlos gewordenen Spaten in die Ecke stellen und die beste Flasche ihres Kellers öffnen würde, diese hedonistische und vernünftige Einstellung fand damals wie heute kein Gehör.« Siebeck mag zwar auch die römische Kirche nicht, aber immerhin sei sie – wie man an den Franzosen und Italienern sehe – genusssüchtig. »Schon der Gottesdienst ist fröhlicher, und alles wird dir irgendwann mal vergeben.« Das gefällt ihm. Und auf dem Balkan erst! »Da wird hemmungslos gefressen. Wie die dort feiern, die Großzügigkeit, das ist beglückend.«

Dem entgegen stehen Begriffe wie Pflicht und Disziplin mit ihrer verhängnisvollen Rolle bei der sinnesfeindlichen Verhinderung von Daseinsfreude. »Und dann dieser elende preußische Pragmatismus« mit seinem Gebot der Mäßigung und Sparsamkeit, für Siebeck: »Billigmentalität«. »Notorisch geizig« seien die Deutschen, beispiellos wenig geben sie für Lebensmittel aus, das zeigt ihm jede Statistik. Daraus folge ein Mangel an Generosität, der sich auf die Qualität der Produkte auswirke – das sieht er in jedem Supermarkt – und ebenso auf Geselligkeit und Gemeinschaftsgefühl: »In keinem zivilisierten Land gibt es diese Szene, dass eine Tischgesellschaft nach einem Mittagessen in einem Restaurant getrennt zahlt. In Deutschland aber verlangt jeder eine eigene Rechnung.«

Siebeck hasst das alles. Und hält es eigentlich nur für tiefenpsychologisch erklärbar. Ursprung des Elends ist in seinen Augen neben der Reformation die auf sie folgende Katastrophe des Dreißigjährigen Krieges, die bis in die Seelen der deutschen

Esser eine untilgbare Spur der Verwüstung hinterlassen habe. Es galt: Hauptsache, man hatte zu essen – aber wehe, es schmeckte zu gut! Seither fürchteten die Deutschen ständig, sie bekämen nicht genug auf den Teller, müssten hungern und sparen und Kartoffeln im Keller horten. »Überhaupt kann der verheerende Einfluss dieses furchtbaren Krieges auf die zivilisatorische und kulturelle Entwicklung Deutschlands gar nicht hoch genug eingeschätzt werden. Das Mangel- und Hungertrauma der Deutschen ist kein Resultat der beiden Weltkriege. Diese haben es zweifellos verstärkt, entstanden aber ist es bereits im 17. Jahrhundert. Während unsere Nachbarn von der frühen Aufklärung profitierten, wissenschaftlichen Fortschritt erlebten und einen wirtschaftlichen Aufschwung sondergleichen genossen, versank Deutschland in Armut und Elend. Da musste die Verfeinerung der Saucen anderen überlassen werden.«

Spuren der kulinarischen Unkultur, die seine These erhärten, sieht Siebeck überall. Er findet sie im deutschen Abendbrot, das seiner Schätzung nach in den 70er- und 80er-Jahren in knapp 90 Prozent aller Haushalte aus Wurstbroten bestehe (»Wurst und Brot und Butter – intensiver kann kein Schwein gemästet werden«), er findet sie im prinzipiellen Vorbehalt, mit dem die Deutschen jedes Raffinement – für ihn die zwingende Voraussetzung höchster kultureller Errungenschaften – mit Dekadenz in Verbindung brächten und »Luxus« im Sprachgebrauch automatisch verunglimpften. Es sei, stellt er immer wieder fest, in Deutschland nicht möglich, »die Köstlichkeit einer getrüffelten Poularde zu beschreiben, ohne daß einem die Hungernden der Dritten Welt unter die Nase gerieben werden«. Und ergänzt, dass sich dies verräterischerweise nur auf Fragen leiblicher Genüsse beziehe, während »hochsubventionierte Opernaufführungen und für wenige Intellektuelle geschriebene, aber in den großen Tageszeitungen ausführlich rezensierte Theaterstücke« den Kleinbürger nicht im Geringsten erregten. »Geht es aber um die Verfeinerung des Essens, gerät er in Wut und diffamiert Genießer als Snobs, deretwegen lebendigen Fröschen die Beine ausgerissen werden.« Urlaubsreisen nach Florida, auf die Kanarischen Inseln und nach Südostasien leisteten sich die »Genussverächter« ohne schlechtes Gewissen ebenso wie wirklichen Luxus bei anderen Gütern: »Da können 200 000 Mark teure Autos aus unseren Fabriken rollen – niemand gedenkt deshalb der barfußlaufenden Flüchtlinge.«

Überhaupt: Ernsthaft diskutiert werde die Qualität des Essens hier nur hinsichtlich seiner Gesundheitsgefährdung, wobei »entsprechend der deutschen Mentalität hemmungslos übertrieben« werde. Folgerichtig gebe es dort, wo es auf sensible Wahrnehmungen von Stimmungen in der Bevölkerung ankomme, auf unterschwellige Vorbehalte und Sensibilitäten – bei Politikern auf Stimmenfang also –, eine glasklare Haltung, sich zu deutschtümelnder, magenfüllender, traditioneller Sättigung zu bekennen und von Hochküche tunlichst zu distanzieren: »Da muß einer schon vor laufenden Fernsehkameras einen Schäferhund erschlagen, um noch mehr Abscheu hervorzurufen als mit dem Bekenntnis, daß ihm ein Dutzend Austern besser schmeckten als eine Pfanne voll Bratkartoffeln.«

An diesem Umstand habe – so sehr er es selbst herbeigeschrieben hat – auch das »Deutsche Küchenwunder« der 70er-Jahre nichts geändert. Nach Siebecks Verständnis importierte es zunächst durch eine Handvoll Köche und gleichgesinnter Publizisten, in Frankreich ausgebildet oder geprägt, kulinarische Hochkultur bloß für eine verschwindende Minderheit. Gute Küche habe sich in der Folge allenfalls zum Statussymbol entwickelt: »In den Städten vermehrten sich Geschäfte für exquisite Küchengeräte, die von Designern in ebenso auffällige wie unpraktische Objekte verwandelt wurden. Die Überflußgesellschaft frönte ihrem Hang zur Selbstdarstellung nicht nur durch Rolex und Cartier. Nach den vier Ventilen pro Zylinder ihrer Autos verlangten die Deutschen polierten Granit für ihre Küchen.« Max Weber mit seiner Logik von Disziplin, Rationalität und moralischer Rechtfertigung lässt grüßen, während sich parallel McDonald's unübersehbar an den besten Plätzen der Innenstädte breitmacht und Dosen- und Tiefkühlkonserven als »Convenience-Food« in bundesdeutschen Haushalten und der Durchschnittsgastronomie als Ausbund an Fortschrittlichkeit gelten.

Bis an sein Ende gehört es zu Siebecks unverrückbaren Glaubenssätzen, die Deutschen seien eine strukturell lustfeindliche Gesellschaft, deren Mitglieder es sich mehrheitlich als moralisches Verdienst anrechneten, schlecht zu essen. Noch 2008 schreibt er über seine erste kulinarische Reportage 35 Jahre zuvor: »Der Haxn-Trip ist ein klassischer Fall von Zeitstillstand. Würde die Reportage heute zum ersten Mal erscheinen, keinem der Münchener Opernfreunde fiele ihr Alter auf. An der bayerischen Lebensart und der daraus resultierenden Gastronomie hat sich nichts geändert und wird sich auch nichts ändern. Eher wählen sie dort einen protestantischen Ossi zum Ministerpräsidenten, als dass sie ihre geliebten Haxn einem modernen Kochstil anpassten.«

Kurz zuvor schwärmt Bahn-Chef Hartmut Mehdorn in einem ZEIT-Interview in Form eines Siebeck-Fragenkatalogs, angelehnt an Proust, von der Küche seiner Kindheit (»Unerreichbar gut! Nur meine Schwester kann es wie unsere Mutter«), benennt »Kohlrouladen« als sein Lieblingsgericht und »Pommes frites« als Favorit, die Mikrowelle als wichtigsten Gegenstand in seiner Küche, »Hectic Cuisine« von Wolfgang Joop als Kochbuch, das er »auf die einsame Insel mitnehmen« würde, Currywurst und Buletten als Gerichte, von denen er sich notfalls ausschließlich ernähren könnte, und »Bratkartoffeln, Buletten und Zwiebeln« als Henkersmahlzeit. Im schriftlichen Austausch hat Siebeck keine Gelegenheit zu reagieren, Mehdorns Antworten stehen unkommentiert für sich. Und Siebecks Kernfrage, wem es nützen könnte, »wenn wir uns mit Schund begnügen«, steht seit Jahrzehnten für ihn unbeantwortet im Raum.

Sicher ist er sich lediglich, dass es anders ginge. Schon in seinem ersten kulinarischen Text aus Ammerschwihr hält er fest, dass zwar auch in Deutschland stellenweise gut gekocht werde, »aber während wir hundert Jahre und länger stolz darauf waren, die besten Soldaten zu haben, verlieh man in Frankreich Orden an die besten Köche«. Das sei nicht ohne Folgen geblieben. Selbst der »glühendste Patriot« werde nicht behaupten wollen, »daß unsere Kaiser und Kanzler verfeinertes Essen für eine zivilisatorische Qualität gehalten« hätten, »Armeen schreiben vielleicht Geschichte, aber keine Kochbücher«. Die Deutschen, sagt er in einem Interview mit der Welt am Sonntag, hätten, statt sich um den Lebensgenuss zu bemühen, »mit schöner Regelmäßigkeit« Kriege geführt, verloren, gehungert, und kaum ging es wieder besser, wieder Kriege geführt: »Immer nach dem Motto: ›Butter sparen für Kanonen‹ – das ist sie: die deutsche Küche!«

12.

Exorzist der braunen Soße

Der Krieg drängt früh in Wolfram Siebecks Bewusstsein. Er quillt aus dem Lautsprecher des eleganten Siemens-Radios seiner Eltern, das in schönstem Spät-Art-déco im Wohnzimmer steht, und fesselt den Zehnjährigen mit Kanonendonner, knatterndem Gewehrfeuer, heulenden Granaten und dröhnenden Einschlägen, mit seinen immer lauter und energischer, immer unheimlicher und unaufhaltsam heranmarschierenden Soldaten. Noch ist es das Echo von Vergangenem: Die akustische Kulisse bildet – ohne einen menschlichen Laut im Schlachtenlärm – den martialischen Hintergrund der Sendung »Kamerad, wo bist du?«, die der Vater regelmäßig hört; sie soll Teilnehmer des Ersten Weltkriegs durch Suchnachrichten mit Dienstgrad, Kompanie und Einsatzort verbinden.

Sein eigenes Kriegserlebnis handelt Wolfram Siebeck später durchweg betont lakonisch ab. Seine Pubertät, so sagt er es, habe »dieser Hitler versaut«. Später schreibt er, nach seinen 17 Monaten bei der Flak, an der Front und in der Gefangenschaft habe er – viel zu schnell erwachsen geworden – »nicht ein einziges Mal vom Krieg geträumt«. Die Möglichkeit eines Verdrängens als »Selbstschutz« räumt er beiläufig ein.

Das meiste, was er im Lauf der Zeit über seine Erfahrungen der Jahre 1944/45 schreibt, formuliert er in dem ihm eigenen dezidiert ironischen Tonfall. Manches in der dritten Person: »Wegen seiner scharfen Pennäler-Augen wurde Siebeck einem vorgeschobenen Beobachtungsposten zugeteilt und tatsächlich gelang es ihm auch über die Oder hinweg, sich bewegende Menschen zu entdecken, die nach Lage der Dinge Russen sein mussten.« Und später: »Von nun an schlug sich der Kanonier Siebeck ganz allein in Richtung Westen. [...] Ab und zu musste er um sein Leben rennen, dann warf er alles, was ihn behinderte, von sich. Manchmal forderten Feldgendarmen ihn auf, umzukehren und die Rote Armee zu besiegen. Er umging Berlin im Norden, registrierte die Nachricht von Hitlers Tod mit minimaler Gemütsbewegung und begegnete den ersten KZlern. Sie lagen im Straßengraben und waren tot. Als er die Strecke von Schwedt an der Oder nach Boizenburg an der Elbe ohne Fußschaden zurückgelegt hatte, war der Krieg zu Ende.«

Zu Ende ist der Krieg im Mai 1945 für Wolfram Siebeck noch lange nicht. Er begleitet ihn durch sein ganzes Leben, prägt sein Denken und Sein vermutlich stärker als jede andere Zeit, treibt ihn mit seinen Fragen bis ins hohe Alter um. Vom Weltkrieg komme er nicht los, wird Siebeck noch 2001 mit Mitte siebzig in einem Interview dem Berliner Tagesspiegel sagen, er kaue auf »dieser Epoche herum wie Hunde auf alten Knochen«.

Bis zum Anbruch der 70er-Jahre – da ist er jenseits der vierzig – wird er von der unterschwelligen Angst geplagt, er könnte noch einmal zum Militärdienst gezwungen werden, hält er sich aufgrund seiner Jugend und militärischen Erfahrung doch für besonders prädestiniert, als »harmloser Idiot« von den misstrauisch beäugten CDU-Kanzlern noch einmal als »Kanonenfutter« eingesetzt zu werden. Erst unter der sozialliberalen Regierung Willy Brandts und Walter Scheels – und vor allem dank seines vorgerückten Alters – fühlt er sich langsam sicher vor dem staatlichen Zugriff. Mit widerborstigem Stolz bezeichnet er sich als »leidenschaftlicher Antimilitarist«, hält er eine »Existenz in der uniformierten Zwangsgemeinschaft für zutiefst entwürdigend«. Sie gilt es unter allen Umständen zu vermeiden, »und zwar nicht erst aus pazifistischen oder religiösen Gründen, sondern allein aus Selbstachtung«. In einer Auflistung seiner Maximen formuliert er noch nach der Jahrtausendwende: »Haltet euch fern von allem Militärischen und sonst wie Explosivem.«

Dabei scheint ihn der Krieg in gewisser Weise erst in dem Moment zu betreffen und zu bewegen, in dem er hinter ihm liegt. Während Siebeck ihn erlebt, begegnet er ihm – zumindest laut seinen späteren Selbstbefragungen und Schilderungen – desinteressiert, distanziert, unberührt. Die Bombardements des Ruhrgebiets schildert er so teilnahmslos wie die Zeit bei der Hitlerjugend, die Flakhelferbaracke auf dem winterlichen Bochumer Feld. Anonyme und unbegreifliche Mächte bestimmen sein Dasein; von Propaganda, rationierten Nahrungsmitteln, Verdunkelung und nächtlichen Fliegeralarmen fühlt er sich als teilnehmender Beobachter mehr belästigt als bedroht.

Der Wendepunkt in seinem Leben, der Augenblick, den er nicht vergessen und den er sich nicht verzeihen kann, ist jener Tag im Januar 1945, an dem sein Batteriechef – er erinnert sich an ihn als einen »sehr zivilisierten, völlig unmilitärischen Jurastudenten« namens Siebert – ihn wie alle anderen der 24 Flakhelfer der 3. Batterie 301 im Norden Bochums vor die Entscheidung stellt, mit der Einheit an die Ostfront zu ziehen. Und er sich, als nur einer von zweien aus den beiden Dutzend, spontan dazu bereit erklärt.

Bis zu seinem Ende bleibt ihm der eigene Entschluss unerklärlich. Rätselhaft ist ihm die Freiwilligkeit, mit der er sich in Todesgefahr begibt. »Gefragt« hat sein Batteriechef, das ist Siebeck wichtig. Nicht: »gedrängt«. Ohne Androhung einer Konsequenz im Falle des Verneinens. Er versteht es nicht. Er versteht sich nicht. Warum er, der in zwölf Monaten bei der Flak nichts anderes gelernt hat, als sich vor jedem Dienst zu drücken, nur nicht aufzufallen? Er, dem als Pubertierendem jedes Stahlgewitter-Pathos, jede schwitzige Lanzer-Romantik fernliegt und dem auch im Elternhaus zwischen distanzierter Gleichgültigkeit und entschiedenem Opportunismus alle weltanschauliche Glut fremd ist? Er, der als Stubenhocker, als lesendes, fantasievolles Kind, als jeder Kumpelhaftigkeit abholder Gymnasiast der Letzte wäre, der sich nach männlichem Heldentum sehnte, dem militärische Kameraderie zuwider ist?

Seine einzige, tastende Erklärung: dumpfe Gleichgültigkeit. Völlige Abstumpfung durch eine narkotisierende Indoktrinierung. Versagende Reflexe gegenüber Befehl und Obrigkeit: »Wahrscheinlich hatte das Militär nicht nur meinen Intellekt, sondern auch meine Instinkte lahmgelegt.« Fremdbestimmt bis zur Entpersönlichung habe er mitgemacht aus schierem Unvermögen, sich ein eigenes Urteil zu bilden, mit »einer an Schwachsinn grenzenden Teilnahmslosigkeit«. Nichts, schreibt er später, »befähigte uns, unseren geplanten Beitrag zum Kriegsgeschehen als völlig absurd und wirkungslos zu erkennen«. Unqualifiziert zum Widerstand, fühlt er sich in seiner Naivität einer brutalen Wirklichkeit ausgeliefert, der er selbst dann, als die Lage lebensbedrohlich wird, nichts entgegenzusetzen hat als seine

»harmlose Ufa-Dekadenz« – »moralisch unterentwickelt, ideologisch überfordert«.

Das Ausmaß dieser Unfähigkeit – in weiten Teilen der deutschen Bevölkerung auch des Unwillens – zur Opposition, ihre Folgen im Großen und Ganzen, wird ihm nach der Entlassung aus der Kriegsgefangenschaft im August 1945 Tag für Tag bewusster. Die immer detaillierteren Nachrichten über die monströsen Gräuel jener Nazis, denen er als kleinstes Rädchen im System wie betäubt gedient hat, verbinden sich mit den Erinnerungen an die abstoßende Zackigkeit und Lautstärke seiner Jungvolkführer, deren rotgesichtiges Sieg-Heil-Gekreische und fanatisches Hackenschlagen, das Befehlsgebrüll und den verhassten Gleichschritt bei der Hitlerjugend. Sie verbinden sich mit der Beobachtung, wie seine Mutter in Erwartung der heranrollenden amerikanischen Panzer mit hektischen Fingern die silbernen und goldenen Aufnäher von der Uniform ihres Ehemanns abtrennt. Vor allem verbinden sie sich mit der Rückschau auf die Besuche beim Vater während der Schulferien, nachdem der »zur Germanisierung des deutschen Osten aufgebrochen war«. Auf das Büro in einem kleinen villenähnlichen Neubau, von dem aus Walter Siebeck die Enteignung polnischer Torfwerke und Ziegeleien organisiert und sich dabei völlig klar darüber sein muss, auf welch grässliche Umstände und Verbrechen sich seine komfortable Verwaltungstätigkeit und das feudale Leben als Besatzer gründen – wo er nicht selber für diese Umstände mitverantwortlich ist.

In einem Text für das Magazin Focus über seinen Vater schreibt Wolfram Siebeck im Jahr 2012, wie fremd der ihm gewesen sei und wie ihn die »Lücken in seiner Biografie« noch als Mittachtzigjährigen beunruhigten: »Ich glaube nicht, dass man unschuldig durch den Krieg gehen konnte. Was hat er mir verheimlicht?« Möglicherweise auch: Was hat er selbst gesehen, ohne es verstehen und einordnen zu können – oder zu wollen? Zumindest einmal, so beschreibt er es rückblickend, hat der Vater seinen Sohn im Dienstmercedes auf eine Rundreise durch seinen Herrschaftsbereich mitgenommen, die unter anderem nach Lodz führt, wo er Wolfram – in dessen Erinnerung: aus der Ferne und verbunden mit hämischen Bemerkungen – das jüdische Ghetto zeigt.

Der Sohn wird es später nie ausdrücklich sagen oder schreiben, es ist aber anzunehmen, dass Walter Siebeck als ziviler Leitungsangestellter im Amt W II »Steine und Erden (Ost)« der Amtsgruppe W des Wirtschafts- und Verwaltungshauptamtes tätig und damit organisatorisch in die Wirtschaftsverwaltung des SS-Regimes eingebunden ist. Vielleicht aus Scham belässt es Wolfram später bei Andeutungen wie der, seinem Vater seien »aufgrund seiner parteipolitischen Stellung« hinsichtlich der NS-Gräuel wohl »viele diesbezügliche Details vertraut gewesen«. Genauer wisse er aber nicht, »in welcher Weise er den Nazis nützlich war«. Ob er es hätte wissen können, steht auf einem anderen Blatt.

Sicher ist: Mit jedem amerikanischen Jazz-Schlager, den er nach der Befreiung hört, mit jedem Buch, mit jedem Film, mit Kafka und den Marx Brothers, den Karikaturen von Steinberg, Ciné, Searl, Dubout, reflektiert Wolfram Siebeck klarer und klarer, was er ohne diesen Kontrast nur vage empfunden hat: den inhumanen Horror der gerade überstandenen Weltanschauung, der nichts wichtiger war, als die Individuen zu einer »Volksgemeinschaft« zusammenzupressen. All das verdichtet sich, verstärkt durch seine leidenschaftliche Hingabe an Kunst und Literatur der Nachkriegszeit, zu einem rasant wachsenden politischen Bewusstsein.

Mit Anfang 20 wächst in ihm die Gewissheit: Hätte er auf seinen Instinkt gehört, auf seinen Widerwillen gegen Drill, braunen Schwulst und »Kameradschafterei«, gegen Treueschwur-Chöre für ein Volk und ein Vaterland, die ihm nichts bedeuten, dann hätte er seinen Beitrag, und sei der noch so klein, zu all dem Grauen vermeiden können. Schmerzhaft wird ihm bewusst: »Von der gefühlten Aversion bis zum realen Widerstand bedurfte es jedoch einer Erziehung durch kritisch denkende Eltern, über die ich so wenig verfügte wie die Mehrheit meiner Altersgenossen.« Den Eltern, die er stattdessen gehabt hat, schuldet er nichts mehr, und sie haben lange aufgehört, ihm etwas zu geben.

Indem er sich weitgehend von allen bisherigen Bindungen löst und eine ganz neue Freiheit fühlt, dämmert Wolfram Siebecks Stunde null im Privaten wie im Öffentlichen. Die Eindrücke von vorherigem NS-Schrecken und neuer kultureller Befreiung verdichten sich zu einem unerschütterlichen, lebensprägenden Beschluss: So etwas wird ihm nie wieder passieren. Aus dem so begründeten Ekel vor allem, was auch entfernt nach Zwang und Gehorsam riecht, vor jeder Art der erzwungenen oder bloß enthusiastischen Gruppenzugehörigkeit, zieht er sofort die erste mögliche Konsequenz: Den Versuch, an seine schulische Laufbahn wieder anzuknüpfen, beendet er nach drei Tagen.

So ziellos er durch die Ruinen läuft, so klar ist ihm doch: Nur er darf künftig über sein Leben entscheiden. Urteilsvermögen, Eigensinn, Skepsis gegenüber jeglichen Vorgaben – all das sucht und findet er hochdosiert in den kreativen Einflüssen, der Kunst, die ihn zunächst zum Denken gebracht hat und die er sich nun zu eigen macht. In dieser ganz privaten Reeducation formt sich der Kern seines Wesens: wach sein, kritisch sein, individualistisch, unangepasst, alles hinterfragen, sich nichts gefallen lassen, keine Obrigkeit anerkennen, prinzipiell erst einmal in Opposition zu dem sein, wo die Mehrheit steht und dabei gern auf höhere Werte oder den gesunden Menschenverstand verweist. Das alles wird er als höchsteigenes Glaubensbekenntnis immer wieder neu in Worte fassen. Der ganze Siebeck und sein Werk erklären sich letztlich aus der Überwindung jener Haltungen, die das Grauen über das Land gebracht und ihm die Jugend geraubt haben.

Vermutlich kann er gar nicht anders, als Karikaturist, Satiriker und am Ende Kritiker zu werden. Dazu braucht er keinen Marx, keine Existentialismus-Vorlesungen, keine Kritische Theorie. Dazu genügen ihm Schallplatten, Comichefte und Kinobesuche. Und irgendwann: ein zusammenfallendes Soufflé in Ammerschwhir.

So wenig Wolfram Siebeck zum Akademiker taugt, so zwingend liegt ihm das Schreiben über Geschmack – als idealer äußerer Ausdruck einer inneren Haltung und Weltanschauung, als Mittel zur Entfaltung der Persönlichkeit, als seine ganz eigene Strategie, um die Lächerlichkeit aller Ideologien zu entlarven und Abstand zu halten von dem, was sich für ihn als Ausgangspunkt des deutschen Sonderwegs in den Abgrund erwiesen hat. Aus der Küchenperspektive kann er Hedonismus fordern statt Opferbereitschaft, heitere Weltoffenheit statt ängstlich-bornierter Verdammung westlicher Zivilisation, leidenschaftliche Selbstverwirklichung statt verdruckster, sich zufrieden in ihr Schicksal fügender Bescheidenheit. Vor allem bietet dieses Thema die Verheißung völliger Unabhängigkeit. Was man sich einverleibt, entscheidet nur man selbst. Kommen nicht auf diesem Feld schon kleine Kinder zum ersten freien Entschluss, wenn sie noch unter größtem Druck den Spinat ablehnen?

Und war bei ihm der Hang zur Kulinarik nicht von jeher angelegt? In der skrupellosen Genusssucht des Vaters? In dessen sehnsüchtiger Erinnerung an wirtschaftliche Glanzzeiten? Im Unbehagen des Schülers Wolfram angesichts der kleinbürgerlichen Armut, die er im Dunst der sauren Bohnen mit Speck und Birnen wittert, wenn er seine Freunde in Langendreer besucht? In seinen hingebungsvoll gepflegten Idiosynkrasien, auf die schon früh die sonst stets malade, egozentrische Mutter nach Kräften Rücksicht nimmt, in steter Sorge, das schlecht essende Kind könne nicht »groß und stark« werden? Im Ekel vor ihren lustlos gekochten Gerichten, der ihn für immer gegen jede Romantisierung der kulinarischen Vergangenheit immunisiert? In der volksschädlichen Selbstverständlichkeit, mit der die Familie Siebeck im Krieg den von Hitler verordneten Eintopfsonntag ignoriert und ohne Marken Butter für die Cremetorte auftreibt? In der laut bekundeten Ablehnung von Margarine und Kunsthonig, die ihm bei der Flak zwei Tage in der Arrestzelle einbringt? Schließlich in der Idolisierung eines champagnisierenden Johannes Heesters – »dann kann ich leicht vergessen / das teure Vaterland!« – bei dessen elegantem, extrem unmilitärischem Auftritt im Pariser Maxim? In all dem liegt für Wolfram Siebeck das Potenzial, sich von seiner Kindheit und Jugend mit all ihrer Enge und ihrem Zwang zu emanzipieren, das Potenzial echter Freiheit.

Natürlich muss er diesen Weg, wie zuvor den zur Kunst, ganz allein finden, besessen vom Willen zur konsequenten Geschmacksbildung – erst im übertragenen, dann im wörtlichen Sinn. Er, der gegen lehramtliche Dogmen und Autoritäten einen so profunden Abscheu entwickelt hat, kann bloß als Autodidakt ans Ziel kommen. Auf einem Weg zumal, auf dem er absolut keine Vorgänger hat.

Alles probieren und nur das Beste mögen in einem Land, in dem sich die Spießbürger vor den gegrillten Innereien-Spießen des Balkans so sehr fürchten wie vor dem Dekadenzvorwurf beim Hummeressen – liegt darin nicht eine anarchische Kraft? Siebeck jedenfalls traut seinen Texten den Anstoß zur sozialen Revolte und à la longue auch zu Revolutionen zu. Das bukolische Austernfrühstück als ultimativer Gegenentwurf zu markiger Zucht und Ordnung? Warum nicht! Der Kontrast von deutscher Innerlichkeit und westlicher – welscher! – Oberflächlichkeit ist ihm ein Leben lang Folie für lustvolle Polemiken gegen Selbstzufriedenheit und Tugendkult, gegen kommerzielle Interessen und Fastenpredigten von der Kanzel oder in der internistischen Praxis. All das im Dienst einer guten, ja, der besten Sache: des Genusses.

Und ist hier nicht unendlich viel zu tun in einem Land, das – so sieht er es – keinerlei Anstalten macht, aus der überwundenen Katastrophe zu lernen? In einem Volk, dessen Opferbereitschaft nach Eintopfsonntag und Kommissbrot-Heroismus längst nicht so sang- und klanglos verschwunden ist, wie das eigentlich zu erwarten gewesen wäre, als die Metzger wieder fragen lernten, ob's vielleicht ein Scheibchen mehr sein dürfe? Umgeben von Leuten, die von den Verbrechen der Nazis so wenig wissen wollen wie von Modernität, Aufbruch und Veränderung in Kunst und Kulinarik? Die den Weg der Selbstaufklärung einfach nicht mitgehen mögen und, sobald es im Wirtschaftswunder wieder einigermaßen möglich ist, nahtlos dort anknüpfen, wo sie im Krieg aufgehört haben? Bei Heimatfilmen und Schlagern, bei Eisbein und Bratkartoffeln?

Siebeck wirft es ihnen nicht vor: »Woher sollten die Deutschen gewußt haben, wie ein gutes Essen aussieht, wie es schmeckt und was es voraussetzt? Wonach sollten sie sich denn richten, angesichts der erstmals wieder gefüllten Läden, wenn nicht nach den traditionellen Symbolen des guten Lebens? Die für eine Eßkultur notwendige Möglichkeit zur kritischen Unterscheidung besaß praktisch niemand. Und wer nicht weiß, daß das, was er ißt, auch anders, nämlich besser gekocht werden kann, sieht keine Veranlassung, Großmutters Küchenrepertoire durch ein modernes, besseres zu ersetzen.«

Er versteht es. Aber er verzeiht es ihnen nicht. Was er ihnen vorwirft, ist, dass sie offensichtlich nicht einmal zu lernen versuchen. Dass sie zufrieden sind mit dem, was ihnen vorgesetzt wird. Dass sie sich nicht dafür zu interessieren scheinen, was der Rest der Menschheit sich an Veredlungen einfallen lässt, dass sie sich begnügen. Darin sieht er das Menetekel an der Wand: Wer so gleichgültig ist bei dem, was er sich tagtäglich einverleibt, wer so freiwillig auf Gaumenfreuden verzichtet und unreflektiert Traditionen und Regeln folgt – weil er es nicht wichtig findet, weil alles zu kompliziert ist, weil früher alles so schön war, weil die vorgefertigten Sachen so gut schmecken, weich, süß, lauwarm, weil er sein Geld lieber für Status ausgibt, weil er Angst hat um seine Gesundheit oder vor der Sünde –, wer so ist und isst, der ist auch politisch unkritisch. Der kann und wird immer wieder hereinfallen auf die Prediger der Entsagung, der Borniertheit, der Abschottung ...

»War es wirklich unmöglich«, fragt er sich, »dass der germanische Wahnsinn noch einmal ausbrechen könnte?« Überall sieht er verdächtige Zeichen: Wiederbewaffnung, Notstandsgesetze, Fremdenfeindlichkeit, Globke, Oberländer, Dregger, gönnerhaftes Schulterklopfen, chauvinistische Überheblichkeit, brutales Imponiergehabe. Sie verbinden sich für ihn mit Bierkellerseligkeit vor krossen Haxen. Für ihn sitzen dort – von Mutters Küche schwärmend, fröhlich schmausend und kräftig zulangend, als wäre nichts gewesen – diejenigen, die gemeint sind, wenn von den Monstrositäten berichtet wird, die »im deutschen Namen« begangen worden seien, die in Wirklichkeit aber Hunderttausende verbrochen oder gefördert und Millionen geduldet haben. Und die jetzt keine Anstalten machen, sich damit auseinanderzusetzen.

Diese Haxenesser beobachtet Siebeck fortan scharf und kann wenig kritische Reflexion entdecken. Nicht in ihren kulturellen Gewohnheiten, nicht in ihren kulinarischen und also, das ist für ihn evident, ebenso wenig in ihren politischen Ansichten. Denn ihm ist aus eigener Anschauung – auch seines eigenen progressiven Milieus – nur zu bewusst, dass die Routinen des Alltags die individuellen Befindlichkeiten ganzer Gemeinschaften formen können: »Wer Zeit seines Lebens die Sozialdemokraten gewählt hat, weil schon sein Vater und sein Großvater sich als unerschütterliche Linke bekannten, der wählt Linksparteien aus Gewohnheit und nicht, weil die vielleicht ein für ihn besseres Parteiprogramm aufgestellt haben als die Konservativen.« Und er zieht den Schluss: »Deshalb ändert sich so wenig in unserer Gesellschaft, deshalb steht in vielen deutschen Küchen die Hausmannskost mit ihrer primitiven Ideologie so hoch im Kurs. Die Beteiligten nennen es Tradition.«

In seiner neu errungenen Offenheit fühlt Siebeck sich umzingelt von einem Volk, das – schon wieder kollektiv – in solcher Tradition das Hohelied auf die einfachen Genüsse singt, das die Nase über Avantgarden aller Art rümpft, einschließlich vermeintlich überteuerter Edelrestaurants mit kleinen Portionen und hohen Preisen, sich vor rohem Fisch ekelt, neue Musik unerträglich findet und in Ausstellungen sieht, was vermeintlich ein Kleinkind kritzeln könne. Wenn sich die Leute gegen Verfeinerung und Aufklärung sperren, gegen Veränderung ihrer

Ansichten und Gewohnheiten, dann beginnt das beim Alltäglichsten, dem Essen, und wo es enden kann, mag er sich kaum ausmalen: »Wir haben die Demagogen erst in unserer jüngsten Vergangenheit erlebt, welche unter dem Schlagwort vom gesunden Volksempfinden die primitivsten Instinkte weckten. Sie entfesselten eine Kulturrevolution, die direkt in die Barbarei führte. Auf dem Weg dahin inszenierten sie ein Blut-und-Boden genanntes Heimatstück in den Kulissen eines urigen Bauernstadls. Das kam der Sehnsucht der Massen nach Romantik entgegen, weil es ihnen das Gefühl gab, dem einfachen Leben nicht so entfremdet zu sein, wie sie es in Wirklichkeit längst waren. Bei der Suche nach der deutschen Identität würde eine Neuauflage der National-Folklore eine ähnliche Täuschung bewirken. Dadurch könnte die traditionell deutsche Aversion gegen die Moderne zu neuem Leben und neuen Untaten erwachen, was ein hoher Preis für die Sehnsucht der Kleinbürger nach Überschaubarkeit und Wärme wäre.«

Hier bildet sich der Kern seiner unerschütterlichen Gewissheit, dass Essen politisch sei, und zwar nicht in dem Sinn, wie das hierzulande mit Blick auf die Gesundheit der Bevölkerung oder den Ressourcenverbrauch verstanden wird: Wer »aus Wassersuppe und angebranntem Kohl« des durch den selbstverschuldeten Krieg verheerten Landes keine Lehren gezogen habe, »der hat aus dem Dritten Reich wenig gelernt«. Kulinarischer Fortschritt vom Rübeneintopf zum Escalope de l'oie gras polé, vom Schweineschmalz zum Olivenöl, vom Bastflaschen-Chianti zum Jahrgangs-Champagner, gilt Siebeck als Indikator für gesellschaftliche Reife, Offenheit, Liberalität. »Selbstgenügsamkeit, Bescheidenheit, Gehorsam« regen ihn auf, »Ungehorsam, Unabhängigkeit, politische Unkorrektheit« schätzt er als Tugenden.

Seine Mission, wie er sie versteht, reicht damit weit über die Tellerränder hinaus: »Ich nörgel ja nicht nur am Essen herum. Nicht dass Sie mich falsch verstehen: Ich meine nörgeln, nicht jammern. Jammern ist wehleidig, im Nörgeln liegt eine kritische Aggressivität drin. Wenn man nicht kritisch lebt, lässt man sich den größten Mist aufschwätzen, von der Politik angefangen bis zu den Bratkartoffeln.« Im Gespräch mit Oskar Lafontaine über die Deutschen und den Geschmack für die WamS fasst er es im Juni 2001 so zusammen: »Geschmack hat immer etwas mit ›auswählen‹ zu tun. Abwägen, entscheiden – das sind wesentliche Elemente für eine funktionierende Gesellschaft. Dazu zählt neben dem kritischen Konsumenten auch der aufmerksame Wähler! Wer Spargelsorten auseinanderhält, wird auch Parteien scharf beobachten.«

Diesen Geist, das Essen ernst zu nehmen und nichts einfach zu schlucken, findet Siebeck jenseits des Rheins. Auch darin wurzelt seine bleibende Liebe zu Frankreich. Den revolutionären Esprit, der die Franzosen auf die Straßen treibt, sobald die Regierung einschneidende Maßnahmen ankündigt, seien es Arbeitszeitverlängerungen oder Steuererhöhungen – »ein politisches Temperament, wie man es von einem Volk erwarten darf, das die Bastille erstürmt hatte«. Dazu die Austernkisten, die sich im Supermarkt stapeln, während die Wirtschaft an die Wand fährt: »Herzerfrischend!« Für ihn ist vom Bauernstreik bis zur höchsten Gourmandise erkennbar: »In Frankreich werden modische Absurditäten weniger kritiklos hingenommen, da französische Esser meistens schon in ihrer Kindheit gelernt haben, kulinarische Qualitäten zu unterscheiden.« Das alles weckt früh sein Bedürfnis, so oft wie möglich die deutschen Grenzen hinter sich zu lassen und die liberale, anarchische Lebensart zu suchen, die er in Frankreich zu finden glaubt.

Sofern sie nicht den umgekehrten Weg wählt und von Westen über den Rhein schwappt. Während die Studenten auf die Straße gehen, um mit der Vergangenheit der Eltern abzurechnen, rechnet Siebeck mit deren Küche ab. Für ihn ist es alles andere als »ein Zufall, daß sich ein kulinarisches Bewußtsein bei uns gleichzeitig mit dem politischen Aufbruch der späten 60er- und frühen 70er-Jahre entwickelte«. Hat nicht die breite Entfaltung der Grande Cuisine Française Ende des 18. Jahrhunderts erst eine Revolution möglich gemacht? Ein Vergleich, der, wie er selbst sieht, charmant ist, aber hinkt: »Wenn den deutschen Eßgewohnheiten noch immer etwas Teutonisches anhaftet, so bitte ich zu berücksichtigen, daß unser Danton Dutschke hieß.«

13.
Freiheit am Herd

Wolfram Siebecks praktischer Ausgang aus der eigenen – sicher auch bei kritischster Betrachtung nur zum geringsten Teil selbstverschuldeten – kulinarischen Unmündigkeit beginnt nicht hinter der ledergebundenen Speisekarte irgendeines Gourmettempels. Aber er beginnt immerhin in Paris.

Zur Studienfahrt der Wuppertaler Werkkunstschule schmuggelt der Mittzwanzigjährige Anfang der 50er-Jahre in weiser Voraussicht einen Benzinkocher sowie einen Topf ins Hôtel de la Sorbonne. Ein Teller mit halbgaren sandigen Pfifferlingen – irgendwo auf einem herbstlichen Markt für kleines Geld erstanden – gehört zu den ersten überlieferten Ergebnissen siebeckscher Betätigung am Herd.

In der heimischen WG in Essen-Holsterhausen teilt er sich zwar das Bad mit vier anderen Parteien, aber sein Zimmer hat eine Kochnische, in der er sich irgendwann an das Braten eines luxuriösen Rinderfilets wagt, für Freunde das »alte indische Nudelgericht« Bami – geschnetzeltes Lammfleisch mit Tomaten, Peperoni, Pilzen, Zwiebeln, Wirsing, geriebenen Nüssen, Bandnudeln und saurer Sahne – aus Lilo Auredens 50er-Jahre-Klassiker »Was Männern so gut schmeckt« zubereitet und außerdem schmerzhaft den Unterschied zwischen Miniaturpaprika und Chilischoten kennenlernt.

Einen ersten Eindruck davon, was kulinarisch in privaten Haushalten denkbar wäre, bekommt er zur selben Zeit bei seiner Freundin Ännchen de Haas, deren Vater als Industriemanager im Ruhrgebiet gut im Geschäft ist und in deren Kühlschrank sich folglich Unglaublichkeiten wie Räucherlachs, Parmaschinken, Hasen, Fasane und selbst Kaviardosen stapeln. Viel anfangen kann Siebeck damit nicht; seine Kochversuche dieser Jahre führen zu bescheidenen Ergebnissen, wenn nicht direkt zu einem Fiasko wie dem seines Freundes Franz, der ihn außer mit der Côte d'Azur auch mit ambitionierter Bewirtung vertraut macht, indem er zum Gartenfest nach einer Premiere im Bochumer Theater einen Hammel am Spieß zu einem Garpunkt zwischen halbroh und völlig verbrannt brät und dazu Schnaps serviert.

Mit ernsthaftem Anspruch zu kochen beginnt Wolfram Siebeck 1967 nach dem Kurs in Ammerschwihr, wo ihm Pierre Gaertner unter anderem beibringt, eine Forelle nach Art seines verehrten Lehrmeisters Fernand Point zu füllen und auf dem Kohleherd zu garen. Dort erlebt Siebeck sein Damaskus, erkennt aber zugleich, dass seine bisherigen Ansätze am Herd gar nicht so falsch waren, und lernt, wie er sie verbessern kann.

»Was Männern so gut schmeckt« ist ihm, das merkt er schnell, bei diesem Bemühen nicht mehr sehr hilfreich; zu ungenau beschrieben sind Lilo Auredens Gerichte, und überhaupt, bei genauerem Hinsehen, ein stilloses Sammelsurium. Das freilich in der frühen Bundesrepublik und auch für Wolfram Siebeck als Einstiegshilfe in die Kochkunst eine nicht zu unterschätzende Bedeutung hat, führt es doch – seinem Untertitel »Eine kulinarische Weltreise in 500 Rezepten« entsprechend – konsequent vom altdeutschen Traditionskanon befreit, heiter und unbelastet ins Offene, zu exotischen Novitäten wie Serbischem Reisfleisch, Spanischem Lammragout, Ungarischem Paprikagemüse, Dänischem Fischgulasch. Da bläst keine Trachtenkapelle mehr Preußens Gloria, da schmilzt Parmesan über Rosenkohl, aalt sich Lammfleisch im Olivenöl, umweht Fische ein würziger Curryduft, da ist es für die abenteuerlustige kulinarische Avantgarde jener Jahre vorbei mit altväterlicher Behäbigkeit und ängstlicher Selbstzensur am Herd.

Dank Lilo Aureden nähert sich, das ist für Wolfram Siebeck eindeutig, die Offenheit erstmals zögerlich den deutschen Haushaltsherden, und mit ihr die Forderung, Essen solle mehr sein als eine lästige Notwendigkeit zur Aufrechterhaltung lebenswichtiger Vitalfunktionen. Und Kochen eine Ausdrucksform der Freiheit, der Selbstermächtigung durch bewusste Entscheidungen. Sein Ausweg aus der unverdauten Gleichschaltung, dem unverdauten Gleichschritt: nichts Vorgesetztes akzeptieren, selber machen! Und vor allem anspruchsvoll sein. So nennt er denn sein erstes Kochbuch für den »Amateurkoch und die ambitionierte Hausfrau« ausdrücklich »Kochschule für Anspruchsvolle«.

Seine Grundlage sind seine Erfahrungen, die er mit zunehmender – selbstverständlich auch hier autodidaktischer – Praxis und Ehrgeiz erwirbt, während er als Hausmann in Widdersberg täglich für Barbara und die drei Jungs kocht. Für sie brät er eine Lammkeule am Stück und ganze Hühner, schichtet riesige dampfende und duftende Kartoffelgratins in allen Varianten, bereitet Köstlichkeiten der bürgerlichen französischen Küche aus erstklassigen Zutaten, die Barbara nach dem Arbeitstag in der Galerie vom Viktualienmarkt mitbringt. Aus den dabei angefertigten Notizen und Skizzen entwickelt Siebeck seine »Inselbriefe«, benannt nach Barbaras Galerie und versandt an einen Adressatenkreis, der sich aus ihrer Kundenkartei der Münchener Gesellschaft speist, in der Hoffnung, Liebhaber zeitgenössischer Kunst könnten auch für raffinierte Speisen aufgeschlossen sein. Als Autor und Verleger in Personalunion schreibt er eine Art Fernstudiengang für Abonnenten – »Lehrbriefe zum Erlernen der feinen Küche für Anfänger und Fortgeschrittene« –, angelegt als zehn monatlich erscheinende Lektionen mit neuen, modernen Rezepten. Nach einem halben Jahr stellt er das Projekt wieder ein, weil statt der Zahl der Kunden nur die der Raubkopien kontinuierlich steigt.

Wenigstens gerät er über die Inselbriefe mit Hans A. Neunzig vom Nymphenburger Verlag in Kontakt, der vorschlägt, sie zur Grundlage eines neuartigen Kochbuchs zu machen. Für die Gestaltung kommt nur der Freund Willy Fleckhaus infrage, der inzwischen mit der regenbogenfarbigen Reihe der Suhrkamp-Taschenbücher weiteren Ruhm gesammelt hat und nun für Siebecks erstes Kochbuch auf jede Tellerfotografie verzichtet, stattdessen ausschließlich die puren Produkte vor neutral grauem Hintergrund hochelegant inszeniert. Ein Buch, wie es bis 1976 in Deutschland nicht existiert, ja eigentlich völlig undenkbar ist. Während die heimischen Küchenborde millionenfach abgegriffene Ausgaben von Dr. Oetkers biederem Schulkochbuch und »Ich helf dir kochen« von Hedwig Maria Stuber zieren, präsentiert Siebeck Rezepte ohne Einbrenne und ohne Margarine, eine Küche, die das Lammfleisch dem Rinderfilet vorzieht, in der französischer Einfluss größer ist als deutsche Tradition.

Schon im zweiten Satz der Einleitung macht er klar, für wen er nicht geschrieben hat: »Wer die richtigen Töpfe hat, nur frische Produkte verwendet und außer einer Bouillon noch ein Huhn richtig zubereiten kann, mit Lammfleisch umzugehen weiß und sich davor hütet, Gemüse matschig und Fisch trocken zu kochen, der braucht dieses Buch vielleicht gar nicht.« Alle anderen können auf den folgenden 175 Seiten Unerhörtes erleben.

Bereits das zweite Kapitel trägt den Titel »Kaviar« und beginnt zum Thema »Vorspeisen« im leichten Plauderton mit der Beschreibung massiver goldener Kugeln (»etwa so groß wie eine Kirsche«), die man in Paris bei Cartier kaufen könne und bei denen es sich um ein »unentbehrliches Utensil für den passionierten Kaviaresser« handele: »Der geht zwei Häuser weiter, ins Ritz, wo er eine große Portion seiner Lieblingsspeise bestellt. Dann zieht er die Goldkugel aus der Hosentasche und legt sie auf die kleinen, grauen Körner. Sinkt die Kugel ein, ist der Kaviar nicht mehr so frisch, wie er sein muss, und darf mit hochgezogenen Augenbrauen zurückgewiesen werden.«

Wobei er selbst, so Siebeck, zu dem »Getue um die horrend teuren Störeier« wenig sagen könne. Zum Kaviar-Spezialisten fehle ihm eine ausführlichere und entsprechend schwer bezahlbare »Esserfahrung«, immerhin erschließe sich beim Kaviar »das gewisse Etwas« wie bei vielen anderen Delikatessen nicht unmittelbar, man müsse sich durch Wiederholung daran gewöhnen. Klar sei nur: Man esse Kaviar pur, trinke dazu eisgekühlten Wodka oder trockenen Champagner und nutze statt Silberlöffeln zwingend Elfenbein – »Holz geht auch, wenn's von einer Stradivari ist«. Im Übrigen wüssten Moskaureisende, dass Kaviar als Prophylaktikum gegen Schnupfen gelten könne; es schade folglich nicht, in der Grippezeit dreimal täglich einen gehäuften Löffel vor dem Essen einzunehmen.

Das nächste Kapitel beschäftigt sich mit Austern (»Wer zum ersten Mal davon probiert, wird eventuell enttäuscht sein. Austern sind glibberig und schmecken höchstens nach Meer«), anschließend wendet Siebeck sich dem Hummer zu.

Die Wirkung auf Zufallsleserinnen und -leser hat der Satiriker Siebeck präzise einkalkuliert. Die »Deutsche Hausfrau« – ein unverwüstliches Herzensfeindbild – dürfte diese »Kochschule«

längst schnappatmend in die Ecke gepfeffert und stattdessen nach den Blutdrucksenkern gegriffen haben, bevor ihr Autor im Ton freundlicher Empfehlungen auf die Zubereitung von Filet Wellington und Flusskrebsen in Riesling, von Hechtklößchen, Kalbskotelett mit Salbei, Muschelsuppe, Kaninchen mit Backpflaumen oder Rehterrine zu sprechen kommt. Und natürlich auf Bœuf à la mode, Carré und Gigot d'agneau, Cassoulet, Coq au Vin, Gratin Dauphinois, Perdrix à la Normande, Poulet à l'estragon, Quenelles de Brochet, Beurre blanc, Sauce hollandaise oder Mornay, souffliertes Omelette und Soufflé Grand Marnier. Selbst treudeutsche Erbsensuppe, Falscher Hase, Forelle blau, Frankfurter Grüne Sauce, Pfannkuchen und Pflaumenquark finden Eingang in Siebecks Kanon – neben seitenlangen Empfehlungen fürs Grillfest und für populäre Kinderküche.

Siebeck erklärt die Zubereitung von Kartoffelpüree, von Jus und Fonds (»Mehl und Wasser sind überflüssig«) und wie man sie reduziert (»Das Geheimnis aller guten Saucen heißt: einkochen lassen!«), entfettet (»Das ursprüngliche Bratfett muß weg!«) und zum Schluss mit frischer Butter aufmontiert (»Der Sinn einer Sauce ist nicht, die Kartoffel zu ertränken, sondern das Fleisch raffiniert zu verfeinern!«). Er macht seine Leser mit exotischen Delikatessen wie Crème fraîche oder Crème double bekannt: »Erfahrungsgemäß ist die handelsübliche Sahne zu dünn für gute Saucen. Deshalb ist es ratsam, süße Sahne auf Vorrat zu kaufen und circa 10 Tage bis 2 Wochen im Eisschrank verschlossen stehenzulassen. Die Sahne wird zwar nicht sauer, doch im unteren Teil des Sahnebechers setzt sich eine dünne, milchähnliche Flüssigkeit ab, während der größte, der obere Teil der Sahne cremig-dick geworden ist; ideal zur Sauce. Sollte Ihre Sahne dennoch schimmeln oder muffig werden, versuchen Sie es mit einem anderen Fabrikat.«

Und er nimmt keine Rücksicht auf vorurteilsbelastete Idiosynkrasien des Publikums, wenn er darauf hinweist, dass es sich »schon ab vier Tauben« lohne, aus ihren Flügeln, Mägen, Herzen und Lebern einen Fond herzustellen, »Selbstschlachter« beim klassischen Kaninchen mit Backpflaumen das zurückbehaltene Blut des Tieres mit Essig verdünnten, weil es sonst gerinne, und Fasane »à la Normande« oder »auf englische Art« ein bisschen Geduld erforderten: »Moderne Vorstellungen von Nahrungsmittelhygiene und ein entsprechender Geschmackstrend zwingen den Feinschmecker dazu, seinen Fasan zu Hause selber noch hängen zu lassen, bis er endlich zu einem der feinsten Fleischgerichte verarbeitet werden kann, die es überhaupt gibt. Das ist allerdings nur sinnvoll, wenn der Fasan nicht ausgenommen und nicht gerupft ist. An einem kühlen, luftigen Ort darf er 14 Tage hängen, ohne daß er besonders stark riecht.«

Überhaupt verabschiedet Siebeck sich konsequent von den bisher in Kochbüchern üblichen klaren Marschvorgaben und schickt seine Leserinnen und Leser mittels vager Orientierungshinweise und mundwässernder Landschaftsbeschreibungen durchs unwegsame Gelände. Er ahnt, dass alles, was er sich selbst erst wenige Jahre zuvor als enthusiastischer Autodidakt an Trampelpfaden durch die Terra incognita der kulinarischen Genüsse gebahnt hat, auch für sein Publikum Expeditionen ins Neuland bedeutet. Statt Anweisungen im Telegrammstil will er »eine anregende, eine appetitanregende Lektüre« bieten, Vorschläge unterbreiten statt Vorschriften machen. Also erklärt er die Grundlagen des kultivierten Kochens für den Hausgebrauch am Beispiel einiger weniger erfolgversprechender Rezepte aus seiner Privatküche – eine »willkürliche und begrenzte« Auswahl an Gerichten, »die ich häufiger als andere für mich und meine Gäste koche« – mit allerlei Exkursen so exemplarisch wie ausführlich.

Auf präzise Zutatenlisten und Mengenangaben verzichtet er. Er setze voraus, dass der Amateurkoch und die ambitionierte Hausfrau wüssten, für wie viele Esser eine drei Pfund schwere Lammkeule jeweils reichen werde: »Wird vorher noch ein Fisch serviert und davor vielleicht noch ein Hors d'œuvre, dann kann man sechs, manchmal auch acht Feinschmecker damit glücklich machen.« Gewürze seien ohnehin »eine Frage des Fingerspitzengefühls« ohne bindende Regeln. Stattdessen animiert Siebeck zu freien Interpretationen und »extravaganten Abweichungen« aller Art: »Zum Beispiel bei einer Kaninchenterrine in Rotwein pochierte Backpflaumen einlegen. Sie können blanchiertes Kalbsbries als Einlage nehmen. Sie können mit Nelkenpulver würzen oder mit Piment, oder, wenn Sie glauben, es paßte zu dem Pamp, den Sie da gerade zusammenrühren, auch Kardamom oder Ingwer. Sogar Anis wäre theoretisch möglich. Doch wenn Sie Kümmel nehmen, sagen Sie hinterher nicht, Sie hätten den Tip von mir.«

Nur zweierlei verbietet sich für avancierte Genießer aus seiner Sicht kategorisch: Sparsamkeit und Bequemlichkeit. Gutes Essen habe nun mal seinen Preis, und es mache Arbeit. Wer hinterher denke: »Das ging ja einfach, und teuer war es auch nicht!«, der sei auf der falschen Fährte. »Man kann ein Frikassee vom Huhn aus tiefgefrorenen Hühnerteilen herstellen (wie man Wein auch aus Pappbechern trinken kann). Man kann Saucen mit Hilfe von Brühwürfeln machen oder fertig in Flaschen kaufen. Man kann mit Margarine kochen statt mit Butter und Wasser nehmen statt Wein. Zwiebeln und Knoblauch braucht man nicht mehr mühsam zu schälen; es gibt sie getrocknet und pulverisiert in kleinen Dosen. In großen Dosen schließlich gibt es fertige Eintopfgerichte, die nur noch aufgewärmt werden müssen. Mit einem Wort, beim Kochen braucht man sich kaum noch

Mühe zu geben. Allerdings haben die vielen Möglichkeiten zur Erleichterung der Küchenarbeit alle ein gemeinsames Resultat: Sie entfernen uns immer mehr von dem, was man unter guter Küche versteht.«

Deren Fundament, daran lässt er so wenig Zweifel wie sein Lehrer Gaertner in Ammerschwihr oder Eckart Witzigmann (»Das Produkt ist der Star«), ist die Güte des Ausgangsmaterials. An sie müssten höchste Ansprüche gestellt werden, ohne sie bringe selbst der beste Koch nichts Anständiges zustande. Siebeck fordert »kostspielige und schwer zu beschaffende Zutaten«, Kompromisslosigkeit bei der Wahl der Butter, beim Wein, der in die Sauce gegossen wird, beim Gemüse, beim Öl. Er wendet sich an Menschen, »die 40 Kilometer fahren, um die bessere Brotsorte, den besten Käse und den frischesten Fisch zu bekommen«. Vor allem ermahnt er seine Leserinnen und Leser, sie müssten sich beschwerlich, hingebungsvoll und fortgesetzt die Fähigkeit aneignen, Qualität zu erkennen, »unterscheiden lernen zwischen dem auch Guten und dem Besseren«.

Dass diese Fähigkeit freilich selbst mit festem Willen zum gehobenen Genuss nicht ganz leicht zu erwerben ist, dass es in der Küche keine einfachen Wahrheiten gibt, macht er nebenbei klar, wenn er etwa über Spargel schreibt, dem zu Ehren jährlich sechs Wochen lang in vielen guten Küchen wahre »Orgien« gefeiert würden. Es habe einen undefinierbaren Geschmack, bestehe zu 95 Prozent aus Wasser, sättige nicht und sei zudem noch teuer.

»Also noch einmal: Was ist dran an diesem merkwürdigen Gemüse? Vielleicht kann man es am besten am Beispiel des Champagners erklären. Im Gegensatz zum Wein ist guter Champagner nie schwer, nie wuchtig; er hat kein Bukett, man schmeckt weder die Traube heraus noch den Boden, auf dem er gewachsen ist – er hat, möchte man sagen, überhaupt nichts Typisches. (Außer der Kohlensäure, aber die hat Limonade auch.) Doch gerade das ist das Typische am Champagner. Denn all diese Nicht-Eigenschaften summieren sich zu dem, was man an ihm schätzt: seine Flüchtigkeit, die bei jedem anderen Getränk ein negatives Kriterium wäre, und seine Eleganz, die eben nicht langweilig ist. So ähnlich, meine ich, kann man auch Spargel definieren. Ohne ein typisches Merkmal, wie es, sagen wir, Erbsen haben oder Bohnen, vom Kohl ganz zu schweigen, besteht seine Eigenart in der Frische, der Zartheit und der Eleganz, die zusammen ein einziges Urteil zulassen: Spargel ist edel.« Dies freilich nur im Idealzustand, frischer als frisch; sonst sei er bitter, holzig und sein Geld nicht wert. Im Übrigen sei Spargel aber bloß eine Vorspeise, lasse sich fast nur auf eine einzige Art und Weise zubereiten (in Wasser gekocht), und die Angewohnheit, ihn mit Schinken zu servieren, sei problematisch.

Mit seiner »Kochschule für Anspruchsvolle« umreißt Wolfram Siebeck Mitte der 70er-Jahre sein Programm, das er in den nächsten vier Jahrzehnten weiter ausformulieren, aber in seiner Substanz nicht mehr verändern wird. Ob als Gast im Restaurant oder als Koch am heimischen Herd: Ziel aller fröhlichen Anstrengungen ist für ihn die höchstpersönliche Lebensqualität, die Freude am Genießen. Dazu bedarf es einer fortgesetzten, hochpreisigen Verfeinerung der Sinne wie des Urteilsvermögens, der Kompetenz, zwischen Schund, dem Guten und dem Besseren zu unterscheiden. Und zwar auf eigenen Pfaden. Wer sich zufriedengibt, hat schon verloren. Wer glaubt, statt zu probieren, ist verloren. Steile Thesen, vorläufige Verdikte mit Absolutheitsanspruch, Versuch und Irrtum sind eingepreist. Über Geschmack lässt sich nur streiten, wenn man einen hat. An dessen Kultivierung zu arbeiten, ist tägliche Aufgabe. Anderes ist zurückzustellen.

Am Herd hat exemplarische Freiheit zu herrschen – und das beginnt schon mit seiner Beschaffenheit. Hier wie überhaupt sind Prioritäten zu setzen, man soll sich nichts aufschwätzen lassen: »Verallgemeinernd kann man sagen, daß die Industrie zwei Sorten von Herden herstellt: solche, die praktisch und solide sind, und solche, deren Besonderheit sich in gewissen Extras ausdrückt, die für die Küche die gleiche Bedeutung haben wie der Kuckuck in der Kuckucksuhr für die Zeitmessung. Die vernünftig konstruierten Herde findet man in Restaurantküchen; auf den anderen wird in den Privathaushaltungen gekocht.«

Zwar könne, wie jeder Handwerker wisse, anständige Arbeit nur mit anständigem Werkzeug geleistet werden, aber was nötig sei und was nicht, dürfe man nicht der Werbung überlassen: »Designerküchen mit den neuesten technischen Errungenschaften mögen vielleicht die Selbsteinschätzung der Hausfrau stärken; auf die Qualität ihres Schmorbratens hat der ganze

Luxus keinen Einfluß.« Eine Hammelkeule könne man notfalls auf einem metallenen Fußabstreifer zur Perfektion grillen, für das Gelingen eines Bœuf à la mode sei die Qualität des Schmortopfes aber mitentscheidend. Vieles andere sei entbehrlich, zumal, wenn es einen Motor besitze. Schon in seinem Bericht aus Ammerschwihr hält Siebeck fest: »Pierre Gaertner hält nichts von elektrischen Küchenmaschinen.« Bei ihm habe er gelernt, daß eine Küche ziemlich primitiv sein könne, wichtig seien lediglich gute Töpfe und Pfannen – und vor allem erstklassige Messer.

Was Siebeck predigt, lebt er selbst. Auf seiner südbadischen Burg wie in der Provence kocht er in maßgeschreinerten Küchen, die nichts enthalten, was über das unbedingt Notwendige hinausgeht – keine Mikrowelle und keinen Dampfkochtopf, keine High-Tech-Apparate, dafür traditionelle Backöfen, Gasflammen, einen Salamander-Grill. Einzige Konzession an den technischen Fortschritt bleiben ein ausstrahlungsarmer Induktionsherd in Südfrankreich, der die sommerliche Hitze nicht noch verstärkt, und in allen Küchen ein elektrischer Pürierstab. Die Arbeitsflächen bestehen aus dickem, unbehandeltem Holz oder Edelstahl, Töpfe und Pfannen hängen unter der Decke, investiert wird in gute Messer; »die restliche Ausstattung kann von Ikea sein, ohne ein Hindernis für gastronomische Erfolge zu bilden«.

Einen Einblick in Siebecks Mahlberger Küche bekommt seine bereits beträchtlich angewachsene Fangemeinde Mitte der 80er-Jahre, als er gemeinsam mit Roman Brodmann die Idee entwickelt, zwölf Folgen lang als kochender Gastgeber für den »ARD Ratgeber Essen und Trinken« vor der Kamera zu stehen. Das entscheidende Gespräch mit dem Schweizer Regisseur, mehrfach prämiert für seine politischen Dokumentarfilme und privat ein leidenschaftlicher Gourmet, findet in der Auberge de l'Ill statt; Jean-Pierre Haeberlin spendiert eine Flasche Haut-Brion, die Siebeck im Laufe des Gesprächs fast allein trinkt.

Später wird Wolfram Siebeck die Fernsehkocherei skeptisch betrachten – im besten Fall könne sie unterhaltsam bewirken, dass die Zuschauer sich mehr für die Küchenarbeit interessierten und, vor allem, die ihnen immer wieder eingebläute Forderung nach frischen Zutaten höchster Qualität ernst nähmen. In dieser Pionierphase jedoch reizt ihn das Medium wie die Zusammenarbeit mit Brodmann, dessen scharfen Blick auf deutsche Zustände er ebenso erfrischend findet wie die unangestrengte, lapidare Form seiner Filme. Zudem soll es sich bei seinen zu bekochenden Gästen statt um irgendwelche leicht zu begeisternden Fans um die kritischste Zielgruppe schlechthin handeln: hochdekorierte Küchenchefs, die seine Arbeit spontan bewerten dürfen. Was sie auch ausgiebig tun. Die Folge »Siebecks Festmenü – Vier Spitzenköche testen ihren Tester« versammelt

Seppi Hunkeler, Robert Husser, Otto Koch und Herbert Schönberner als mehr oder weniger angetane Verkoster seiner Bemühungen um Wintersalat, Gurkensuppe mit Lachsstreifen, Kalbsrückenbraten mit Safranblumenkohl und Mousse au Chocolat.

Die ARD-Serie bleibt sein einziger systematischer Ausflug ins Fernsehstudio. Zum einen eignet er sich, im Grunde seiner Natur zurückhaltend und introvertiert, nicht als kulinarischer Entertainer, zum anderen hält er – in der ihm eigenen Entschiedenheit beim Urteil – das Medium letzten Endes für untauglich zum Transport seiner Botschaft. Verfilmte Rezepte erscheinen ihm ebenso unsinnig wie all die Werke der Sex-Aufklärer aus der Oswald-Kolle-Zeit: »Auch damals glaubten clevere Filmproduzenten, durch minutiöse Verfilmung verschiedener Techniken das Geheimnis der Sexualität erklären zu können.«

Siebeck ist davon überzeugt, dass auch die Hausfrau, die auf der Mattscheibe einem geschickten Koch beim Entbeinen

einer Wachtel zusieht, danach desillusioniert in die Tiefkühltruhe greift und ein Fertiggericht in die Mikrowelle stellt. Denn darin gleiche die Küchenarbeit der Sexualität: Unsere Neugier auf die Kunst des Kochens sei umso größer, je weniger wir über profane Einzelheiten aufgeklärt würden. Einen Sinn bekämen Video-Rezepte erst, wenn sie nicht informativ wirkten, sondern aufreizend wie ein Porno. Vor allem bemängelt Siebeck, das Fernsehen versuche, »den Eindruck von Arbeit aus seinen Kochsendungen herauszuhalten«. Dass beispielsweise Martina Meuth und Bernd »Moritz« Neuner-Duttenhofer im WDR seit 1988 das Gegenteil beweisen, bestreitet er in seinen späten Jahren immerhin nicht.

Wichtig ist ihm auf der Mattscheibe wie in seinen Texten vor allem das Bewusstsein fürs Handwerkliche, dessen anfänglicher Misserfolg als Ausgangspunkt für eine fortwährende Verfeinerung einkalkuliert, ja das Wesen des Kochens schlechthin sei. Folglich gehört das siebecksche Scheitern von Beginn an zum Konzept der Kochsendung. Vor laufender Kamera lässt er eine Lammkeule gnadenlos durchgaren, versinken zu kleine Deckel in zu großen Suppentöpfen, landen Küchengeräte polternd auf dem Boden, wo sie den Pfifferlingen Gesellschaft leisten. Herausgeschnitten wird nichts, wiederholt wenig.

Auch seinen Lesern erspart Siebeck nicht die Erkenntnis, dass es sich beim Kochen um ein Handwerk handelt, um Arbeit auf dem Weg zum genussvollen Lohn. Von Oktober bis Dezember 1978 veröffentlicht er im ZEITmagazin Rezepte unter dem Titel »Nouvelle Cuisine für den deutschen Hausgebrauch«, im Rahmen derer am 15. Dezember auf Anregung des Redakteurs Jochen Steinmayr das erste von insgesamt 38 Weihnachtsmenüs erscheint. Später organisiert er einen Kochwettbewerb unter dem Titel »Sonntags in deutschen Töpfen«, 1982 an gleicher Stelle erstmals ein Sommerseminar in zehn Beiträgen. Bis zum Schluss wird er gemeinsam mit der ZEIT immer wieder Kochseminare und -turniere veranstalten. Besonders seine Ende November, Anfang Dezember publizierten Weihnachtsmenüs werden nachgekocht, steigen zum festen Bestandteil der bundesrepublikanischen Esskultur auf. So fest, dass ein im 20. Durchgang präsentiertes Dessert zum landesweiten Aufreger wird.

Dass es ein Dessert ist, überrascht wenig – die technische und rezeptorische Präzision der Patisserie liegt Siebeck nicht. Schon in der Einleitung seiner Kochschule legt er Wert darauf, »von vielen hundert möglichen Desserts nur fünf« zu präsentieren; das Scheitern am Soufflé Grand Marnier steht emblematisch am Beginn seiner öffentlichen Küchenkarriere. Später wird er zum Thema »Backen« erklären, damit habe er so seine Schwierigkeiten: »Ich brauche für einen harmlosen Mürbeteig beide Hände und die von Barbara, meiner Frau, dazu. Und ich bin froh, wenn's vorüber ist.«

Ein Empfinden, das von nicht wenigen seiner Leserinnen und Leser geteilt wird, die am Weihnachtsabend 1997 zum Abschluss des Menüs eine Zitronencreme nach Alain Chapel servieren und entsprechend Siebecks Vorgaben den Saft von acht Zitronen mit zwei großen Eiern, zwei Esslöffeln Stärkemehl und 75 Gramm Zucker verrührt haben. Dass beim Abschreiben des Rezepts aus acht Esslöffeln Saft ganze Früchte geworden sind, ist dem Autor so wenig aufgefallen wie den zuständigen ZEIT-Redakteuren. Die Leserbriefe füllen Spalten und kommen selbst aus Kanada (»Nachdem feststand, daß die Mousse für den menschlichen Verzehr nicht geeignet war, haben wir sie löffelweise im Abstand von zwei Metern um unser Blockhaus verteilt. Seither haben wir Ruhe vor den Bären«).

Der Stuttgarter Küchenchef und Siebeck-Freund Vincent Klink erinnert sich später lebhaft: »Wie die Schafe waren die Gläubigen dem ›Küchenpapst‹ gefolgt und hatten sich vor ihren Gästen – Siebecks Rezepte kocht man mit Stolz und für Freunde – blamiert. Hass und Hohn ergoss sich nun über den Präzeptor, den man erwischt zu haben glaubte.« Der freilich habe blitzartig und hochvergnügt die Vorwärtsverteidigung gewählt und damit einmal mehr unterstrichen, worauf es ihm am Herd wie am Esstisch vor allem ankommt: »Statt sich aber vor seinen Lesern in den Staub zu werfen, drehte Siebeck den Spieß um. Die vorschriftsgemäß, wie auf Führerbefehl, in ihren sauren Untergang marschiert waren, beschimpfte er. Denkt, wetterte er, lest mit Verstand, rechnet nach und urteilt dann selbst.«

14.
In Full Swing

Der Ritterschlag der deutschen Intelligenzija trifft Wolfram Siebeck, als Wolfgang Hildesheimer, Mitglied der Gruppe 47, Träger des Büchner-Preises und einer der kritischen Vorzeige-Literaten jener Jahre, die »Kochschule für Anspruchsvolle« – wenngleich milieutypisch einigermaßen ungnädig – im Spiegel, Ausgabe 39 des Jahres 1976, auf gleich vier Seiten unter der Überschrift »Manifest der Freßwelle« rezensiert. Zwar lobt er die Ausstattung, da sei »schon das Papier als solches edel: Dick und glatt liegt es zwischen schweren Buchdeckeln, auf denen, aufwendig gedruckt, als Wappen zwei gekreuzte silberne Gabeln prangen: beinah ein Prachtband«. Auch gefallen ihm die Aufmachung – »Übersichtlichkeit wird durch noble Typographie und großzügigen Satzspiegel ersetzt« – und die »vorzüglichen« Rezepte (»Sein Kochen kennt die Entgleisung nicht«), doch ist er ansonsten von diesem »Geschenkband für gehobenere Schichten« wenig erbaut, rügt namentlich das »Rhapsodische« der siebeckschen Schilderungen (»dann weicht die Vernunft einer schwelgenden Suada«) und die Abschweifungen: »Berichte, die, sowohl nach ihrer Thematik als auch nach ihrem Erzählstil, in die Illustrierte gehören und zwischen zwei heraldisch-pompösen Buchdeckeln so fehl am Platz sind wie der subjektive Erlebnisbericht des Patienten im chirurgischen Lehrbuch.« Und überhaupt: »Das Essen, der einzige lebensnotwendige Vollzug, der sich, ideal gesehen, dem Geist als Genuß mitteilt, bedarf zu seiner Vermittlung einer souveränen Sachlichkeit, das Gewand des Witzes steht ihm schlecht.«

Siebeck ist es gleichgültig. Vier ganze Seiten in Augsteins »Sturmgeschütz der Demokratie«, dem mit Abstand wichtigsten meinungsbildenden Medium der Republik, entschädigen ihn für jede Krittelei. Was ihm und einer überschaubaren Gruppe Eingeweihter schon länger bewusst ist, hat er spätestens mit dieser quasi amtlichen Besprechung seines kulinarischen Erstlingswerks schwarz auf weiß: An ihm führt im besser essenden Deutschland fortan kein Weg mehr vorbei.

Er wird zum Vorturner, zur Leitfigur all derer, die sich am heimischen Herd an die Verfeinerung ihrer Fähigkeiten wie ihrer Zunge machen. Heerscharen von Hobbyköchen stürzen sich auf die »Kochschule« wie auf die Dutzende folgender Werke; schreibt er donnerstags in der ZEIT über La-Ratte-Kartoffeln, stürmen die Leute freitags die Märkte und Gemüseläden und stellen samstags den Herd an. Was Hildesheimer ablehnt, was die Anhänger von Oetkers Schulkochbuch verunsichert, es ist genau das, was Siebecks Anhänger lieben: Kochen als Erzählung, die Befreiung des Rezepts aus dem »Man-nehme-Korsett«.

Kochen vor Siebeck, so schreibt es Bert Gamerschlag im Stern, lief in Deutschland »nach Schlieffen-Plan« ab: »Die Zutaten marschierten in vorgeschriebener Menge und in festgelegter Zeit in die Pfanne, und Paris wurde nach 55 Minuten erobert. Melde gehorsamst, es ist angerichtet.« Dass Siebeck die Vorzüge der Niedrigtemperatur-Methode beschreibt, den Ingwer popularisiert, seine Leser ermuntert, Fisch nicht durchzubraten, sondern im Kern glasig zu lassen, als das noch als gewagt und exotisch gilt, all das ist für den Drei-Sterne-Koch Dieter Müller in der Rückschau ein Wunder. Ebenso die Aufforderung,

Pfeffer erst vor dem Gebrauch zu zerstoßen und keinesfalls zu mahlen: »Der geschmackliche Gewinn ist außerordentlich und lohnt in jedem Fall die Anschaffung eines Holzmörsers. Zur Not kann man die Pfefferkörner auch mit der flachen Klinge eines schweren Küchenmessers zerdrücken.« Dies zu einer Zeit, in der fades Pfefferpulver, aus dem seit dem Vormahlen längst alle ätherischen Öle entwichen sind, an der Tagesordnung ist!

Was am heimischen Herd gilt, gilt für die deutsche Gastronomie nicht minder. Seit spätestens Mitte der 70er-Jahre ist Wolfram Siebeck als Kolumnist der Wochenzeitung Die ZEIT und des neuen Magazins Der Feinschmecker die publizistische Zentralinstanz des Küchenwunders und seiner Weiterungen. Rein neigungsgetrieben und mit Gespür für die Marktlücke, ohne allzu viel Akquise-Anstrengungen (»Ich habe mich ja nie abgestrampelt oder antichambriert ...«), doch konsequent seine Rolle als kulinarischer Wegweiser und Pfadfinder der Republik ausbauend, kommt er der Nachfrage kaum hinterher.

Von der Rolle des allgemeinen Satirikers löst er sich so leicht und wehmutsfrei wie ein Jahrzehnt zuvor von der des Zeichners. Beide wird er zwar zeitlebens nie völlig aufgeben, aber er findet sich nahtlos in die neue Funktion und setzt Prioritäten. Als das so renommierte wie populäre Berliner Kabarett »Die Stachelschweine« von Wolfgang Gruner im Oktober 1974 anfragt, ob er nicht vielleicht Interesse hätte, »Szenen für das Programm ›Der dreißigjährige Frieden‹ zu schreiben« – man sei begeistert von seinen Glossen und Kurzgeschichten und werde finanziell »auf jeden Fall klarkommen« –, antwortet er, dankend für den schmeichelhaften Brief, möchten möge er schon, können könne er aber nicht: »Wenn ich morgens aufstehe und mir vorstelle, was ich in den nächsten zwölf Stunden alles zusammenschreiben muß, wird mir manchmal ganz flau. Noch eine weitere Verpflichtung dazu, und ich stehe erst gar nicht mehr auf.«

Was ihm dabei eingestandenermaßen Freude bereitet: Statt als ein Satiriker unter vielen politische und gesellschaftliche Umstände aufs Korn zu nehmen, ohne dass das jeweilige Ziel seiner Attacken davon nennenswert Notiz nähme, hat er nun ein deutlich übersichtlicheres Betätigungsfeld – und eine signifikant größere Wirkung. Sein Wort gewinnt Gewicht, sein Urteil Bedeutung. Während weder von Franz Josef Strauß noch von Ronald Reagan überliefert ist, die ihnen von Siebeck gewidmeten Spitzen hätten sie belastet, sind die Küchenchefs und Restaurateure, die vor seinen Besuchen und nach einer mehr oder minder scharfen Kritik schlaflose Nächte haben, zweifellos Legionen.

Sein Lob ist ebenso folgenreich. Im Münchner Le Gourmet wird ein Kuttelgericht, von Otto Koch aus Begeisterung für das Produkt auf die Karte gesetzt, zunächst »im Jahr viermal bestellt«. Nachdem der Innereien-Fan Siebeck darüber geschrieben hat, verkauft Koch laut eigener Schätzung pro Woche zehn

Kilo, »im Monat also 40 Kilo, im Jahr also 'ne halbe Tonne«. Ähnlich liegen die Dinge im Fall der Schalotte, die bis zu einer Folge von Siebeck-Texten in Deutschland schlicht nicht erhältlich ist und anschließend ins Standardsortiment eingeht. Im Februar 1985 erhält er den Dehoga-Ehrenpreis »Der goldene Becher« mit der Begründung, er habe »nachhaltig anregend« auf das deutsche Gastgewerbe gewirkt und sich »in hervorragender Weise« um dessen Ansehen in der Öffentlichkeit verdient gemacht«.

Vom Boulevard bis zur Kulturszene wird Siebecks Wirken beobachtet. Da schäumt die Bild-Zeitung: »Deutscher Eß-Kritiker beleidigt die Deutschen« (»Der muß seit 20 Jahren im Kühlschrank gelegen haben«, kontert Münchens bekannter Wirt Richard Süßmeier, während Edi Reinbold vom Franziskaner knapp urteilt: »Ein Schmarr'n!«). Die International Herald Tribune besucht Siebeck in den Achtzigern als »the high priest of modern German cuisine« in seinem »15th-century fortress looking over the broad Rhine Valley into Alsace« und berichtet über seinen Kreuzzug zur Änderung der deutschen Ernährungs-

gewohnheiten (»They write in and say, ›Our family has made its sauerkraut with goose fat for generations,‹ he said. ›I go on TV and tell them that they've made it badly for generations. That's why people hate me‹«).

Schon im Mai 1975 sind seine Texte so bekannt, dass der Schriftsteller Günter Herburger in Konkret im Rahmen seiner Vorschläge »Zur Verbesserung des Feuilletons« dichtet: »Einfach Wolfram Siebeck verbieten / über Essen zu schreiben und ihn / drei Tage mit Heftpflaster über den Mund / in die Bahnhofsgaststätte von Würzburg setzen / wo wir mitunter auch schlemmen.« Woraufhin Siebeck selbstverständlich umgehend nach Würzburg reist, um die Bahnhofsgaststätte mit ihrer Anmutung »wie der Tagesraum eines subventionsbedürftigen Jugendheims« einem gründlichen Test zu unterziehen – mit dem erwartbaren Ergebnis, »daß Günter Herburger nicht nur mit deutscher Zunge dichtet. Er ißt auch damit.« 1982 singt die Avantgarde-Popband Foyer des Arts von Max Goldt und Gerd Pasemann unter dem Titel »Wolfram Siebeck hat recht«:

»Hm, das ist wirklich sehr gut
und gar nicht mal teuer –
da kann man nicht meckern.
Und alles mit Crème fraîche!
Schmeckt geil, Mutti, was?
[...]
Das ist wirklich sehr gut,
und alles auch so reichlich.
Das gibt es ja heute kaum noch,
ja, das verschwindet langsam.
Ach, der Wolfram Siebeck
– der hat ja so recht.«

Noch 2002 reportiert die taz unter der Überschrift »Was macht eigentlich Wolfram Siebeck? Wurst beleidigen«, er habe zur Erregung des Berliner Volkszorns – angefacht auf dem regionalen Boulevard vom »Wurstfachblatt B. Z.« – Currywurst in der SFB-Abendschau als »Dreck« diffamiert, richte sich »als Autor und Benimmberater« aber ja ohnehin »lieber ans gehobene Publikum, das bereit ist, 50 Euro und mehr für ein Essen auszugeben. Wenn es bei ihm Erbsensuppe sein muss, dann bitte mit klein geschnittenen Hummerschwänzen.«

Das alles ist natürlich durch die Bank ganz nach Siebecks Geschmack. Seinem Selbstverständnis gemäß ist er vor allem Kritiker und damit auf der Seite seiner Leser, denen er ab Mitte der 70er-Jahre beste Empfehlungen und, wo nötig, deutliche Warnhinweise liefern will, schon um mögliche Unsicherheit und falschen Respekt angesichts der zu erwartenden Novitäten in den »Gourmettempeln« abzubauen. Folglich begegnet er dem Werk und Wirken der gemeinsam mit ihm und zu nicht geringem Teil auch durch ihn zu Ruhm gelangenden Herdheroen ohne jede voreilende Ehrerbietung und mit dem gelassenen Bewusstsein, im Zweifel in mindestens so vielen guten Lokalen gegessen zu haben wie der jeweilige Küchenchef, der neuerdings gern die Speisekarte unterzeichnet.

Dessen Leistung analysiert er von Anfang an ohne größere Skrupel, wie eine eindrucksvolle Sammlung von Tonbändern beweist, mit der er, teils von heftigem Schluckauf geplagt, seine Restaurantbesuche dokumentiert. Unter der Serviette versteckt zeichnen sie auf, was er mit seiner Frau, die stets im Hintergrund beipflichtend brummt, über das Essen austauscht. Das Ganze ist so ergiebig, dass der Deutschlandfunk Jahrzehnte später eine hochunterhaltsame Hörspielmontage daraus schneidet (»Die Wolfram-Siebeck-Tapes: Da gehen wir nicht mehr hin«): »Dazu gab es, und das war nun ganz besonders dämlich, eine Art von Chinakohl, in Streifen geschnitten und gedünstet.« Und weiter: »Um noch mal die Dummheit dieses Menschen zu dokumentieren: [...] Die Käseplatte war von erbärmlichster Auswahl und von schlechtester Qualität.«

Dass er sich die Frage »Muss das sein?« jedes Mal stelle, bevor er öffentlich vom Besuch eines Restaurants abrate, kann man ihm glauben. Oder auch nicht. Zu schwung- und lustvoll liest sich, was er da an Verrissen produziert, gerade wenn es in seinen Augen überschätzte Institutionen zu entlarven gilt. In der ZEIT Nr. 18 im April 1978 kriegt es das Pariser Maxim's zu spüren, das ihm aus seiner Sicht noch ein Rückspiel schuldet – zu groß war bei der ersten Begegnung ein knappes Jahrzehnt zuvor das Missverhältnis zwischen seiner eigenen Unkenntnis und dem Weltrenommee dieses Hauses. Damals, so sieht er es, hat er sich »aus der Schlinge« gezogen, indem er mehr oder weniger »alles gut fand, was Küche, Service und Ambiente des berühmten Jugendstillokals zu bieten hatten«. Nun, mit dem Wissen zahlloser Besuche von Top-Restaurants im Rücken, bietet die kurz zuvor erfolgte Herabstufung durch den Guide Michelin von drei auf nur noch zwei Sterne (man müsse »schon weit in die französische Geschichte zurückgehen, um einen vergleichbaren Verlust zu entdecken: Sedan; vielleicht Algerien«) den willkommenen Anlass für Siebecks Rückkehr in die Rue Royale. Er findet alles unverändert. Mit einem Unterschied: »Das begeisterte Staunen des Neulings war dem kritischen Blick des Kenners gewichen.«

Schon der Einstieg zeigt klar die Richtung an, in die es geht: »Sie müssen sich das so vorstellen: Sie nähern sich Paris von Osten, sagen wir auf der A 4, aus Richtung Reims kommend, und wenn Sie noch ungefähr 25 km von der Innenstadt entfernt sind, sehen Sie vor sich am Horizont eine Rauchwolke. Müllkippe, würden Sie normalerweise denken. Aber heute fällt Ihnen ein, daß auch eine angebrannte Erbensuppe ähnlichen Rauch verursachen könnte. Zehn Minuten später sind Sie an der Porte de Charenton, deren Name Sie an Marat erinnert, beziehungsweise an Peter Weiß, der damals das Stück mit dem wunderbar langen Titel geschrieben hat. Und diesmal riechen Sie ganz deutlich, daß da etwas angebrannt ist oder fault. Schließlich sehen Sie – Sie sind inzwischen in der Gegend des Hotel de Ville Teil einer Verkehrsstauung geworden und haben Zeit, die Trottoirs zu beobachten – Sie sehen einen Mann, dem ganz offensichtlich übel ist. Gewiß sieht er nicht aus, als habe er gerade mit Lady Diana Cooper geluncht; genau betrachtet, gleicht er eher einem Clochard als einem Bonvivant – und doch, und doch, der Zweifel ist geweckt: Könnte er nicht aus dem Maxim's kommen, der Unglückliche?«

Mit der etwas fadenscheinigen Hoffnungsbehauptung, »die Degradierung könnte bei den Maxim's-Köchen neuen Ehrgeiz geweckt haben«, betritt Siebeck das Lokal – entschieden selbstbewusster als beim ersten Mal. An der Garderobe erhält er »eine billige Pappmarke mit aufgemalter Zahl«, dann steht der Restaurantdirektor vor ihm: »Er wenigstens ist derselbe, dieser bekannte, ja berühmte Mensch, der seit Jahrzehnten die Prominenz empfängt, wie heißt er noch, ist auch egal, er kennt Sie nicht, also brauchen Sie seinen Namen auch nicht zu wissen.« Im Restaurant sind nur wenige Plätze besetzt, nach wie vor stehen Kellner im Frack »zwischen den Tischen herum und sich im Wege«, vor allem aber optisch in denkbar starkem Kontrast zu den Gästen (»25 Prozent Japaner«) in großkarierten Röhrenhosen über braunen Herrenschuhen. Ein Stehgeiger fiedelt »La Vie en Rose«.

Selbst der Weinservice gibt nicht viel Anlass zur Vorfreude: »Von Zeit zu Zeit hören Sie ein unterirdisches Rumpeln und Rumoren, begleitet von leichten Erschütterungen. Das ist nicht

Fernand Point, der sich im Grab herumdreht, weil hier an vielen Tischen Whisky als Aperitif getrunken wird. Es ist die Metro Nr. 8, die unter dem Keller des Maxim's durch den Pariser Untergrund donnert. Sie erinnern sich, daß Sie in dem Weinkapitel einer bekannten ›Kochschule‹ gelesen haben, ein Weinkeller sollte erschütterungsfrei sein. Hier aber bebt die Erde, und es scheint Folgen zu haben: der sommelier bringt zwei Flaschen an Ihren Tisch, und siehe da, es sind nicht die Sorten, die Sie mit ihm ausgehandelt haben! Die seien aus, sagt er und macht keinerlei Anstalten, sich in sein Schwert zu stürzen, wie das vor dreihundert Jahren sein Kollege Vatel in ähnlicher Situation für nötig hielt.«

Dass der Küchenchef aus Siebecks Sicht durchaus Anlass zu einer vergleichbaren Tat hätte, daran lässt die Beschreibung des folgenden Menüs wenig Zweifel. Der Salatteller zum Anfang, bestehend aus grünen Bohnen, Roter Bete, rohem Stangensellerie, Kartoffel- und Trüffelscheiben (»nach Alexandre Dumas benannt und Ihr Konto mit 60 Francs belastend«), ist »ziemlich lieblos angehäuft«, schmeckt aber nicht schlecht. Gleiches gilt für zwei leicht »matschige«, mit Hummer- und Muschelstücken gefüllte Pfannkuchen unter roter Hummersauce. Ein Frikassee von Seezungenfilets (»zu lang pochiert«) in einer mit Fischfond (»zu stark reduziert, klebrig«) verdünnten Beurre blanc kann ebenso wenig überzeugen wie der folgende Lammrücken zu 200 Francs (»könnte vom Rind stammen«), dessen Sauce (»braun, ohne weitere Kennzeichen«) ihn ebenso wenig retten kann wie die berühmten »Pommes Maxim's« (»warmgemachte Kartoffelchips!«). Die Tarte Tatin zum Dessert schließlich, »ein riesiges Stück warmer Apfelkuchen, ist mit viel zu dickem und viel zu hartem Karamel überkrustet, die Äpfel von der faden Sorte aus dem Supermarkt«.

Wahrscheinlich, so schließt Siebeck seinen Text, sei die Küche des Maxim's »kein bißchen schlechter geworden in den letzten Jahren. Aber andere, junge Nachwuchsköche geben sich mehr Mühe, haben einen neuen Stil kreiert und die Kochkunst erheblich verfeinert. Es sind Köche wie Alain Senderens (Archestrate), Gérard Vié (Trois Marches), Henri Faugeron (Faugeron) und bei uns die Keller, Lévy, Robertz, Witzigmann und noch viele andere (jawohl, viele!), bei denen man einfach besser ißt als im Maxim's.«

Den Patron der Auberge du Pont de Collonges in Lyon zählt er nicht dazu. Mag Paul Bocuse auch den klangvollsten Namen in der kulinarischen Welt besitzen – seit 1961 Meilleur Ouvrier de France, seit 1965 mit drei Michelin-Sternen ausgezeichnet, 1975

persönlich von Präsident Valéry Giscard d'Estaing im Élysée-Palast in die Ehrenlegion aufgenommen und vom Gault-Millau zum »Koch des Jahrhunderts« ernannt –, was er auf den Tisch bringt, rechtfertigt für Siebeck diesen Ruhm nicht. Im Feinschmecker vom Januar 1984 resümiert er nach dem Verzehr eines Bocuse-Menüs unbeeindruckt: »So wie er heute kocht, so muß es in den dreißiger Jahren geschmeckt haben: Riesige Portionen, Blätterteigtürme, Saucentümpel, Kalorienbomben.« Bocuses Paradegericht, die dem Präsidenten gewidmete »Soupe aux truffes V.G.E.«, ist eine salzige Banalität voll geschmackfreier Trüffeln, das Kalbsbries schlecht pariert, der soufflierte Steinbutt nach Fernand Point unkenntlich unter Beilagen verschüttet und das Bresse-Huhn enttäuschend fad. Alles in allem: »Wenn man die Stammgäste beobachtet, die die großen Portionen in sich hineinschaufeln wie in einer Fernfahrerkneipe, liegt der Schluß nahe: Als Wirt eines Les Routiers wäre Bocuse sicher der beste Kneipenwirt der Welt. So hat er nicht einmal das beste Restaurant Lyons.«

Auch diesseits des Rheins kennt Siebeck selbstverständlich kein Pardon. Hat er Eckart Witzigmann in dessen Anfangszeit stets gelobt und gefördert, lässt er ihn und seine Aubergine – immerhin das erste deutsche Restaurant mit drei Michelin-Sternen – 1987 im Feinschmecker zu einem mit der Zeichnung eines Boxrings illustrierten Restaurantvergleich über mehrere Menürunden gegen Heinz Winkler antreten, seinen Nachfolger im Tantris, wofür Siebeck je zweimal in beiden Häusern gegessen hat. Ergebnis: Winkler triumphiert, Witzigmann hängt geschlagen in den Seilen. Statt »erlesene Werke eines gereiften Meisters« serviert zu bekommen, schreibt Siebeck, habe er dessen Aubergine enttäuscht verlassen: »Viel zu vielen Gerichten (vor allem den Vorspeisen) fehlte die Besonderheit, die ich bei Witzigmann erwarte, die jedermann bei einem so hochdekorierten Küchenchef erwarten darf.«

Dass die abgewatschten Köche sich durch die Bank verkannt und ungerecht behandelt fühlen, versteht sich von selbst und wird von Siebeck in Kauf genommen. Er hat, zumindest in Deutschland, maßgeblich dazu beigetragen, dass sie aus dem Schattendasein in den Kellerküchen der Grandhotels ans Tageslicht und ins Blitzlichtgewitter aufgestiegen sind – also hat er auch keine Skrupel, den grellen Scheinwerfer seiner Kritik auf sie zu richten. Dass Witzigmann nach dem Artikel (»Fehlurteil!«) gut zwei Jahrzehnte nicht mehr mit ihm spricht, verkraftet er ebenso gelassen wie Köche, die ihm Hausverbot erteilen oder sich weigern, für ihn zu kochen, wie Josef Viehhauser, dessen Hamburger Le Canard er einige Jahre zuvor bescheinigt hatte: »Man sitzt eng, es fehlt an Luft, und unüberhörbar signalisiert eine klappernde Saloontür vor der Toilette, wie es um die Verdauung der Gäste steht.«

Der zweifach besternte Küchenchef Lothar Eiermann vom Wald- & Schlosshotel Friedrichsruhe wendet sich nach einer Siebeck-Kritik schriftlich mit allerlei Korrekturhinweisen an den Verfasser (»mir schwillt der Kamm«), ergänzt um den Hinweis, dem Gault & Millau gefalle sein Restaurant, und der schlichten Nachfrage: »Kann es sein, sehr geehrter Herr Siebeck, dass Sie ein Snob sind?« Exemplarisch Siebecks Antwort, freundlich grüßend: Ja, möglicherweise sei er ein Snob; schon andere hätten das vermutet. »Ich weiß allerdings nicht, was damit gemeint ist, und wenn es so wäre: was spielt das für eine Rolle? Was ich nicht sein dürfte bei meinem Beruf, wäre Vegetarier. Oder Antialkoholiker. Aber Snob, Atheist, Marathonläufer, Hobbygärtner, Buddhist – solange ich Essig von Zitrone unterscheiden kann, und noch einiges mehr, dürfte das egal sein. Ich verstehe natürlich nur zu gut, daß Sie mit meinem Text nicht einverstanden sind. Kein Gastronom ist es, dem nicht bescheinigt wird, daß er einzigartig kocht und sein Restaurant schöner ist als andere. Das kenne ich, das ist normal. Deshalb möchte ich auch nicht auf Einzelheiten Ihres freundlichen Briefes eingehen. Nur soviel: Durch Ihren Brief neugierig gemacht, habe ich im Gault Millau nachgelesen, aber die Formulierung ›ein wahnsinnig schickes Restaurant‹ nicht gefunden. Dafür fanden die Tester eine Trüffelsauce ›zu süß‹…«

Bocuse freilich lässt es nicht bei einem zivilisierten Briefwechsel bewenden. Rund ein Jahr, nachdem Siebeck sein Restaurant unter den Fernfahrerkneipen verortet hat, treffen die beiden bei einem Galadiner in Paris zufällig zusammen, wovon Siebeck am 1. März 1985 im ZEITmagazin – nicht ohne heroisches Tremolo – berichtet: »Im Gedränge der festlich gekleideten Gäste stand Bocuse plötzlich vor mir und schimpfte wie ein Rohrspatz auf mich ein. Da ich die Spatzensprache nicht verstehe, kann ich nicht sagen, ob er mich nur ein altes Arschloch nannte (ich wäre nicht der erste) oder den Lebenswandel meiner Mutter in Frage stellte.« Zeitzeugen bestätigen, dass Siebeck nicht übertreibt, wenn er ergänzt: »Ich dachte, der geht gleich mit Fäusten auf mich los.«

Fühlt sich Siebeck als Vorkoster seiner Leserinnen und Leser und ihr Lotse durch die Untiefen gastronomischer Angebote, so doch keinesfalls als ihr Vorturner oder gar Dienstleister. Er schreibt ihnen nicht nach dem Mund, sondern versalzt ihnen lieber die Suppe, wo er Brühwürfel und Anspruchslosigkeit wittert. Was er eigentlich permanent tut. Milder als mit den von ihm besprochenen Köchen verfährt er mit seiner Leserschaft jedenfalls nicht. Er ist kein Missionar, aber doch ein Wegweiser. Und gewiss kein Kuschelpädagoge – ohne Rücksicht auf Verluste. Und vor allem: auf sein Publikum.

Schon zu Beginn von Siebecks Laufbahn als Satire-Autor muss der Redakteur Pit Kortmann, zuständig für die Humorsparte zunächst bei der ZEIT, dann beim Stern, immer wieder den jeweiligen Chefredakteuren Paroli bieten, wenn sie mehr Verständlichkeit anmahnen – nach Siebecks Erinnerungen wollen insgesamt sieben von ihnen seine Kolumne aus dem Blatt streichen. Siebeck wiederum ist sich gewiss, gegen Ironie und Parodie seien »deutsche Leser ziemlich immun«, was aber zu ignorieren sei. Ein Vorsatz, an den er sich penibel hält. Je größer seine Anhängerschaft wird – und in den 70er-Jahren beginnt sie beträchtlich zu wachsen –, desto leichter fällt es ihm, Zudringlichkeiten der wechselnden Ressortleiter und Chefredakteure zu entgehen. Siebeck schreibt, wonach ihm ist, und er tut es in einer Art und Weise, die namentlich im Leserkreis der ZEIT – in den Siebzigern feuilletonistisches Zentralorgan des postreligiösen preußischen Bildungsbürgertums – zu allerlei Erregung Anlass gibt.

So zum Beispiel, wenn er in der Ausgabe vom 11. Juni 1976 eine Ballonfahrt schildert, zu der ihn der befreundete Maler und Grafiker Fritz Meckseper unter Zuhilfenahme einer Magnum 1971er Echézeaux der Domaine Dujac »überredet« habe. Siebeck lässt die ZEIT-Redaktion einen Ballon samt renommiertem Piloten chartern (sowie eine Cessna, in der ein Fotograf sitzt) und sorgt für angemessene Verpflegung: Otto Koch, als Patron des Münchner Le Gourmet einer der jungen Helden des deutschen Küchenwunders, liefert einen Picknickkorb – Spargelspitzen in Vinaigrette, Hummersalat mit Artischockenböden, getrüffelte Perlhuhnbrust, mit Kaviar gefüllte Kiebitzeier, in Nudelteig eingebackenes Lammbries mit Gänseleber, Mousse au Chocolat –, dazu mehrere Flaschen Champagner Krug Private Cuvée. Was für die eine Hälfte der Leserschaft nach der Verwirklichung eines Lebenstraums und für die andere nach dem Gipfel der Frivolität klingt, rundet Siebeck im provokant unspektakulär »Frühstück im Ballon« betitelten Erlebnisbericht ab, indem er den gesamten Ausflug als mittelschwere Zumutung beschreibt – der Korb zu klein, die Flughöhe zu schwindelerregend, die Perlhuhnbrust von einem feinen Sandfilm aus den Ballastsäcken des Ballons bedeckt. Nach der Landung hat er Schokoladenmousse auf der Hose und 24 Stunden Muskelkater. Es ist eine bedauerliche historische Tatsache, dass in Siebecks aktiver Schaffensperiode das Wort »Triggerpunkte« noch nicht geläufig ist. Dessen Sinngehalt hat er verinnerlicht wie nur wenige deutsche Journalisten in der zweiten Hälfte des 20. Jahrhunderts.

Kein Vorwurf wird Wolfram Siebeck im Laufe seiner Karriere häufiger gemacht als der von Dekadenz, unzeitgemäßem Luxus und Verschwendung, in ungezählten Interviews, Leserbriefen, Rezensionen, vom Beginn seines kulinarischen Schreibens bis zum letzten Text. Es überrascht ihn nicht, so kennt er seine Deutschen. Er selbst greift die Anklage bereits in seinem ersten einschlägigen Buch, der »Kochschule für Anspruchsvolle«, offensiv auf (»In Indien hungern Millionen, und Sie zelebrieren Kaviar!«), und noch 40 Jahre später, im letzten großen Gespräch mit der ZEIT, retourniert er als Achtzigjähriger ohne jeden Anflug von Selbstentschuldigung: »Das ist wieder der Hartz-IV-Vorwurf. Ich schreibe doch nicht für diese Leute. Für die bin ich ein Unfall. Wenn ich die Sportseite aufschlage, verstehe ich auch nichts.« Er empfindet das alles als »Pseudomoral«, wenn sich nach einer Polemik »gegen Scheibletten und andere Formen des Konfektionskäse« sofort Leser zu Wort melden, die seinen »unqualifizierten Unverschämtheiten die Notlage von Rentenempfängern« oder die »weltweite Hungersnot« entgegenhalten.

Im April 1987 entgegnet er einem Leser, der ihm vorwirft, für eine »exzentrische Minderheit« zu schreiben, statt sich in die

Lage von Menschen zu versetzen, die sich »absolut nicht mehr einschränken könnten, weil sie sich bereits jetzt mit dem absoluten Minimum zufrieden geben« müssten, und für die folglich an den Kauf von Qualitätslebensmitteln nicht zu denken sei, kühl die Frage, warum er bitteschön nicht für eine exzentrische Minderheit schreiben solle. Die sei zum einen »deutlich größer als die von Ihnen beschworene ›Masse‹ der am Hungertuch nagenden Bundesbürger« (»Wäre es anders, hätten wir nicht – nach der Schweiz – den höchsten Lebensstandard der Welt, und unsere Wahlergebnisse sähen anders aus«), und im Übrigen bitte er darum, seine Texte als einen »Spezialservice für einen großen Leserkreis, ähnlich den Berichterstattungen über so exzentrische Gebiete wie Sport, Mode und Literatur« zu betrachten: »Es kann nicht meine Aufgabe sein, auch noch das Problem der Arbeitslosigkeit, der Kinderbeihilfe und der Heizungskosten zu behandeln.«

So oft die Kritik kommt, so oft pariert er sie. Verstehen kann er sie nicht: »Vor dem Hintergrund des untergehenden römischen Reiches war Genuß dekadent; angesichts der Millionen Hungernden auf der Erde wird er unsozial genannt. Beide Bezeichnungen haben mit den wirklichen Ursachen für den Untergang bzw. den Hunger nichts, aber auch gar nichts zu tun. Daß man sie dennoch fast automatisch mit kulinarischem Genuß in Verbindung bringt, daß als Luxus bezeichnet wird, was nichts anderes ist als eine Verbesserung der kulinarischen Lebensqualität, diesen Umstand halte ich für ein bedenkliches Symptom unserer Gesellschaft. Eine Selbstbeschränkung auf das eben Ausreichende ist dort selbstverständlich, wo es um knapper werdende Rohstoffe geht. Beim Kulinarischen (›Hauptsache satt‹) ist sie weder moralisch, noch hat sie einen volkswirtschaftlichen Nutzen. Sie beweist lediglich unser Versagen vor dem Qualitätsanspruch.«

Also entschuldigt er sich nicht, sondern würzt nach. Auf dem Höhepunkt seines Feldzuges empfiehlt er in der dritten Folge seines ZEITmagazin-Sommerseminars des Jahres 1983 vom 15. Juli in provozierender Beiläufigkeit, Reis statt in Wasser doch einmal in Hühnerbrühe zu kochen. Notfalls aus tiefgefrorenem Suppenhuhn. Schockierte Siebeck-Jünger beruhigt er umgehend: Nach wie vor halte er Tiefkühlhühner für ungenießbar, doch eine Brühe herzustellen, die wiederum nur zum Reiskochen verwendet wird, das sei mit diesen »gerade noch« möglich. Und dann setzt er den finalen Schlag. Überdies seien sie sehr billig, sodass er sie nach dem Auskochen ohne Gewissensbisse wegwerfen könne, »zu mehr taugen sie nicht«.

Wozu das nach dem Auskochen entsorgte Gefriergeflügel sehr wohl taugt: als Initialzündung einer Leserbrieflut an die ZEIT, mit der sie ihre Seiten in der Folgewoche ohne Weiteres und ohne zusätzliche redaktionelle Inhalte hätte füllen können. Um »Solidarität mit den Hungernden auf unserer Welt« geht es den aufgebrachten Leserinnen und Lesern, Siebecks »Wegwerf-Mentalität« sei schlicht »eine Verhöhnung« sämtlicher armen Menschen des Erdenrunds, sein Reisrezept ein »Frevel!«. Der Briefschreiberin Margret Kortmann aus Osnabrück wird stellvertretend für zahllose andere »übel!«.

Siebeck nimmt den Handschuh entspannt auf und bleibt konsequent bei seiner Linie. Gut 20 Jahre später antwortet er in einem Interview mit der Süddeutschen Zeitung auf die Frage, ob er jemals Fastfood gegessen habe, unapaologetic, einmal habe er einen Hamburger essen sollen, das habe sich ein Fotograf ausgedacht: »Da habe ich einmal reingebissen und das Ding dann weggeschmissen.«

Spätestens mit seinem Münchner »Haxntrip« legt Wolfram Siebeck das solide Fundament seines späteren Erfolgs: die konsequente Aufteilung der Leserschaft in begeisterte Anhänger und mindestens so glühende Siebeck-Hasser. Während erstere vergnügt die vom Meister ebenso großzügig wie unterhaltsam verabreichten Backpfeifen goutieren, seinen Empfehlungen folgen und seine Sommerseminare nachkochen, begnügen sich zweitere keinesfalls damit, ihn zu ignorieren: Sie fiebern zu nicht geringen Teilen dem wöchentlichen Stein des Anstoßes im ZEITmagazin entgegen und revanchieren sich mit oft so empörten wie ausgefeilten Briefen. Den Verlag freut's – in Sachen Leser-Blatt-Bindung ist Siebeck von Anfang an unerreicht. Aktenordnerweise landen durch die Jahrzehnte Zuschriften im Pressehaus am Speersort, in denen die ZEIT-Chefredaktion aufgefordert wird, den »arroganten Schreiberling« auf die Straße zu setzen. Oft sollen die Verleger dem Elend ein Ende machen, manchmal auch höhere Instanzen, wenn gebarmt wird, Siebeck möge an einer Trüffel ersticken.

»Siebecks Arroganz und übersteigertes Selbstbewusstsein« wird ebenso kritisiert wie die Tatsache, dass er »Haut-Sauternes« falsch schreibe – er hat demnach »a) nie Französisch gelernt, b) nie dieses Etikett gesehen, c) nicht einmal das Weinlexikon von Rowohlt zu Hause«. Ein Leser aus 8399 Hotzenham 49 stört sich an Siebecks »Monokel-garniertem Prolet-Look« (»Für die Frittenbude mag's ja angehen«), eine Leserin aus Hallgarten am Rhein attestiert »ein Alkoholproblem«, und ein Allgemeinmediziner aus Albbruck fordert die Offenlegung des Gehalts dieses »Luxusschläfers« und »Feudalessers« sowie der Spesen seiner »luxuriösen Hobbies«; sein Schreiben an den Verlag will er gut sichtbar in seinem Wartezimmer auslegen. Werner B. aus Bamberg droht mit Kündigung seines ZEIT-Abonnements, »weil offensichtlich niemand aus der Redaktion Siebeck Einhalt gebieten will«, Michaela B. aus Aßling bei München fragt sich, wann »diese kaltherzige, zynische, rechthaberische, respektlose sowie intolerante Adenauer-Generation« denn nun »endlich aussterbe«, und Konrad B. aus Bremervörde bittet dringend darum, Siebeck für seine »dekadenten Gedanken« in Pension zu schicken, »damit weiterer Schaden von der Menschheit abgewendet wird«.

Konkreter ins Detail geht das Ernährungsstudio der Union Deutsche Lebensmittelwerke GmbH, Zweigniederlassung Hamburg-Bahrenfeld, mit der Frage, was Siebeck bitteschön »gegen eine gute Margarine einzuwenden« habe (»auch wir machen Tortencremes mit Margarine und sind bisher noch keineswegs tot umgefallen«), während die Bundesforschungsanstalt für Ernährung, Institut für Ernährungsphysiologie, in Person ihres Institutsleiters Prof. Dr. J. F. D. die Brigitte-Diät gegen eine siebecksche Philippika verteidigt. Der »Grafik-Designer« Hansjörg D. aus Icking hält Siebeck in alphabetischer Ordnung vor, welche Fülle von Salatsorten er pauschal verunglimpfe (»Batavia, Blattsalat, Brunnenkresse, Eichenblatt, Eissalat, Endivien, Feldsalat, Frisée, Kopfsalat, Löwenzahn, Radicchio, Rucola«) und zweifelt grundsätzlich seine Kompetenz für dieses Thema an – »genausogut könnte man einen Hindu über die Zubereitung von Tafelspitz, einen Moslem über Schweinelendchen oder einen Eunuchen über Reizwäsche referieren lassen«. Er schließt mit dem Wunsch, Siebeck möge gelegentlich auf dem Viktualienmarkt »eine ganze Steige Mesclun« übers gepflegte, wenngleich spärliche Haupthaar gekippt werden – »manchmal nützen Vitamine auch äußerlich«.

Max S. geißelt Siebecks Plädoyers für den Verzehr »diverser Tierhoden, Stutenmilch und Innereien in diversen Wiener Genusstempeln« und kann sich überhaupt »des Eindrucks nicht erwehren, dass in einer Überflussgesellschaft manche Tätigkeiten wie z. B. die Nahrungsaufnahme aus ihrem ursprünglich sinnhaften und lebenserhaltenden Kontext gerissen werden und zum Selbstzweck verkommen«. Gerrit W. aus Greven wünscht Siebeck zum Restauranttesten auf den Mars (»Der Mond ist leider schon zu rückkehrsicher«), Richard H. schließlich fasst sich kürzer: Für ihn ist die Siebeck-Kolumne »was den alten Römern die Gänsefeder: ein absolutes Brechmittel!!!«.

Marion Gräfin Dönhoff, seit 1946 bei der ZEIT, als deren Herausgeberin moralische Instanz und als gebürtige Ostpreußin hedonistischer Ausschweifungen eher unverdächtig, leitet im Juli 1982 ein besonders derbes Schreiben »herzlich grüßend« mit einer persönlichen Note an den »lieben Herrn Siebeck« weiter: »Wenn dieser Leser nicht eigens darum gebeten hätte, diesen Brief an Sie weiterzugeben, würde ich ihn in den Papierkorb tun. So kann ich nur die Bitte anfügen: Ärgern Sie sich nicht, ich bekomme viele solcher Briefe!« Die Sorge der Gräfin ist unnötig. Siebeck fühlt sich durch »lebhafte« Äußerungen der Verärgerung vielmehr bestätigt, »je häufiger und je detaillierter« er »die kulinarischen Zustände in Westdeutschland« beschreibt: »Ich gebe zu, daß ich diese Wut mit Genugtuung registriere. Wenn die sich getroffen fühlen, weiß ich, daß ich gut gezielt habe.« Leserbriefschreibende »Gänseleber-Gegnerinnen« – »und ihre ebenfalls wütenden Freundinnen« – in Empörung zu versetzen, ist ihm dauernder Ansporn.

Manche Anwürfe greift er mit spürbarem Behagen in seinen Kolumnen auf. So retourniert er beispielsweise auf ein Schreiben aus Gönnersdorf vom März 1993, dessen Autor die Ahnungslosigkeit zum Thema Curry beklagt, das Siebeck offensichtlich nur als »Fertigprodukt kenne, wie es an jeder Pommes-Bude verwendet« werde: »Ich habe einen treuen Leser, der ist in Marokko groß geworden. Jedes Mal, wenn ich das Wort Cou-

cous schreibe, meldet er sich zu Wort, um mir zu sagen, daß dieser Hirsebrei erstens kein Brei, zweitens die Hirse keine richtige Hirse ...undsoweiter. Der Mann hat zweifellos recht. Eine Leserin wiederum, die längere Zeit im Orient gelebt hat, weist mir regelmäßig meine ungenügende Kenntnis der orientalischen Küche nach, wenn ich darüber eine Bemerkung mache. Es gibt noch weitere Spezialisten, die mir jedesmal schreiben, wenn ich wichtige oder unwichtige Details ihres Spezialgebiets auslasse oder unkorrekt wiedergebe. Ich gestehe, daß ich nicht alles weiß. Ich war nie in Indien, Arabien und Marokko. Sogar die französische Küche, die ich gut zu kennen glaube, interpretiere ich manchmal nicht buchstabengetreu. Ich bitte Sie also, mir zu verzeihen, daß ich Midnight's Children nicht gelesen habe und über Curry nur so viel schreibe, wie eine deutsche Hausfrau, die ohnehin Petersilie vorzieht, vom Curry wissen möchte.«

Wer in Siebeck einen moralfreien, abgehobenen, sozial unsensiblen Elitisten sehen will, dem bietet er lustvoll Anlass: »Ich bin elitär! Manche sagen ja auch, ich sei arrogant. Ich bin arrogant!« Wer ihm zugesteht, durch seine Provokationen zum Nachdenken anzuregen – auf dem Weg zu einer gesellschaftlichen Veränderung mittels der eigenen Ernährung –, dem fällt anderes in seinen Texten auf. Was Siebeck freilich wiederum nicht zu ungeteilter Zustimmung verhilft, wenn er beispielsweise 1998 gegen den Forscherdrang von Genetikern auf dem Feld der Nahrungsmittel polemisiert, der schon bei den Tomaten – 1994 wurde die Flavr-Savr-Tomate als erstes gentechnisch verändertes Nahrungsmittel offiziell in den USA zugelassen und verkauft – geschmackliche Uniformität bewirkt habe, und mit bemerkenswerter Wissenschaftsskepsis abschließend erklärt, der »erste Schritt auf dem Mond« sei ohnehin »nichts« im Vergleich zu dem ersten Versuch, eine Poularde zu trüffeln.

»Man merkt Ihren Texten an, dass Sie nicht wissen, was ein Gen ist, und deshalb auch nicht verstehen, was Gene mit Geschmack zu tun haben«, erklärt ihm daraufhin die Genforscherin und Nobelpreisträgerin Christiane Nüsslein-Volhard in einem offenen Brief im Wissenschaftsteil der ZEIT und schließt – nach längeren fachlichen Ausführungen im Ton einer Erklärsendung im Kinderprogramm (»Gut für den Feinschmecker, schlecht für die Pflanze«) – mit einem Stoßseufzer: »Ich kann ja auch nicht auf einem Raum, den Ihr Weihnachtsmenü einnehmen wird, den ganzen Biologieunterricht nachholen, den Sie nicht gehabt oder geschwänzt haben.« Siebeck ist naturgemäß begeistert und pariert vier Wochen später: Wer da glaube, »er müsse einer Karotte die Saftigkeit einer Orange, die Glätte des Spargels und die Haltbarkeit einer Salami anhexen«, sei anmaßend.

Die vermeintliche Optimierung der Nahrungsmittel ist ihm da schon längst ein Dorn im Auge. Bereits 1976 hat er – drei Jahre, bevor sich die Grünen als Wählergruppe »Sonstige Politische Vereinigung« gründen – die Frage der Lebensmittelerzeugung wie des Fleischkonsums offensiv aufgegriffen und beklagt, der »Begriff des Natürlichen« lasse sich sowieso kaum noch mit »unseren Nahrungsmitteln« verbinden. So scheide zum Beispiel Kalbfleisch für »sensible Zeitgenossen« aus: »Damit ihr Fleisch schön weiß wird, werden die jungen Tiere unter Bedingungen hochgepäppelt, die von natürlicher Aufzucht so weit entfernt sind wie das Leben eines Schoßhundes von dem eines Wolfes.«

Hühner – »von Geflügelfarmen zu Zigtausenden hochgepäppelt und tiefgefroren« – seien zwar billig, hätten durch ihre »wissenschaftlich kontrollierte Aufzucht in den Hühnerfabriken« jedoch jede Natürlichkeit verloren: »Heute schmecken Hühner im besten Fall nach gar nichts, oft genug aber nach Fisch. Das liegt am Futter. Sogar der kleine Bauer kauft sein präpariertes Hühnerfutter heute säckeweise auf dem Großmarkt für die Landwirtschaft.« Und überhaupt: Was da in Münchner Wirtshäusern an die Menschheit verfüttert werde, sei hormongepäppelt und mit derart vielen Pharmazeutika gemästet, dass es eigentlich »apothekenpflichtig« sein müsste.

Mit den heimischen Fischen sei es nicht wesentlich anders. Die »Forelle blau« sei zwar ein dem Sauerkraut vergleichbarer nationaler Mythos, ihr Ruf stamme allerdings aus einer Zeit, »als sich Wein noch auf Rhein reimte und wir einerseits an ungesüßte, naturreine Kreszenzen dachten, andererseits an einen sauberen Fluß, in dem sich leckere Fische tummeln«. Heute denke man beim Wort Forelle an Zuchtbassins, »in denen die Fische ähnliche Lebensbedingungen vorfinden wie die Hennen in den Hühnerfarmen. Denn was dem Normalkonsumenten als Forelle angeboten wird, sind ausnahmslos Zuchtforellen, und eher schmeckt heute ein Huhn nach Fisch, als daß eine Forelle so schmeckt, wie Forellen schmecken können, wenn sie in einem sauberen Gebirgsbach großgeworden sind.«

Für Siebeck ist und bleibt die Lage einfach: Statt höherer Moral braucht es besseren Geschmack. »Sie kriegen aus einer Fabrik eben keine anständigen Poularden«, erklärt er kurz nach der Jahrtausendwende in einem Interview mit der Welt am Sonntag: »Wenn Sie Qualität wollen, müssen Sie Tiere kaufen, die frei gehalten werden. Und das ist dann wieder ökologisch!«

15.
Prinzipien

Laut Vincent Klink, Küchenchef der Stuttgarter Wielandshöhe und begnadeter Gastrosoph, sind die Verhältnisse, unter denen ein »ehrgeiziger Koch« in den 70er- und 80er-Jahren in Deutschland seinen Beruf ausübt, vergleichsweise übersichtlich: »Entweder man kochte, was dem Siebeck schmeckte, oder man schulte besser auf Schreiner oder Schlosser um.« Siebeck »definierte die kulinarische Messlatte«. Nur, was bedeutete das? Wie soll sie sein, die gute Küche, die Siebeck gefällt? Auch diese Frage ist leicht zu beantworten: französisch.

Ob er in einem seiner ersten Texte 1974 – sei es aus Überzeugung, sei es mangels Erfahrung – in der deutschen gastronomischen Landschaft nur für wirklich satisfaktionsfähig erklärt, was dem Guide Michelin zwei Sterne wert ist (Erbprinz in Ettlingen, Stahlbad in Baden-Baden, Zum Ritter in Durlach, Maitre in Berlin, Walliser Stuben in Düsseldorf, Goldener Pflug in Köln und Tantris in München), oder gut 30 Jahre später auf die Frage der Stuttgarter Nachrichten »Wo in Europa schmeckt es am besten?« antwortet: »Wahrscheinlich immer noch in Paris« – es ist nicht falsch, was Wolfgang Hildesheimer in seiner Spiegel-Besprechung der »Kochschule für Anspruchsvolle« süffisant anmerkt: Siebeck sei, woraus er gar kein Geheimnis mache, »der französischen Küche verhaftet, wenn nicht gar über Gebühr verfallen«. In diesem »Beharren auf seiner gastronomischen Wahlheimat« erkennt Hildesheimer freilich hinter der persönlichen Neigung ein Stilmittel und eine didaktische Absicht. Siebeck will vermitteln, was ihm selbst die größte Freude bereitet. Im Kern geht das zurück auf Fernand Point, diesen »dicksten und bedeutendsten Koch des Jahrhunderts«, bei dessen Schülern er die verfeinerte Küche zuerst kennengelernt hat und dessen Maximen er nie infrage stellt.

Point, Vater der modernen französischen Küche, 1897 in Louhans (Saône-et-Loire) als Sohn eines Gastwirts zur Welt gekommen und früh durch die bürgerliche französische Kochkunst geprägt, übernimmt 1922 das elterliche Restaurant La Pyramide in Vienne. Inspiriert von der klassischen Tradition, aber geleitet von einer kompromisslosen Orientierung am Produkt, macht er es in den 30er-Jahren zu einem der führenden Häuser Frankreichs (und zu einem der ersten dreifach besternten außerhalb von Paris), indem er einen eigenen Stil jenseits der Orthodoxie eines Auguste Escoffier entwickelt. Statt auf schwere Saucen, für die Grand-Hotellerie standardisierte opulente Garnituren und dogmatische Menüfolgen setzt Point auf leichtere Fonds, klarere Aromen, akkuratere Garzeiten, auf Spontaneität am Herd, formal einfache Abläufe bei höchster handwerklicher Präzision, auf Harmonie, geschmackliche Konzentration und Tiefe sowie vor allem auf größtmögliche Sorgfalt beim Einkauf und kompromisslose Frische saisonaler Zutaten. Ihm verdankt die Haute Cuisine den Abschied von der Mehlschwitze, von uneleganten Sättigungsbeilagen aller Art, die endgültige Hinwendung zu Butter in Bergen und Sahne in Strömen, gemäß Points berühmtem Schlachtruf »Du beurre, du beurre, du beurre!«

All das lernt Siebeck 1967 beim Point-Schüler Pierre Gaertner in Ammerschwihr kennen, unter anachronistischen Bedingungen, die bis zurück an die Wurzeln der Haute Cuisine führen: »Heiß ist es, es zischt, spritzt und brodelt, aus dem riesigen Kohleherd in der Mitte des Raumes schlagen Flammen zur Decke, wenn die Lehrlinge Kohle nachschaufeln, die Kasserollen und Töpfe aus reinem Kupfer sind alt und zerbeult.« Aus all dem ergibt sich ein Maßstab, den er an die Köche wie an seine Leser anlegt. Hier wie dort steht an der Spitze seiner Glaubenssätze als »erste und wichtigste Regel für gute Küche«, ohne erstklassige Zutaten sei alle Mühe vergeblich: »Niemand kann uns in der Gewissheit übertreffen, dass nur die richtigen Produkte das Glück des Kochens ausmachen.« Aus dem Axiom »Das Beste ist gerade gut genug« folgt zwingend der Schluss: »Gute Küche muss teuer sein.«

Einige seiner Kochbücher schreibt Siebeck im Haus des befreundeten Verlegers Günter Holland am Boulevard de Calypso von Les Issambres zwischen Fréjus und Sainte-Maxime mit hinreißendem Blick von der Terrasse aufs Mittelmeer. Dort verbringt er in den 80er-Jahren immer wieder die stillen Wintermonate, um den miserablen Einkaufsmöglichkeiten in Deutschland zu entgehen – dem Fisch der Nordsee-Filialen an seinem badischen Wohnsitz, den Sonderangeboten an der Fleischtheke des örtlichen Supermarkts –, während die Märkte von Saint-Raphaël, Nizza und Cannes ihm alles in höchster Qualität und Frische bieten, was er für seine Rezepte braucht.

In denen geht es dann wesentlich darum, den Charakter des so kostspielig wie aufwendig beschafften Hauptdarstellers auf dem Teller möglichst unverfälscht zum Strahlen zu bringen. Was für Siebeck einen guten Koch auszeichnet, ist die Fähigkeit zum Abschmecken. Ein »routinierter Berufsesser« registriere dieses Talent des Küchenchefs »schon beim ersten Gang, der zweite bestärkt ihn meistens in seiner Vermutung«. Sind erstklassige

Produkte und ein geschmackssensibler Koch beisammen, muss dieser noch eine gefährliche Klippe auf dem Weg zur Vollendung umschiffen: den Hang zu kreativen, zu pseudokreativen Gelüsten, kunstvollen Konstrukten, eitlen Dekorationen, Effekten, L'art pour l'art aller Art. Klink: »Mit dem schönen Augenschein, mit Tellertätowierungen oder wilden Aromenkontrasten konnte kein Koch seinen Gaumen zum Schwingen bringen.« Noch 2006 grollt Siebeck in der Süddeutschen: »Bei uns bauen die Köche immer noch Türme auf, da wird jeder Konditor blass! Das kann man ins Museum stellen. Was für ein Schwachsinn!«

Überhaupt ist er der Ansicht, das populäre Mantra »Das Auge isst mit« sei schuld an Abseitigkeiten und einem »bunten Firlefanz« wie Ananasscheiben und Sauerkirschen, die vermeintlich dekorativ auf Tellergerichten thronten. Einmal mehr zitiert er Pierre Gaertner: Wer glaube, so etwas gehöre zur guten Küche, der solle »seine Zunge nur noch zum Briefmarkenlecken nutzen«. Wie revolutionär, wie grundstürzend diese Art von Konzentration ist, zeigt beispielhaft ein Vergleich mit dem, was noch 1974 die Schweizer Stuben in Wertheim, eines der ambitioniertesten deutschen Restaurants dieser Zeit, als Riz »Colonial« zu 25 Mark dem Feinschmecker andienen: »Eine Reispfanne mit kleinen Filets, mit Suprême vom Huhn, Hummerkrabben, Kalbsgeschnetzeltem, Seezungenfilets und Crevetten. Verschiedene Früchte, Curry-Rahmsauce.«

So lästig wie solche Tellerkirmes sind Siebeck Showeffekte am Tisch, all die ablenkenden Einlagen, mit denen die »vornehmen« Restaurants der Siebziger und Achtziger ihrer so ahnungslosen wie statusbewussten Kundschaft die Berechtigung ihrer Kalkulation plausibel zu machen trachten. Belustigt erinnert er sich in seiner »Kochschule«, wie einmal »am Nebentisch drei Kellner auftraten, um eine einzige Portion Kaviar zu servieren.

Einer trug das teure Zeug auf einem illuminierten Eisberg, der an den Untergang der ›Titanic‹ denken ließ; ein anderer legte dem Gast heiße, Blinis genannte Buchweizenpfannkuchen auf den Teller, häufte Kaviar darauf, und der dritte übergoß das Ganze mit saurer Sahne.«

Aus derselben Abteilung stammt die Mitte der Siebziger als letzter Schrei ambitionierter Servicekultur besonders angesagte Kunst des Flambierens am Tisch. Es beschränkt sich nicht auf Crêpes Suzette, bei denen die À-la-minute-Zubereitung noch einen gewissen Sinn haben mag, auch sonst wird unter Inkaufnahme erheblicher Brandgefahr für die bleibend gerafften Vorhänge flambiert, was das Kühlhaus hergibt, in den Schweizer Stuben beispielsweise mit »auserlesenen Spirituosen das Beste von Rind, Kalb und Krustentieren« (dazu nach Wahl »Mandelbällchen, Rösti oder Trockenreis«): Langostinos »Jamaika« mit Lemon-Hart-Rum, Kalbslende »Château Chillon« mit Armagnac, Filet de bœuf »Madagaskar« mit Cognac Rémy Martin oder »Stroganoff« mit Wodka Moskovskaya.

Siebeck notiert süffisant, in letzter Zeit häuften sich die Fälle von Selbstverbrennung auf dem Feld der Spitzengastronomie: »Kein Abend vergeht, an dem nicht in einem Restaurant Flammen aus einer Kupferpfanne zur Decke schlagen, kein Abend, an dem nicht Fleisch, Fisch oder Obst auch im Privathaushalt mutwillig gebrandschatzt werden.« Diese Mode, vermutet er, hätten geschäftstüchtige Köche in die Welt gesetzt, um mittels der »Zündelei« die Preise zu erhöhen. »Seitdem schütten Köche und Kellner hochprozentigen Schnaps in heiße Pfannen und die Gäste verdrehen erwartungsvoll die Hälse. Wenn der Treibsatz dann gezündet wird, bricht die Tischrunde in beifälliges Gemurmel aus: Nicht nur sieht man selber, wofür man so viel Geld bezahlt, auch an den Nachbartischen bleibt die eindrucksvolle

Brandstiftung nicht unbemerkt. Und damit ist der Zweck des Flambierens erreicht. Es gleicht den Chromleisten an unseren Autos – schön anzusehen, aber nutzlos.« Dass er von solchen Zierleisten für den heimischen Tisch abrät, versteht sich, wie er sowieso entschieden dagegen ist, »zu Hause die Haute Cuisine nachzuahmen, das Bürgerliche passt da viel besser«.

Vor allem aber rät er, sich auf die Vervollkommnung der küchentechnischen Fähigkeiten zu konzentrieren. Bereits in seinen Betrachtungen aus Ammerschwihr beschreibt er das Erweckungserlebnis, Gaertner beim Zwiebelschneiden zu beobachten: »Ich bekam eine erste Vorstellung davon, worin eines der Geheimnisse guter Küche besteht: aus perfekter Beherrschung auch der einfachsten Dinge.« In ihr liegt neben der Produktauswahl die zweite Grundvoraussetzung für gelebte Kultur, nicht nur in der Küche. Für ihn ist klar, dass der Begriff »Handwerker« in der mechanisierten Welt ohnehin höchstes Ansehen genießen sollte: »Und zwar nicht, weil die besten Produkte der Geigenbauer, Kunsttischler, Goldschmiede, Keramiker und anderer Handwerker in den Museen stehen und Rekordpreise erzielen, sondern weil unsere Warenwelt dabei ist, ohne Handwerker als Monokultur der Billigkonfektion zu enden.«

Auch beim Thema Butter und Sahne bleibt er unbeirrbar, allen Diätwellen und Schlankheitsmoden zum Trotz. Wobei er erneut ausdrücklich auf erstklassige, idealerweise französische Produkte besteht: »Wenn Margarinehersteller voll Stolz auf die Tatsache verweisen, daß man mit geschlossenen Augen ihre Margarine von deutscher Markenbutter nicht unterscheiden könne, so spricht das allein gegen unsere Butter.«

Sorgfalt und Aufwand, darin liegt für Wolfram Siebeck schon das ganze Geheimnis: »Gute Küche ist einfache Küche.« In einem Stern-Artikel zum 80. Geburtstag fasst Bert Gamerschlag den Siebeck-Katechismus im Stile religiöser Verkündigungen (deren Charakter seine Anweisungen für nicht wenige seiner Jünger ja tatsächlich besitzen) knapp zusammen: »Nicht mit Wasser, mit Wein sollst du kochen. Nicht mit Margarine, mit Butter sollst du braten. Nicht das Schwein, das Lamm sollst du anbeten. Die Mehlschwitze ist ein Abscheu vor dem Herrn – du sollst deine Saucen durch Einkochen sämig machen. Du sollst mit Sahne und mit Creme fraîche arbeiten, auf dass es dir wohlergehe.«

Kulinarischen Moden begegnet Siebeck vor diesem Hintergrund zeitlebens mit äußerster Skepsis. Zum einen müsse er »nicht ständig irgendwelche Neuigkeiten essen«. Zum anderen nerven ihn von Anfang an kulinarische Experimente als Ausdruck »krampfhafter Originalitätssucht«, die sich überall äußere, »wo es an Vertrauen in die eigenen Fähigkeiten mangelt, die Möglichkeiten der feinen Küche optimal auszunutzen«. 30 Jahre später antwortet er auf die Interview-Frage, wo in Europa im Jahr 2007 am interessantesten gekocht werde, kühl: »Nicht das interessante Kochen ist wichtig, sondern das gute.«

Interessant – jedenfalls in Teilaspekten – findet er die Nouvelle Cuisine, jenen hypergehypten Modetrend der französischen Gourmetküche der 70er-Jahre. Erfunden hat sie Michel Guérard in Eugénie-les-Bains mit der funktionalen Argumentation, dass Menschen, die körperlich nicht schwer arbeiten, auch eine leichtere Kost benötigten als die französische Haute Cuisine mit ihren Gänseleberterrinen und mayonnaisigen Salaten, mit ihren samtigen Beurres blancs und rahmigen Morchelcremesaucen zur gebratenen Poularde. Siebeck lernt den neuen Trend Anfang der Siebziger bei François Minot im La Côte d'Or in Saulieu kennen, als der Kellner ihm einen Lachs mit Sauerampfersauce serviert, so knapp gegart, dass er an der Gräte noch rosa auf den Tisch kommt.

Diese medial enorm erfolgreiche, hochmoderne »Neue Küche« mit ihrem Fokus auf Frische, schonende Zubereitung, kurze Garzeiten, klare Aromen, kleine Portionen, saisonale Zutaten und eine kreative Präsentation sieht Siebeck zunächst einmal als eine »aufsehenerregende Art, leicht und mager und trotzdem delikat« zu kochen, »eine leicht verdauliche, fettarme Küche«, aber »jenseits der Kalorienhysterie der Diätisten« angesiedelt. Bei genauer Betrachtung empfindet er sie jedoch »in den meisten Fällen« als »indirekte Preiserhöhung«, zumal mit der Quantität auch der Aufwand geschrumpft ist, zum Beispiel durch den Verzicht auf aufwendige Garnituren wie mit Gänseleber gefüllte Artischockenböden, Blätterteigschiffchen mit getrüffelten Farcen, sahnige Pürees ...

In seiner »Kochschule für Anspruchsvolle« lässt Siebeck die Nouvelle Cuisine beiseite. Sie sei in Deutschland schlicht nicht praktikabel: Da sie fast vollständig auf Butter, Eier und Sahne verzichte, sei für ihre Umsetzung auf vertretbarem Niveau die Qualität der Ausgangsprodukte derart ausschlaggebend, »daß die Realisierung dieses neuen Kochstils bei unserem Markt-

angebot vorläufig noch ein Kunststück wäre«. Außerdem hat er seine Initiation in die gehobene Küche – anders als viele deutsche »Feinschmecker« der Siebziger – eben vor Einsetzen der Nouvelle Cuisine erlebt; »der Wohlgeschmack, den Butter, Eier und Sahne einer Speise mitgeben«, ist für ihn folglich »durch nichts zu ersetzen«.

So schmerzt es ihn kaum, 1979 als einer der Ersten das Ende des Trends zu konstatieren, der aus seiner Sicht immer artifiziell gewesen ist. Sein ZEIT-Artikel »Es lebe die neue Deftigkeit!« führt zu allerlei Aufregung unter den Fortschrittsgläubigen am Herd und ihren publizistischen Apologeten. Klaus Besser bemüht sich schulmeisterlich, Siebeck vom Gegenteil zu überzeugen, und bringt in seinem Gourmet Journal die beiden französischen Starkritiker Henri Gault und Christian Millau, die den Begriff Nouvelle Cuisine geprägt haben, gegen ihn in Stellung. Es hilft nichts, Siebeck behält recht. Was man auch daran erkennt, dass sich umgehend der ungeschlagene Großmeister der gastronomischen Zeitgeist-Witterer an die Spitze der Bewegung setzt – nun in entgegengesetzte Richtung: Mit erneut größtmöglicher medialer Wucht schlägt Paul Bocuse in seiner Auberge du Pont de Collonges fortan lustvoll Butter- und Sahneschlachten, dass es einem Exorzismus jeder Leichtigkeit in der neuen Küche nahekommt. Was ihm später den siebeckschen Rüffel einbringt, für Holzfäller und Lastwagenfahrer zu kochen.

Deutlich schlüssiger findet Siebeck den Trend späterer Jahre, Verfeinerung und Originalität auf die verschiedenen Regionalküchen zu übertragen, also nicht um einen festgelegten Luxuskanon zu kreisen – Hummer, Taube, Steinbutt, Rehrücken ... –, sondern gezielt aus einem Loire-Zander, einem provenzalischen Lammrücken oder einem bretonischen Rochen das Beste herauszuholen. Sein Ideal ist in diesem Sinne Paul Haeberlin, der im Elsass Regionalia perfektioniert, wenn er aus Froschschenkeln eine schaumige Mousseline de grenouilles mit Rieslingsauce macht, aus dem klassischen Fischeintopf Matelote eine filigrane Delikatesse oder aus einem pochierten Weinbergpfirsich eine Ikone der französischen Kochkunstgeschichte, die in deren Pantheon einem Lièvre royale, einem Homard Thermidor oder einem Soufflé au chocolat in nichts nachsteht.

Reinhard Gerer, den Küchenchef des Wiener Korso im Hotel Bristol, schätzt Siebeck ebenfalls als »wahrhaft modernen Koch« für einen solchen Spagat – »hier die raffinierte Hochküche, dort seine sensible Art, mit der er regionale Deftigkeiten in Delikatessen verwandelte«. Adolph Frey im badischen Denzlingen widmet er die Zeilen, bei ihm finde man eine »Alternative zur Etepetete-Küche, ohne dafür das Territorium der Gourmandise verlassen zu müssen«; sein Rebstock befriedige die Sehnsucht der Gäste nach Schlichtheit und Übersichtlichkeit, indem er alles vermeide, was Schwellenangst oder Langeweile verursachen könnte: »Dies ist die Küche von gestern und wird auch die Küche von morgen sein.«

Obwohl er manche molekularen und anderen Experimente im Alter mit Interesse betrachtet, bleibt für Wolfram Siebeck immer völlig klar: »Überleben und sich auf die Dauer behaupten wird nur eine Küche, deren Produkte wir kauen müssen und die noch 50 Prozent köstlicher schmecken, wenn man dazu eine Flasche Wein trinkt. Unsere diesbezüglichen Erwartungen wurden durch die Jahrtausende geprägt, in denen der Mensch nichts anderes im Kopf hatte, als Nahrungsmittel zu finden, sie seinem Organismus anzupassen und für seinen Geschmack zu verbessern. Es war ein Prozess, der das Lebensnotwendige mit dem Zusätzlichen verband. Das Zusätzliche entwickelte sich im Lauf der Zeiten zu unserer Kultur.«

16.
Adorno mit dem Schneebesen

Was über die Essgewohnheiten von Theodor W. Adorno bekannt ist, dem maßgeblichen Philosophen der Kritischen Theorie, radikalen Analytiker der Kulturindustrie und unerbittlichen Gegner falscher Versöhnung, rechtfertigt es ebenso wenig, ihn in die Nähe Wolfram Siebecks zu rücken, wie das umgekehrt die Tiefe von Siebecks philosophischen Gedanken tut. Was die beiden im Abstand von 25 Jahren Geborenen – Adorno 1903, Siebeck 1928 – verbindet, ist eine kompromisslose Form von Kulturkritik, die vom Einzelnen ausgeht und auf das Ganze zielt. Beide misstrauen der Beruhigungskraft des Durchschnitts, verachten die Standardisierung des Geschmacks, polemisieren gegen industrielle Verwertung und bestehen darauf, dass Qualität keinem Mehrheitsentscheid unterliegt. Wie Adorno in Musik und Theorie, so verteidigt Siebeck in Küche und Restaurant das Anspruchsvolle gegen das Bequeme, das Handwerkliche gegen die Apparatur, das Urteil gegen die bloße Meinung (»Da es allgemeingültige Maßstäbe für gutes Kochen gibt, kann man selbstverständlich über Geschmack streiten!«).

Genau in diesem Sinn taucht – halb spöttisch, halb anerkennend – irgendwann ein Titel aus den Untiefen des Feuilletons auf, der sich fortan mit Siebeck verbindet: »Adorno mit dem Schneebesen«. Er bleibt haften, weil er passt: weil Siebeck, wie Adorno auf seinem Feld, Genuss nicht als Versöhnung, sondern als Verpflichtung versteht und Kritik nicht dämpft, sondern zuspitzt. Vor allem wollen beide mit ihren Themen wahrgenommen werden (»Philosophie, die nur interpretiert, ist schon resigniert«), sie kalkulieren ihre Wirkung exakt, suchen Aufmerksamkeit ohne Anbiederung, Öffentlichkeit ohne Popularität. Beide sind sich einig: Mündiges Denken beginnt dort, wo der Einzelne sich weigert, vorgefertigte Urteile, Autoritäten und gesellschaftliche Selbstverständlichkeiten zu übernehmen. Kritisch zu sein heißt nicht, alles zu verwerfen, vielmehr das Eigene im Widerstand gegen Konformität zu prüfen, Klischees als Herrschaftsformen des Denkens zu durchschauen und sich der Bequemlichkeit des Mitmachens zu entziehen. Nur ein Denken, das sich selbst reflektiert und der Anpassung misstraut, bewahrt die Möglichkeit von Freiheit. Oder ganz lebenspraktisch: Dass Dummheit schlecht isst, das ist für Wolfram Siebeck eine ausgemachte Sache und »nichts Neues«. Was aber umgekehrt keinesfalls bedeute, »dass alle Intelligenten gut essen«.

Wo sich Siebecks und Adornos Wege endgültig trennen: Siebeck will unterhalten. Er will sein Publikum nicht langweilen, vor allem aber sich selber nicht. Das Wort »Gastrokritiker« verabscheut er, die zugehörige Attitüde noch mehr. Um sich im Talmi-Glanz der Einordnung als »Gastrosoph« zu sonnen, ist er zu gescheit. Er selber bezeichnet sich als »Berufsesser«; Vincent Klink findet, am besten stehe ihm der Titel »Esskünstler« an. Gleich wie: Wolfram Siebeck nimmt sich selbst nicht zu ernst (»Die Literaturkritik ist viel gewichtiger«) und pseudowissenschaftliche Zugänge zu seinem Thema – halb belustigt, halb verärgert – kaum zur Kenntnis. Ihm graut vor einer »Kapillarbeschau, bei der jedes Pfefferatom auf seine ideologischen Nebengeräusche abgehört wird, wobei es zu unterscheiden gilt, ob es sich um Atome vom Long Pepper handelt, um Sezchuan- oder Colombopfeffer, wobei wiederum die drei in Nivea marinierten Tannennadeln berücksichtigt werden, welche der progressive Koch auf das Saiblingsfilet gelegt hat«. Derartige »Sherlock-Holmserei« findet er so unsinnlich wie unangebracht, fernab vom »Genuss eines geglückten und beglückenden Essens«. Ihm sei es allenfalls in zweiter Linie wichtig, ob er »eine Lachsmousse esse, die durch ein coulis de tomate befeuchtet und mit einem Dillzweig dekoriert ist, oder ob die Vorspeise aus dem gehackten Fleisch des Taschenkrebses besteht, welches mit einer Safransauce in einer Seifenschale serviert wird«.

Die genaue Aufzählung einer Menüfolge, davon ist Siebeck überzeugt, ist für seine Leser langweilig und nutzlos. Wenn die nämlich Monate später schließlich das beschriebene Restaurant aufsuchten, seien die erwähnten Einzelheiten längst durch andere Gerichte ersetzt worden. Wesentlich interessanter sei es daher, den Stil – sofern erkennbar – des Küchenchefs zu beschreiben und zu beurteilen. Nur bei missratenen Menüs sei die Lage anders: »Da muss der Chronist präzise die Art und den Umfang der Katastrophe beschreiben.« Erfreulicher Nebeneffekt: Allzu große Konzentration und Detailtiefe der Analyse sind, zumal mit zunehmender Erfahrung, nicht erforderlich. Unumwunden räumt er ein, es sei ihm bei seinen Testbesuchen stets wichtig und möglich gewesen, seine Aufmerksamkeit zwischen dem Essen und seiner Tischgesellschaft zu teilen.

Bei dieser Herangehensweise muss er sich und seine Leserinnen und Leser im Lauf der Jahrzehnte über manche Oberflächlichkeit, Ungenauigkeit, Nachlässigkeit nonchalant hinwegtrösten. Ihm geht es um Grundsätzlicheres, nicht zuletzt um das eigene Vergnügen und um das seiner Fans. Die werden seit spätestens Mitte der 70er-Jahre immer zahlreicher und freuen sich auf jede neue Kolumne, weil sie dort finden, was sie nirgendwo sonst zu lesen kriegen: hochunterhaltsame Betrachtungen des Kulinarischen und Gastronomischen der Gegenwart. Wie Wolfram Siebeck hat in Deutschland zuvor niemand über Essen und Trinken geschrieben. Neben seiner Rolle als Wegbereiter und Pfadfinder des Genusses lehrt er mehrere Generationen von Schreibern, wie biegsam, wie beweglich, wie witzig die deutsche Sprache auch und gerade bei seinem Leib-und-Magen-Thema sein kann. Was ihn über alle Kollegen und Nachfolger hinaushebt, ist sein brillanter Stil.

Für den Stern ist er »der scharfzüngigste und unterhaltsamste unter den kulinarischen Schreibern deutscher Sprache«. Thomas Platt, Gastronomiekritiker, (Drehbuch-)Autor und Maler, attestiert ihm jene »elegante Ironie«, die dem Leser aus den Romanen von John Galsworthy, Evelyn Waugh und P. G. Wodehouse »wie frischer Atem« entgegenschlage. Für Vincent Klink, selbst ein Schreiber von hohen Gnaden, ist Siebeck »der Einzige – und bis heute der Einzige – mit literarischem Anspruch«. Klink stellt ihn in eine Reihe, die vom antiken Römer Apicius über Jean Anthelme Brillat-Savarin, Alexandre Grimod de La Reynière, Carl Friedrich von Rumohr, Antonius Anthus und den Baron Eugen von Vaerst reicht: »Essen und Trinken, die ganze Lust daran, mündeten hier mit Scharfsinn, Witz und Raffinesse in eine oszillierende Literatur, die im 20. Jahrhundert vergleichbar allenfalls noch bei Joseph Wechsberg zu finden ist – dem von Siebeck verehrten österreichischen Kulinar-Literaten.«

Wechsbergs »Forelle blau und schwarze Trüffeln – Die Wanderungen eines Epikureers« von 1957 ist weniger ein Kochbuch als ein literarisches Werk über Essen und Geschmack, das nicht primär Rezepte vermittelt, sondern kulinarisches Erleben: Reisen, Genießen, Erinnern. Der leidenschaftliche Hedonist und glänzende Erzähler beschreibt »die Welt der Feinschmeckerei«

und »die Wonnen des subtilen Genießens« in einer Weise, wie man das bis dahin nicht gelesen hat – mit seltener Kenntnis, Begeisterung und unangestrengter Eleganz. Er setzt programmatisch beim Unterwegssein an, beim Reisen um des Essens willen, und betrachtet den Weg selbst als Teil des Vergnügens. Für Siebeck ist Wechsberg in seinem Fach, was Fernand Point unter den Köchen war: ein Monument und eine zentrale Inspirationsfigur. Ein Autor von außergewöhnlichem Horizont, der in den ersten Jahren seiner Emigration in die USA sein Auskommen als Schiffsgeiger verdient hat und seither über jene lässige Weltläufigkeit und kulturelle Kompetenz verfügt, die es erlaubt, den Inhalt von Töpfen und Terrinen mit einem Beethoven-Konzert oder einem Menuett von Mozart zu vergleichen. Ihm fühlt sich Siebeck verbunden, ihm eifert er nach.

Stilistisch orientiert er sich darüber hinaus an Literaten wie James Thurber, E. B. White oder Michael Frayn, wie er viele Jahre später der New York Times verrät. Und natürlich am Ton jener Glossen, an denen er sich ab 1966 als Kolumnist des Stern und ein Jahr später der ZEIT auf der jeweiligen Humorseite geübt hat: unterhaltsam, pointiert, leicht süffisant (»Die Tage werden kürzer, die Unterhosen länger«). Als Karikaturist und Satiriker genügt es ihm nicht, seinem Thema fachlich gerecht zu werden. Er will unterhalten und aufklären zugleich. Ihm geht es – in Restaurants wie bei seinen Rezepten – immer ums Ganze, nicht um die Details. Wie Wechsberg hat er das Anliegen, die »Größe des Abendlandes am Beispiel der gestärkten Tischwäsche zu verdeutlichen«. Und wenn ihm danach ist, beim Beschreiben eines Gratins politische Ereignisse der Gegenwart zu kommentieren, dann tut er das.

Wichtig ist nur eines: Anregend sollen seine Texte sein, Appetit sollen sie machen – vor allem aufs Selberdenken und Selbsterfahren. Siebeck kaut nicht vor, er animiert, und das bevorzugt durch Provokation. Mundwässernde Erwartungen zu wecken und sie dann zu enttäuschen, gehört zu seinen Markenzeichen. Bedarfsweise gelingt ihm beides im selben Satz, wenn er beispielsweise über die geliebten Quenelles de Brochet, die Hechtklößchen, schreibt, sie seien eine ebenso arbeitsaufwendige wie delikate Vorspeise, »und danach wartet dann jeder darauf, daß es endlich was zu essen gibt«.

Siebeck will es seinen Lesern nicht leicht machen und darum außer dem Mantra, sich um Geschmack und Qualität zu bemühen, keine abschließenden Wahrheiten verkünden. Was freilich nicht verhindert, dass seine Verkündungen permanent nach abschließenden Wahrheiten klingen – er konterkariert sie nur gerne mit gegenläufigen, wo nicht gegensätzlichen Einschätzungen und freut sich dann über die Aufregung. Regelmäßig entzieht er sich den Erwartungen, kauft, baut und gestaltet ein Traumrefugium in der Provence und nennt es dann im Tonfall milder Genervtheit eine »baufällige Klitsche«, vertreibt jede Mittelmeer-Sehnsucht seiner Leserschaft mit kalten Güssen: »Provençalen halten ihre Fenster grundsätzlich geschlossen. Weil die Hitze im Juli genauso ungemütlich ist wie die Kälte im Winter.«

Seinen Leserinnen und Lesern Illusionen zu rauben, gehört überhaupt zu Siebecks Lieblingsdisziplinen; wo zu viel schwelgerische Harmonie herrscht, lässt er als »gereifter Skeptiker« die Realität einbrechen. Die hingebungsvolle Schilderung der bunten, bukolischen Wochenmärkte überlässt er amtlichen Tourismusförderern und schlechteren Kollegen, er prangert das Verschwinden immer weiterer Geschäfte aus der Innenstadt an, das verarmende Angebot in den Supermärkten und bei den Fischhändlern, die »überwiegend Zuchtfische« im Angebot hätten,

»ohne dass ihre Herkunft ausgewiesen würde«, wie das »im heimischen Edekamarkt« üblich sei: »So essen wir, wie alle anderen Konsumenten hier, Lachsfilets, die möglicherweise aus den übelbeleumdeten norwegischen Zuchtbassins stammen. Und wir wissen nicht, ob das bei Steinbutt, Lotte, Seezungen etc. anders ist. Was bleibt, sind Sardinen und das kleine Kroppzeug, das bei den Felsen des Mittelmeers gefangen wird, von dem wir hoffen, dass es nicht so dreckig ist wie das Wasser anderer Touristenregionen.«

Wer dem kulinarischen Primitivismus huldigt und ihn als lokale Folklore den Maßstäben der Qualität entzieht, kann mit Nachsicht nicht rechnen. Die Regionalküchen der Toskana und der Provence beziehungsweise ihre Überbleibsel sind laut Siebeck in der Regel ziemlich schlecht: »Gäbe es das alles wirklich, was uns die vielen Bildbände über rustikale Küchen vorgaukeln, die Lust darauf wäre verständlich. Denn tatsächlich kann ein Schmortopf überaus köstlich sein, wenn er mit der Perfektion und den erstklassigen Zutaten hergestellt wird, über die ein begabter Koch verfügt. Doch die da die Brotsuppen kochen, den Nudelteig rollen und die Kaninchen marinieren, sind fast nie begabte Köche. Der Nachwuchs fehlt vor allem in abgelegenen Dörfern. Die lange Arbeitszeit und der bescheidene Verdienst im Familienbetrieb verlocken ehrgeizige junge Leute nicht, die Traditionen der Eltern und Großeltern weiterzuführen. So werden die Versprechungen auf den nostalgischen Schiefertafeln leider nur selten eingelöst.«

In der ungeachtet dieser Tatsachen verbreiteten Begeisterung für schlichte, überlieferte Regionalküche sieht er eine – meist wenig reflektierte – Entscheidung für das Einfache, Unkomplizierte. »Essen auf hohem Niveau« dagegen setze »kulinarische Bildung« voraus: »Das ist nicht anders als beim Hören eines Klavierkonzerts, beim Besuch einer Ausstellung. Niemandem erschließen sich diese Bereiche auf Anhieb; das muß man lernen. Lernen aber ist lästig. Ihre Bequemlichkeit sowie ein latenter antizivilisatorischer Affekt bewirken bei einem großen Teil der Menschen unterschwellige Aversionen gegen die Moderne. Die sich formierenden Bürgerproteste, sobald eine Skulptur von Serra aufgestellt werden soll, entsprechen dem Unbehagen am verfeinerten Essen. Die Konsequenzen heißen Naturalismus und Hausmannskost. Hitlers Eintopfsonntage und die damals offizielle Blut-und-Boden-Kunst sind nicht von ungefähr so bereitwillig akzeptiert worden.«

Sich dem zu entziehen, indem man sein Interesse so konsequent wie unkritisch auf den kulinarischen Luxus richtet, ist für Siebeck allerdings auch keine Lösung. Hohn und Spott gießt er über status- wie sendungsbewusste »Gourmet«-Vereinigungen und andere »Rekordfresser« aller Art. Er habe, schreibt er, in seinem Leben viele »ambitionierte« Feinschmecker kennengelernt: »Sie besaßen alle einen vom französischen Gourmetklub Traditions & Qualité herausgegebenen Pass, auf dessen leeren Seiten sich die stolzen Passinhaber ihren Besuch in den Dreistern-Restaurants dokumentieren ließen wie ein Visum. Früher hat blasierten Globetrottern ein Hotel-Aufkleber auf dem Lederkoffer genügt, um der Mitwelt ihre glänzenden Reisen vorzuführen.« Und überhaupt: »Wäre die weiße Trüffel nicht so lächerlich teuer, würde der piemontesische Erdpilz nicht die Bedeutung haben dürfen, die sich in der Hysterie ausdrückt, mit welcher die Preissteigerungen für diese graue Knolle von Jahr zu Jahr bedacht werden.«

Wer sich nach dieser Lektüre glücklich im Besitz des korrekten Bewusstseins und somit der Erlaubnis wähnt, mit dem Siebeck-Rezept unterm Arm beim Biometzger oder mit dem Weidenkorb auf dem samstäglichen Wochenmarkt gegen die »da oben« zu polemisieren, dem knallt sein Lieblingsautor in der folgenden Kolumne vor den Latz, die Neureichen und Parvenüs seien Grundvoraussetzung jeder kulturellen Entwicklung, folglich mit Wohlwollen zu betrachten: »Es gibt keine Avantgarde, die durch eine konservative Bürgerschaft gefördert worden wäre. Es bedurfte immer der Unterstützung von leichtfertigen und geltungssüchtigen Enthusiasten, die Geld und Ruf riskierten, wenn sie die Revolutionäre einer kommenden Epoche bejubelten.« Ihnen verdanke ja auch die Haute Cuisine »ihre stets neue, modische Aktualität«, was ihnen freilich in der konkreten Realität der siebeckschen Weltsicht nicht hilft, wenn er anmerkt, dass »der Gast aus dem gleichen Grund unter den Manierismen modebewußter Küchenchefs zu leiden hat«.

Alles wahr. Alles anstrengend dialektisch. Aber eben der Kern von Siebecks kulturellem und kulinarischem Autodidaktismus überhaupt. Wer auf der Suche nach dem eigenen Weg entschlossen ist, sich keinem Nimbus und keiner Empfehlung zu beugen, sondern sich grundsätzlich ein eigenes Urteil zu erarbeiten, muss sich vortasten wie er selbst.

Seinen ersten Kaviar probiert er in Budapest, »im bizarren Rokoko-Restaurant Hungaria«, zu einem »stolzen Preis«, aber verglichen mit den Tarifen im Westen doch erschwinglich. »Das ist die Gelegenheit, dachte ich, und bestellte großzügig. Doch was da auf einem ungeheuer schönen Silbertablett herangeschleppt wurde, war ein kleines Häufchen Nordseekaviar, der, wenn ich mich nicht irre, von Seehasen stammt und in jedem deutschen Supermarkt für ein paar Mark zu haben ist.« Einige Sommer später treiben Freunde in Warschau ein Döschen auf: »rosa, matschig und lauwarm«. Er hätte es »gern gegen eine kalte Dillsuppe eingetauscht«.

Schon in seiner »Kochschule für Anspruchsvolle« verhehlt Siebeck nicht, dass die autodidaktische kulinarische Bildung keinesfalls simpel und ohne Windungen sei. Bis zum Schluss ist eine gehörige Portion Mehrdeutigkeit und Ambivalenz ein Markenzeichen seiner Texte – neben nur scheinbar dazu in Kontrast stehenden steilen Thesen und vorläufig abschließenden Urteilen. In der »Kochschule« demonstriert er es eindrucksvoll, indem er auf fünf Seiten seine Annäherung an Brandade de morue, Baccalà alla Veneziana, Stockfischpaste schildert, zu der ihn eine sehr vage Erinnerung an eine sehr frühe Begegnung damit treibt. Nach einigen wenigen Zeilen zur Qualität des Gerichts – eine »dickliche, graue, lauwarme Pampe«, die ihn »in Erstaunen und hellstes Entzücken« versetzt habe – berichtet er seinen Lesern von seinen jahrelangen Versuchen, erneut in den Genuss dieser Delikatesse zu kommen.

Ein solcher Anlauf führt ihn in eine Pariser Kneipe nahe der Place de la République, eine touristisch unattraktive Gegend, die ihm auch in gastronomischer Hinsicht bisher nicht aufgefallen ist. Dort gibt es bei einer gewissen Madame Cartet – »sie kochte ›wie bei Muttern‹«, also »nicht leicht und nicht mager«, dabei allerdings »nicht billig und nicht übermäßig gut« – eine Brandade de morue: »scheußlich«, muffig und ungeheuer mächtig, an Zahngips »oder sonst etwas Medizinisches im Mund« mahnend. Derart vorbereitet präsentiert Siebeck seinen Lesern ein Rezept für eine Stockfischpaste. Dank der »Gastarbeiter« ließe sich selbst in der Bundesrepublik problemlos ein Stockfisch auftreiben, wenngleich zu Preisen, für die er stattdessen eine Lammschulter kaufen könne, »aus der ich einen Leckerbissen zu machen verstehe, nach dem sich die Familie schon Stunden vor dem Essen die Finger leckt«.

Zunächst erklärt er die vorschriftsgemäße Wässerung des getrockneten Fisches über mehrere Stunden: »Da die Schüssel mit dem wässernden Fisch einen ziemlich üblen Geruch verbreitete, stellte ich sie vors Haus auf eine Bank. Um sie vor Katzen und anderen Tieren, die hier nachts munter werden, zu schützen, bedeckte ich sie mit einem engmaschigen Gitter. Eine völlig überflüssige Maßnahme, wie sich herausstellte. Ich hätte die Tiere vor dem stinkenden Fisch schützen müssen! Hunde rannten mit eingekniffenen Schwänzen davon, Katzen verzichteten auf ihre vor der Haustür stehende Milch, und sogar die Igel flohen in Scharen auf die Grundstücke der Nachbarn, bei denen das Essen erwiesenermaßen schlechter ist.«

Anschließend – »nachdem er lang genug gestunken hatte« – schneidet Siebeck den »immer noch verdächtig festen« Fisch in Würfel, pochiert sie »ungefähr« 15 Minuten mit einigen Gewürzen, lässt sie auskühlen und beginnt, sie sorgfältig zu entgräten. »Diese Arbeit ist nicht allzu schwierig, aber doch recht unangenehm, weil der Stockfisch durchs Pochieren keineswegs ansehnlicher, jedoch furchtbar klebrig wird.« Dann bemüht er sich, den Fisch mit Olivenöl und heißer Milch in einem Topf zu einem Mus zu verarbeiten, einer schaumig-pastosen Angelegenheit, die »auf keinen Fall noch erkennbare Fischstücke oder -fasern enthalten« dürfe.

»Wenn man einige Erfahrung in der schönen Kunst des Kochens hat, merkt man auch bei einem neuen Rezept sofort, worauf man sich da eingelassen hat. Was ich nach den ersten Schlägen, den ersten Versuchen, den Stockfisch kleinzukriegen, merkte, entlockte mir einen leisen Fluch. Es war eine Heidenarbeit! Ich goß abwechselnd neues Olivenöl und heiße Milch dazu, rührte und preßte und schlug und drückte, mein Arm erlahmte, meine Finger schmerzten – kein nennenswerter Erfolg.

Ich versuchte es mit dem Elektroquirl, was natürlich nicht half (verwandelt alle Pasten in Gummi), ich nahm eine Gabel zu Hilfe (schlechte Idee) und einen Kartoffelstampfer (gute Idee), ich versuchte, die Masse durch ein grobes Sieb zu streichen (völlig unmöglich). Ich verbrauchte einen halben Liter feinstes Olivenöl, noch etwas mehr Milch, ich preßte nach und nach vier Knoblauchzehen in die Pampe, ich probierte immer wieder, spritzte Zitronensaft, pfefferte mit Cayenne, stand schließlich minutenlang sinnend mit schmerzendem Arm und lahmem Kreuz vor meinen Gewürzen – und gab auf. Es war nicht möglich, den Fisch so klein zu kriegen, daß er nicht mehr faserig war. Es war nicht möglich, ihm einen anderen Geschmack zu geben als jenes muffig-medizinische Aroma, und es war nicht möglich, irgend jemandem einzureden, das sei nun die neueste Delikatesse des Hauses.«

Das dennoch präsentierte Rezept enthält neben Salz und Pfeffer fünf Zutaten (Stockfisch, Olivenöl, Knoblauchzehen, Sahne, Petersilie), verlangt nach einem Hammer, einem Fleischwolf und einem Schneebesen und endet mit dem lapidaren Hinweis, ausprobiert habe er es nicht; die Stockfischpaste seiner Erinnerung sei »so leicht, so sanft, so locker, so weiß und so schaumig«, daß er »die Hoffnung, sie selber so hinzukriegen, gleich wieder aufgab. Aber vielleicht versuchen Sie es einmal ...« Sätze wie diese dürften sogar heute, in kulinarisch aufgeklärteren Zeiten, eher selten in einem Kochbuch zu finden sein. In den 70er-Jahren waren sie schlicht revolutionär. Ohne Vorläufer. Was natürlich auch daran liegt, dass Theodor W. Adorno nie ein Kochbuch geschrieben hat.

17.
Lob der Leber

Auf zwei Feldern lässt sich der Kern von Siebecks Philosophie exemplarisch studieren: dem der Innereien und dem des Weines. Er liebt beide. Und er findet in ihnen ideale Anschauungsobjekte für seine Pädagogik – in einem Land, in dem die Weinkultur in Literflaschen zu Pfennigbeträgen über das Kassenband der Supermärkte kullert und Kuttelwurst als perverse Ausgeburt vormoderner Allesfresser gilt: »Ob es sich um muslimische Einwanderer, Schwule oder um gefüllten Saumagen handelt, der deutsche Bürger weiß, wovor er sich fürchtet.«

Überhaupt, die Furcht. Sie ist sein Hauptgegner. In seinen »Kulinarischen Notizen« hält er 1980 fest: »Ob man den Teufel selber fürchtete, mit dem schlemmenden Sündern gedroht wurde; ob der wehrkraftzersetzende Wunsch nach ›guter‹ Butter den Volksgenossen zum Volksfeind stempelte; oder ob die Hungernden der dritten Welt anklägerisch beschworen werden, sobald nicht mit Kümmel gewürzt wird, sondern mit Trüffel – immer noch gilt Genuß beim Essen als ähnlich obszön, wie für viktorianische Heuchler der Spaß im Bett ein schockierendes Verbrechen war.« Diese Furcht zu bekämpfen, die Skrupel, sobald es um unbeschwerte Lebensfreude geht – das ist sein Leitmotiv. »Ob wir zu den Kulturvölkern gehören, hängt auch davon ab, welche Entscheidung wir treffen«, dessen ist er sich gewiss; er schreibe ja nicht »für die Verbesserung der

Roten Grütze, sondern gegen die Anspruchslosigkeit der Konsumenten«.

Also lehnt Siebeck als Erstes ab, was vielen besonders gut schmeckt. Und kann sich sicher sein, damit bei seinen Gegnern den Blutdruck zu steigern. Er gehört beispielsweise nicht zu den »Steakfreunden«, findet jenen »fast weltanschaulichen Kult« schwer verständlich, der große Bevölkerungsgruppen um ein »mehr oder weniger verbranntes Stück Ochsenfleisch« schart. Über das Grillen amüsiert er sich, betrachtet Feuer und Röststoffe auf weiß glühendem Stahl als primitiv, und aus Rindfleisch macht er sich ohnehin nie viel – für ihn ist »die Kuh ein Tier mit sanften Augen, dessen Vorzug die Milchproduktion ist«. Rind und Schwein, die beiden beliebtesten Fleischsorten der Deutschen, spielen in seinem Werk so gut wie keine Rolle; was unter der Überschrift »Hausmannskost« firmiert, ist ihm zuwider.

Ganz fabelhaft gefällt ihm dagegen Pferdefleisch: unglaublich zart, nicht die geringste Faser, dagegen sei »so ein Rindsbraten etwas ganz Ordinäres«. Begeistert berichtet er von einem Tipp von Barbaras ältestem Sohn Shawn, in den Kneipen eines Dorfes in Flandern, nicht weit von Antwerpen, würden Ratten gegessen. »Bei den Ratten handelte es sich offensichtlich nicht um Wanderratten; vielmehr deuteten die vielen Bäche und Kanäle darauf hin, dass es Wasserratten, oder Bisamratten, waren, die wir auf der Speisekarte eines Gasthauses entdeckten.« Auf dem Teller machen sie dann weniger her als erhofft: »Die Brühe war sehr scharf gewürzt, das Fleisch zart. Sollte ich auf ein sensationelles Geschmackserlebnis gewartet haben, so wurde ich enttäuscht. Gewinnbringend war allein die Erkenntnis, dass Ratten wie Kaninchen schmecken können.«

Sein neben der »Kochschule für Anspruchsvolle« am schönsten gestaltetes und ausgestattetes Buch – heute antiquarisch zu stolzen Tarifen gehandelt – entsteht 30 Jahre nach ihr und trägt den Titel »Kochbuch der verpönten Küche«. Er schreibt es, weil es das Kochbuch ist, auf das er »bis jetzt vergeblich gewartet« hat. Auf 200 Seiten, zwischen einem Leineneinband, dessen elegantes Ornament sich erst auf den zweiten Blick als Ansammlung von Hirn, Froschschenkeln, Leber und Pferdeköpfen erweist, bietet es neben ganzseitigen Fotos von Niere und Zunge, aufgenommen in nüchterner Beleuchtung, 40 Rezepte, von Aal grün und Venezianischer Kalbsleber über gegrilltes Knochenmark, Beuscherl, gebratene Froschschenkel, Kalbsbries und Schweinsfuß, Paprikagulasch vom Fohlen, Andouillette, Kalbsniere in Senfsauce, Kalbszunge mit Chicorée und Kalbsherz mit weißen Bohnen, Lammhirn »Pomodoro« und Hirn mit Rührei bis zu Kutteln mit Chorizo und Lauch oder mit Champagner. »Selten«, schreibt Siebeck im Vorwort, »sind ein Autor und sein Verlag so nachdrücklich davor gewarnt worden, ein bestimmtes Buch zu veröffentlichen«, der »Volkszorn« sei unvermeidbar. Überall im Lande würden sich »unschuldige Leser schon in den Buchläden erbrechen«, wenn sie das Werk zum ersten Mal in die Hand nähmen, des Weiteren drohten Ohnmacht mit traumatischen Folgen sowie jede Menge Schadensersatzklagen.

Kurz vor seinem 80. Geburtstag ist die »Verpönte Küche« ein Spätwerk und eine Quintessenz. Alles, was ihm wichtig ist, handelt er hier exemplarisch ab: die unerklärliche Angst, die sogar ambitionierte Besseresser befällt, sobald er auf das Thema Innereien zu sprechen kommt, die Vorurteile, Phobien, unreflektierten Prägungen und »irrationalen Aversionen«, die er als »verlässlichen Bestandteil unseres Nationalcharakters« erkennt. Ausreden lässt er nicht gelten. »Der eine oder andere Verächter von Schweinsfuß oder Darmwurst mag tatsächlich das Pech gehabt haben, jenseits der Landesgrenzen in einem elenden Gasthaus ungenügend gewaschene und dilettantisch zubereitete Innereien essen zu müssen. Doch das kann ihm auch in Thüringen beim Rebhuhn passieren, und die scheinbar so harmlosen Bratkartoffeln werden landesweit immer wieder in unvorstellbar miserabler Ausführung an den Tisch gebracht – ohne dass sich daraus eine lebenslange Abneigung der Esser entwickelte.«

Für Siebeck zeigt sich der Grad der kulinarischen (Nicht-)Bildung der Deutschen exemplarisch an ihrem Umgang mit Innereien. Angesichts von gebratenen Schweineohren im Baskenland, tripes à la mode de Caen, Kalbsleber »alla Milanese« oder Alt-Wiener Beuschel verläuft für ihn genau hier die Trennlinie zwischen (meist romanischen) Kulturnationen und (puritanischen) Barbaren. »Während um uns herum aus Bries, Kutteln, Herz, Hirn oder Nieren die schönsten Gerichte entstehen, folgen die Deutschen immer ängstlich irgendwelchen Predigern des Primitiven, die mit dem Finger auf das Ekelzeug zeigen und ›Igitt!‹ rufen. So eine Dummheit!«

Er ist überzeugt: »Außer den Haaren ist fast alles essbar von einem Viech, schmeckt sogar köstlich, wenn es nur gut zubereitet wird.« Man müsse bloß – bei Innereien entscheidender als ohnehin – auf Qualität und Frische Wert legen, natürlich aufgezogene Tiere kaufen, beim Metzger akribische Arbeit einfordern, notfalls beim Einkauf größere Umwege in Kauf nehmen (»Solange wir uns jeden Ramsch andrehen lassen, solange wir uns mit dem erstbesten Produkt begnügen, anstatt nach dem besseren zu suchen, solange haben jene Kritiker recht, die uns verächtlich als Konsumtrottel bezeichnen«). Und dann vor allem: sich ernsthaft interessieren, Mühe geben, Erfahrung sammeln, am Herd Sorgfalt walten lassen. Für Innereien? Nicht für

Hummer? Undenkbar! Stattdessen würden in Deutschland die Kutteln meist den Hunden überlassen, landeten Tierköpfe auf dem Müll statt auf dem Teller, und die Bürger grausten sich vor fast allen Innereien, die sie nicht in »ihre berüchtigten Würste« stopfen konnten.

Innereien begleiten Wolfram Siebeck sein Leben lang. Von den dampfenden Wurstkesseln am Schlachttag in Langendreer über die Lebern der Rehe, die ihm seine an der Ostfront wildernden Kameraden abgeben und die ihm Bäuerinnen in der Etappe braten, bis zu hartgummiartigen Nieren, an denen er sich in heiterer Überschätzung seiner Kochkünste auf dem Elektrokocher in seinem Essener WG-Zimmer versucht. Er verehrt die Rahmherzragouts und Kalbshirnvariationen der österreichischen Küche, verfällt den sautierten rognons der Pariser Bistros. Von seinen frühen Tagen als Fachjournalist bis zum Schluss bleibt er dem Thema treu, beschreibt, wie »schon zu Beginn des kulinarischen Aufschwungs« Otto Koch im Münchener Le Gourmet Kutteln auf die Speisekarte gesetzt hat: »Aber eben keine Kutteln, wie sie drei Kilometer weiter östlich in den Kneipen am Viktualienmarkt gekocht wurden, sondern eine Edelversion, die an Delikatesse nichts zu wünschen übrigließ.« Kalbsnieren werden bereits in Siebecks erstem Kochbuch breit präsentiert, versehen mit dem Hinweis, sie seien köstlich (»Jawohl, köstlich! Wer das bezweifelt, der ist einfach nicht geschmacksemanzipiert, wie man das heute nennt. Früher sagte man von solchen Leuten: Sie verstehen nichts vom guten Essen«), selbst wenn sich in ihnen all die Antibiotika und Hormone ablagerten, mit denen die Kälber großgezogen würden – »was natürlich verboten ist und deshalb auch nicht vorkommt«.

Es ist kein Zufall, dass Witzigmann, der Österreicher, ihm im Tantris 1976 als Gipfel seiner Kunst ein Innereiengericht erfindet. Bei diesem Kalbsbries Rumohr geht es exemplarisch um Sublimierung: »Die Thymusdrüse des Kalbes findet in den Küchen der Bundesrepublik Beachtung fast nur als regionale Spezialität, bestenfalls gilt sie als Hausmannskost. Entsprechend lieblos ist dann auch die Zubereitung: als Suppeneinlage, als Wurstfüllung, dick paniert gebraten oder sauer gekocht; in fast allen Fällen aber mehlig-trocken und fade. Dabei belehrt uns schon ein Blick in die Speisekarten des französischen Feinschmeckerrestaurants, was Kalbsbries sein kann: eine Delikatesse ersten Ranges, die bei unseren westlichen Nachbarn noch in Ansehen steht und oft genug als Beispiel höchster gastronomischer Verfeinerung gepriesen wird.« Dazu freilich brauche es die Bereitschaft, unbekannte Dinge nicht automatisch abzulehnen, »eine gehörige Portion Neugier und Toleranz«.

Siebeck schätzt an den Innereien, dass sie sich nicht selbst erklären, dass sich mit ihrem Verzehr kein Status demonstrieren lässt, dass ihre Zubereitung immer und grundsätzlich Aufwand und Kenntnis erfordert – Eigenschaften, die ihrem Rang

auf den Speisezetteln durchschnittlicher deutscher Besseresser am wenigsten aufhelfen. Mit einem teuren Steinbutt kann man ohne viel Aufwand am heimischen Herd Renommee erzielen. Dasselbe mit Kutteln zu erreichen, müsse man wahrhaft mit Liebe kochen. Freilich nicht im herkömmlichen Sinn: »Bei uns wurde nur selten mit Liebe gekocht. Diese geläufige Redensart meint keineswegs die Liebe einer Mutter für ihre hungrigen Kinder. Mit Liebe kochen heißt nichts anderes, als dass man das Kochen liebt. Dass man Liebe empfindet für den Schweinsfuß, den man entbeint, trüffelt und mit Foie gras füllt; die Liebe zu den Kaldaunen, deren Garwerden man geduldig abwartet und die man zärtlich würzt. Die Liebe zum Produkt ist Voraussetzung für eine Küche, die von den Mitbewohnern unseres Erdballs respektvoll akzeptiert und vielleicht sogar bewundert wird, so wie es mit der französischen, chinesischen und der japanischen Küche seit langem geschieht.«

All das versteht Siebeck unter »Verfeinerung«, dem Kernbegriff seiner kulinarischen Philosophie. Sie ist ohne weiteres Ansehen auf jedes Grundprodukt anzuwenden, ob Möhre, Niere oder Hummerschwanz. Nie geht es ihm »um den Gegensatz von Bohneneintopf und Nachtigallenzungen«. Was er aber in seinem Land – anders als in Frankreich – nicht allein mit Blick auf das Kulinarische wahrnimmt und wogegen er ankämpft, ist vielmehr eine Bereitschaft, sich mit dem Schlichten, Rustikalen, Einfachen abzufinden, ein »generelles Unbehagen an komplizierten Formen, an intellektuellen Spekulationen«, an dem, was man »L'art pour l'art« nennen könne. »Diese Geisteshaltung prägte vor allem auch die deutsche Küche über Jahrhunderte. Hingegen störte sich niemand an Deftigkeiten. Der Grobianismus war noch bis zum 18. Jahrhundert die Umgangsform, welche als natürlich und unverstellt galt und sich damit allgemeiner Akzeptanz erfreute. Er hob sich doch so erfrischend ab von dem ›gezierten Getue‹, wie die Menschen zu allen Zeiten verbindliche Formen und modische Arabesken bezeichneten.«

Die verschattete Rückseite der Medaille, auf deren Vorderseite stolz die Anspruchslosigkeit prangt, ist für Siebeck von Furcht geprägt. Schon im Mittelalter hätten die Mächtigen ihre Untergebenen durch Angst und Schrecken diszipliniert – eine Methode, die »nichts von ihrer Attraktivität verloren« habe: »Heute beschwört man gesundheitliche Schäden, um die Verbraucher zu einem bestimmten Konsumverhalten zu indoktrinieren. Nur sind es nicht Kirche, Militär oder ein Diktator, die uns einheitlich manipulierte Lebensmittel aufzwingen wollen, sondern die Lobbyisten der Nahrungsmittelindustrie und die Hersteller von Medikamenten, welche vor den angeblich schädlichen Lebensmitteln schützen sollen.« Die Innereien-Warner reiht er ein unter all die verhassten falschen Autoritäten: »Zum Narren gehalten wurden wir immer. Egal, wer was versprach, er hielt seine Zuhörer, seine Leser, die Gläubigen aller Länder, die Dummen ebenso wie die Gescheiten, erbarmungslos zum Narren. Manche waren damit so erfolgreich, dass ihre Namen im Buch der Geschichte mit goldenen Lettern verewigt sind. Dabei waren sie allesamt Schwindler, Gauner, Betrüger, Mörder und Volksverhetzer. Sie nannten sich Führer, Heiler, Seher; sie wurden als Heilige verehrt, als Helden gefeiert, als Gurus angebetet, und das Volk errichtete ihnen Altäre. Doch ihren Einfluss benutzten sie, um die Nachbarn zu verfolgen, die Jugend zu verderben und die Dummen in ihrer Dummheit zu bestärken. Sie sind immer noch unter uns.«

Kalorienbewusste Ernährung, das Diktat wechselnder Körperideale und die Drohungen diverser Gesundheitsapostel sind für den hedonistischen Gourmet Siebeck Hysterie und

Ausdruck eines unheilvollen Massenwahns, Diätvorschriften inakzeptable Einschränkungen seiner Lebensfreude. »Fettphobikern« aller Couleur ruft er zu, es »gäbe keine Kathedralen, wenn die Leute nur Kräuter gegessen hätten. Dann gäbe es nichts, dann wären wir auf den Bäumen geblieben.« Mit grundsätzlich exzellenter Gesundheit beschenkt, leidet er zwar selbst gelegentlich unter einer »Crise de Foie«, einer »Überstrapazierung des Organismus« durch Fett und Alkohol. Das macht aber nichts: »Nach zwei Tagen Bettruhe und Nulldiät ist meistens alles vorüber.« Ansonsten: »Zuviel Wein, zu wenig Bewegung, eine Ernährung, die bei jeder Mahlzeit dem Genussprinzip unterworfen wird – das gute Leben also, wie es von der Bibel und anderen Erbauungsschriften als ungesund verteufelt wird.«

Der Marathon-Rückzug von der Ostfront, die Schwarzwald-Wanderung und etwas Rasenmähen mit der Sense im Widdersberger Idyll bleiben Siebecks einzige sportliche Betätigungen. Die Folgen nimmt er in Kauf; dagegen anzugehen widerspricht seiner »Veranlagung zur Arroganz und zur Missachtung jener Vernunft«, die sich in den »lächerlichen Bemühungen« ausdrückt, mit denen die Menschen schwitzend ihr Leben zu verlängern suchen: »Ihren Cholesterinwerten widmen sie größere Aufmerksamkeit als der Erziehung ihrer Kinder. [...] Für ihre Sünden tun sie Buße, indem sie wochenlang fasten, im kalten Morgengrauen durch den Stadtpark joggen und ihr Erspartes in Fitnessstudios tragen. Danach gehen sie erschöpft und glücklich zurück an ihre Arbeitsplätze, lassen sich vom Pizzaservice das Mittagessen ins Büro bringen, trinken Cola light, werden Nichtraucher und beschließen, von nun an so gesund zu leben, wie es regelmäßig in den Wochenendbeilagen ihrer Lokalzeitung empfohlen wird.«

Mit Abstinenzpredigten braucht man ihm nicht zu kommen, schon gar nicht, wenn es um seinen über die Jahre beträchtlichen Weinkonsum geht. Das Einzige, was Wolfram Siebeck vermutlich noch etwas mehr Vergnügen bereitet, als hervorragend zu essen, ist zu trinken. Möglichst hervorragend, aber hier sind seine Maßstäbe nicht ganz so erbarmungslos, dafür trinkt er einfach zu gern. Wein, wohlgemerkt: »Wasser wird von allen Menschen als Getränk geschätzt. Von manchen mehr, von manchen weniger. Zu letzteren gehöre ich. Ich bin, was man auf Neudeutsch einen Weinfreak nennt.«

Die Freude am Weintrinken verlässt ihn niemals. Er betrachtet sie als »letzten Endes von der Widerstandsfähigkeit des Organismus' abhängig« und hält – medizinisch nicht allzu fundiert – den Einfluss des Weins auf die Leber für viel geringer, »als er den Warnungen der Gesundheitsapostel entsprechend sein müsste«. Zur Erregung diverser teils besorgter, teils empörter Leserbriefschreiber beziffert er in einer ZEIT-Kolumne seinen täglichen Weinkonsum mit einer Flasche. Unumwunden räumt er ein, eigentlich dürfte er im Restaurant nicht so viel trinken, »um richtig objektiv zu sein«; er habe aber nun mal beschlossen, dass dieser »Scheißberuf mir Spaß machen muss«. Bier trinkt er höchstens im Sommer gegen den Durst, Wasser ungern (»ist ja immer so ein bisschen läppisch«), Hochprozentiges niemals.

Auch das lässt sich als Absetzung von der Familie sehen. Zwar existieren Fotos aus der Frühzeit der elterlichen Ehe, die auf Reisen in deutsche Weinbaugebiete hinweisen, und der Vater prahlt mit seiner Trinkfestigkeit bis zur Farbenblindheit, doch lebt er sie mit seinen Parteigenossen ausschließlich am Biertresen aus, und die Mutter Alma ist abstinent. Bei den Siebecks zu Hause wird nicht getrunken; eine Bowlenschüssel aus Keramik, darauf die deutschen Rheinburgen, steht unbenutzt und mehr oder weniger dekorativ im Wohnzimmer. Die einzige Ausnahme von der Regel bildet der gelegentlich ausgeschenkte dickflüssige, selbst angesetzte Eierlikör, den Wolfram als Kind mit Begeisterung aus den Art-déco-Gläsern leckt. Da er auch als pubertierender Flakhelfer und später an der Front aufgrund seiner Jugend »auf dem Trockenen« sitzt, kommt er ansonsten erst nach dem Krieg mit Alkohol in Berührung – schwarz gebranntem Schnaps übelster Sorte, von dem ihm zuverlässig schlecht wird.

Dass ihn diese Erfahrung im weiteren Verlauf von Kaltgetränken abhielte, kann man nicht behaupten. Kaum hat die Währungsreform ihre ersten segensreichen Wirkungen entfaltet, sitzt Wolfram Siebeck nächtelang mit seinen Freunden im schummerigen Plüschambiente der Palette oder in der Korso Bar, lauscht einem Akkordeonspieler, Geiger, Trommler mit den Besen (»Du-und-ich-im-Mondenschein« mit möglichst vielen Synkopen) und kippt dazu Bier, Schnaps, Cola & Rum. Und später, in den Sechzigern, Nikolaschka-Shots: Weinbrand mit einer

gezuckerten Zitronenscheibe, auf die gemahlener Kaffee gehäufelt ist. Wein ist im Allgemeinen und für ihn im Besonderen schon aus finanziellen Gründen kein Thema, einen äußerst gelegentlichen klebrigen »Tokayer« zur Beeindruckung einer Angebeteten ausgenommen.

Siebecks erste Weinreise führt ihn – in relativ nahtloser Fortsetzung der Kraft-durch-Freude-Fahrten – Mitte der 50er-Jahre mit einem »Samba-Zug« an die Mosel, an dessen Endstation er sich mit ausreichend Flaschen billigen Rieslings eindeckt und in die Rebberge verzieht, um sich mit Gleichgesinnten sinnlos zu betrinken. Seine erste Frankreichtour per Autostopp versüßt billiger Monbazillac, seine Partys Frascati aus Zwei-Liter-Flaschen. Als er 1961 wieder einmal nach Jugoslawien reist – diesmal zum Theaterfestival nach Dubrovnik, wo er den »Hamlet« auf einer Freilichtbühne und serbokroatisch erlebt –, hat er immerhin schon einen 1958er Marcobrunner Riesling für seine Freunde im Gepäck. Den trinkt er aber bei der Überfahrt selber, erschüttert durch die Nachricht von Hemingways Tod, sodass es zu den gegrillten Makrelen dann Slivovica und schweren lokalen Rotwein gibt.

Danach geht es langsam aufwärts. Das Filmfestival von Tours flankieren Weinproben in den Kalksteinkellern des Loire-Tales mit ihren mineralischen Chenins Blancs und würzigen Cabernets Francs, und beim Erstbesuch im Maxim's traut Siebeck sich bereits eine einigermaßen informierte Weinbestellung zu: »Bei den Rotweinen ist es schon schwieriger. Die Auswahl ist groß, und von vielen kenne ich nur den Namen. Doch dafür ist der Sommelier da. Hurtig blättert er die Seiten um und fährt mit dem Finger die Kolonnen entlang. Der Nagel ist schwarz. Er stoppt bei einem 59er Trottevielles, Schloßabzug, halbe Flasche. Halbe Flasche? Erstaunt sehe ich in sein gütiges, fast väterliches Gesicht. Denkt er an meine Leber? Oder an mein Portemonnaie? Ohnehin gehört dieser Bordeaux nicht in die Kategorie der teueren Gewächse. Ich nickte zustimmend. ›Aber‹, sage ich fast entschuldigend, ›eine ganze Flasche, bitte!‹ (45 Franc). Seine Freundlichkeit wird geradezu herzlich, als er sich für die Bestellung bedankt.«

Beim Wein, vielleicht noch mehr als beim Essen, predigt Siebeck fortan, was er für sich als einzig vernünftigen Weg der Erschließung identifiziert hat: den Selbstversuch. Zwar lasse sich, das räumt er ein, das Wissen vom Wein theoretisch vermitteln, wenn es darum gehe, seinen Anbau, die Kellertechnik sowie Form und Größe eines Fasses zu beschreiben (»Dass ein Wein rot sein kann oder weiß, kann auch der begreifen, der nur Tee mit Milch trinkt. Sogar die Tatsache, dass Weißwein aus roten Trauben hergestellt werden kann, ist so unbegreiflich nicht«): »Aber ohne Wein zu trinken, ohne ihn getrunken zu haben, und zwar in größeren Mengen, entzieht sich das Wesentliche dieses Getränks jedem Verständnis.«

An seinem eigenen Verständnis arbeitet er ausdauernd. Als »routinierter Trinker« meint er, es lasse sich nur dort gut leben, wo Wein angebaut wird. Auf die Frage der Stuttgarter Nachrichten im Jahr 2007, wie für ihn das nahezu perfekte Essen aussähe, antwortet er knapp: »Es würde von einem perfekten Wein begleitet.« Die Angst, es könnte daran mangeln, verlässt ihn niemals; wenig Vorsorge betreibt er so akribisch wie die zur Sicherung des täglichen Pensums. Als er zum ersten Mal nach New York fliegt, hat er sechs Flaschen Calon-Ségur im Koffer, aus Sorge, in Amerika nichts Ordentliches zu trinken zu bekommen (die sich zerstreut, als er um die Ecke seines Hotels Regency mit Sherry-Lehmann »eine der schönsten Weinhandlungen der Welt« als Nachschubquelle auftut).

Siebecks Liebe zum Wein geht so weit, dass er überwiegend Kombis fährt und Anfang der 70er-Jahre vorübergehend selbst in den Weinhandel einsteigt. Verbunden ist das Unterfangen mit jeder Menge Vergnügungsreisen nach Bordeaux und Burgund, ins Rhône-Tal und an die Loire, einem Stapel Eindruck heischender Briefbögen, die ihn als Weinimporteur und Négociant du vin ausweisen, einem so exzellent wie kostengünstig gefüllten Privatkeller sowie einer mit 20 Adressen aus dem engeren Freundeskreis gefüllten Kundenkartei, und es endet nach knapp einem Jahrzehnt mit dem eindringlichen Hinweis seines Steuerberaters auf die Existenz des Paragrafen 2 Abs. 1 und 2 EStG: »Liebhaberei im steuerrechtlichen Sinne ist eine Tätigkeit, die ohne Absicht zur Erzielung von einkommensteuerbaren Einkünften durchgeführt wird und deshalb der steuerlich unerheblichen Privatsphäre zugerechnet wird.«

Beim Selbststudium durchpflügt Siebeck das Feld des Weines so lustvoll und konsequent wie zuvor die Gastronomie und bildet so seinen Geschmack, der für ihn – statt Weinfachmann bloß »erfahrener Trinker« – immer eine Frage der Gewohnheit ist: erlernbar, wenn auch nicht im Schnellkurs und nicht kostenlos. »Die Vorlieben, die ein Anfänger hat, werden nie die Vorlieben eines Fortgeschrittenen sein. Und wer sich durch alles hindurch getrunken hat, ist nicht nur finanziell verarmt: ihm schmeckt nur noch das wirklich Gute.« Zumal man Weine zu unterscheiden nicht auf Partys lerne, sondern erst, wenn sie zum Essen getrunken würden: »Zu jedem Gang einen anderen Wein, jeder auf seine harmonische Verbindung zum jeweiligen Gericht abgestimmt – das ist zweifellos das Maximum des kulinarisch Erreichbaren.« Erst bei Tisch steht ein Wein für ihn wirklich auf dem Prüfstand, weil er dort bestimmungsgemäß mit Schwung getrunken und nicht pfützchenweise hastig berochen, gesüffelt, geschluckt oder gar wieder ausgespuckt wird.

Wie bei den Innereien besteht Siebeck beim Wein auf Offenheit und Freude an der Vielfalt (»nie zwei gleiche Flaschen hintereinander!«). Niemand komme als Kenner zur Welt. Im Gegenteil: »Wer bislang nur leichte Weißweine trank oder harmlose Trollinger, der wird beim ersten Schluck eines großen Bordeaux eher schockiert als begeistert sein. Es ist wie mit den Meisterwerken der Musik. Niemand wird als Wagner-Fan oder Mozart-Freund geboren. Verständnis setzt überall einen Lernprozess voraus; da muss man sich ranhören vom Hänschen Klein über die Fledermaus an die Werke der Meister. Und man muss sie alle getrunken haben, die Leichtgewichte vom Bodensee und

aus Tirol; die Rosés der Provence, den Beaujolais und die aus dem Tessin, um zu erkennen, dass man da etwas Außergewöhnliches im Glas hat.«

Ihm selbst geht es so mit dem oxidativ ausgebauten, sherryartigen Jurawein aus Château-Chalon, den er bei einem Picknick als Begleitung eines Blauschimmelkäses kennenlernt und von da an besonders schätzt – L'Oasis ist nicht zuletzt daher viele Jahre sein Favorit unter Frankreichs Dreisternern, weil Louis Outhier dort viele Gerichte mit Château-Chalon veredelt. Bei ihm lernt Siebeck auch den Ygreque (»Y«) kennen, Château Yquems trockenen Zweitwein aus Sémillon und Sauvignon blanc, wie überhaupt seine Informationen über Wein und damit die Verfeinerung seines Geschmacks vor allem den Empfehlungen entspringen, die er in den Restaurants seiner Wahl bekommt. Ihnen ordnet er sich zunächst unter, um auf ihrer Grundlage dann über die Jahre – letzter Schritt hin zur Kennerschaft – einen eigenen, erfahrungssatten Geschmack und eigene Maßstäbe zu entwickeln: Freiheit.

Eine Freiheit, die nur dem eigenen Genuss dient und nichts anderem, schon gar nicht der Befriedigung oberflächlicher Distinktionsbedürfnisse. Kurz: Keine Show! Ein peinlicher Graus sind ihm Leute, die Weingläser am Fuß halten, um Kennerschaft zu markieren, Flaschensammler, deren Referate denen von Briefmarkenfans gleichen, oder Keller-Aficionados, die ihr Refugium ausstatten wie »Campingfreunde ihre Wohnwagen« und bei denen bedarfsweise »kein Pfarrer zögern würde, dort die Messe zu lesen«.

Als exzentrisch bis skurril empfindet Siebeck jene Markentrinker, die durch die Jahrhunderte jedes Detail von Ernten und Wetterlagen, Kellermeisterbiografien, Preisentwicklung und sämtliche Familieninterna der Weindynastien hersagen können – und das bei jeder Gelegenheit so unaufgefordert wie ermüdend tun: »Mühelos vergleichen sie einen Lafite-Rothschild des Jahrgangs 1911 mit einem, der vierzehn Jahre älter ist, so wie Dampflok-Fans über die Strecke London – Edinburgh und über die Andenüberquerung per Schiene informiert sind.« Was den einen die Spurbreite, ist den anderen das Flaschenformat. Raritätenproben solcher Großkenner besucht er in seiner Anfangsphase gelegentlich. Schnell erkennt er »den Ernst, mit dem da geschnüffelt, geschlürft und Notizen gemacht wurden«, als beschwerlich und dem lustvollen Thema dezidiert unangemessen. Außerdem ärgert er sich, dass grundsätzlich nie Frauen eingeladen werden.

Sein eigener Keller ist so primitiv-praktisch eingerichtet wie nur möglich, ohne rustikal-dekorative Bänke, Reblausromantik und Stalllaternen. Stattdessen: in idealer Feuchtigkeit vor sich hinrottende hölzerne Bierkisten, die Brauereien ausrangiert haben, mit der Öffnung nach vorn aufeinandergestapelt, darin zeitweise an die 2000 Flaschen mit angenagten Etiketten, ein breites Portfolio von Weinen seiner bevorzugten Winzer – in Siebecks Keller »trauen sich nur richtige Säufer und Kammerjäger«.

Die finden dort durch die Jahrzehnte erst wuchtige Meursaults, elegante Puligny-Montrachets, später Rieslinge, Silvaner oder Weißburgunder. Deren Provenienz wechselt ständig. Mal stapeln sich Österreicher, mal Moselweine, immer gemischt mit etwas aus anderen Regionen. Dazwischen lagern die großen Châteaux aus dem Bordelais, von den Granaten oft Einzelflaschen, sonst überwiegend Zweitweine und Crus Bourgeois; das eine oder andere von den Côtes de Provence, aus Cahors und Madiran. Siebeck liebt Syrah, Hermitage und Côte-Rôtie aus dem Rhône-Tal. Burgund ist zu teuer, um gut vertreten zu sein – was da ist, sind Restbestände aus seiner Handelsperiode; dazwischen ein paar Flaschen aus Graubünden und der Wachau. Das

Hauptkontingent stellen die deutschen Weißweine: Rieslinge von Mosel, Saar und Ruwer, aus dem Rheingau, der Pfalz, dazu Silvaner Kabinett aus Franken. Als »Hausweine« aus der Nachbarschaft gibt es Burgundersorten vom Kaiserstuhl und Elsässer auf einem »Ehrenplatz«.

Dass sich in Siebecks Keller die deutschen Weine irgendwann entschieden den Vorrang erobern, empfindet er als Glück – und als Ausweis der Wirksamkeit seines Berufsstandes. Nach dem Krieg fehlt es dem deutschen Weinbau zunächst vollständig an Qualitätsmaßstäben und kultureller Bedeutung, und die desorientierten Winzer ruinieren – motiviert von »ebenso ahnungslosen Funktionären« – mittels süßlich-parfümiertem Gesöff ihren Ruf. Noch 1985 schreibt Siebeck: »Der deutsche Wein ist unter den Weinen, was der Gummiadler unter den Hühnern ist. Übrigens aus demselben Grund. Hier wie dort Massenproduktion, hier wie dort Rationalisierung, Technik statt Handwerk, Chemie statt Natur. Und die wahnwitzige Spekulation, der Konsument würde auf die Dauer ein minderwertiges Billigprodukt der Qualitätsware vorziehen.«

Spät, aber umso eindrucksvoller wird der Niedergang schließlich gestoppt, die geradezu dramatische Wende zum sortentypischen, trockenen Wein kommt einer Renaissance gleich. »Was aber«, fragt Siebeck mit berechtigtem Stolz, »hatte die Weinbauern dazu gebracht, ihre Produktion zu ändern, und die Konsumenten bewogen, einen neuen Stil des Weins zu akzeptieren? Es war einzig und allein die Macht der Presse.« Er ist sich gewiss, nur dank der medialen Flankierung und Befeuerung einer als Folge davon immer anspruchsvolleren Kundschaft habe die Produktion hierzulande ein international satisfaktionsfähiges Niveau erreicht. Auch wenn er dabei die Unbeirrbarkeit einiger nicht angepasster Winzer übergeht: Man möchte weder wissen noch trinken, was ohne die hartnäckigen Forderungen einiger Journalisten, ihre mit apostolischem Eifer publizierten Kritiken und Bannbullen heute in Deutschland gekeltert würde.

Dass der ZEIT-Verleger Gerd Bucerius und der Stern-Chefredakteur Henri Nannen nicht von Siebeck abrücken, als die Badische Winzergenossenschaft in den frühen 70er-Jahren aufgrund seiner Polemiken (»In vino Zuckerwasser«) ihre Anzeigen zurückzieht, gehört für ihn zu den beglückendsten Erfahrungen seiner Laufbahn.

18.
Freier Journalist

Pétrus, Romanée-Conti, Leflaive ... Was eine gründliche Kenntnis der spektakulärsten und vor allem teuersten Weine der Welt angeht, muss Wolfram Siebeck, leicht betrübt, aber nicht sehr deprimiert, passen: Für diese Giganten ist er kein Experte. Er kann sie sich nicht leisten, und auch seine Auftraggeber sind selbst in wirtschaftlich rosigen Zeiten bloß in seltensten Ausnahmefällen davon zu überzeugen, ein Pariser Bistro lasse sich nur adäquat beurteilen, wenn seine geschmorten Kalbsnieren ein 59er Latour begleite. So stößt beim Wein die Philosophie der steten Geschmacksverfeinerung durch Erfahrung an praktische Grenzen.

Am oberen Ende der Fahnenstange gilt für den »erfahrenen Trinker« analog, was er dem jungen Schlucker zum Einstieg ins Stammbuch schreibt: »Die Begriffe billig und gut unter einen Hut zu bringen, ist beim Wein genauso schwer wie beim Auto. Wer einen 2 CV für gut hält, wird ihn nicht billig finden; wem er billig erscheint, dem ist er sicher nicht gut genug.« Siebeck kann damit leben. Freudig passt er sich dem Rat der jeweiligen Sommeliers an – und die Weine seinem jeweiligen Vermögensstand. Den naheliegenden Ausweg, sich großherzig, also interessengeleitet, aushalten zu lassen, versagt er sich: »Im Gegensatz zu den meisten meiner Kollegen trinke ich nur Weine, die ich auch bezahlen kann.«

Er tut das freilich nicht primär aus höherer moralischer Einsicht oder als Ausweis seiner charakterlichen Überlegenheit, sondern weil er, der die Freiheit zum zentralen Wert seiner Existenz erhoben hat, jede Form der Vereinnahmung in letzter Konsequenz als diese Existenz bedrohend empfindet. Das prägt sein Selbstverständnis als Privatmensch wie als Profi: Deutlichkeit, Klarheit sieht er als Kern seines Geschäfts, also muss ein Kritiker »unbestechlich sein und ohne persönliche Rücksichtnahme« seine Urteile fällen. »Sie müssen sich diesen Beruf so vorstellen: Sie sitzen auf einer Bank im Park und vergiften, wie üblich, die Tauben, da setzt sich eine junge Frau mit ihrem Kind neben Sie. Und Sie sagen: Junge Frau, so ein extrem hässliches Kind wie Ihres habe ich noch nie gesehen! – Das ist die Tragik meines Berufes, Sie müssen den Leuten die Wahrheit sagen.«

Er folgt den eigenen Maßstäben – nach der Beobachtung von Wolfgang Lechner, der als Redakteur für kulinarische und Reisethemen beim ZEITmagazin Siebecks Kolumnen und Weihnachtsmenüs fast anderthalb Jahrzehnte betreut – »unbestechlich bis zur Starrköpfigkeit« und »jederzeit bereit, sich Feinde zu machen, wenn er von seiner Sache überzeugt« ist. Unabhängigkeit ist seine Berufsfähigkeitsversicherung, und sie ist stets bedroht. Die Korrumpierungsoffensive der Weinlobby sei überwältigend, bekennt er; dass sie bei Journalisten verfängt, findet er »widerlich« und beschreibt die Wirkung: »Folgerichtig gibt es nur feine und große Weine, edle Tropfen mit Rasse, Stoff und Charakter. Daß es aber auch bei Weinen aus den großen Häusern Unterschiede von fein bis dürftig gibt, das schreibt keiner.«

Die »branchenübliche Kumpanei« zwischen Wirten und Journalisten »verschlägt ihm den Atem« ebenfalls. »Sie glauben nicht, wie viele Bestechungsversuche es gibt«, vertraut er einem Leserbriefschreiber an. Er könnte »jedes Wochenende«

an irgendwelchen Veranstaltungen teilnehmen, das mache er nicht: »Ich habe mich von solchen Schnorrertreffs immer ferngehalten.« Dass er dies nicht bloß behauptet, sondern wirklich praktiziert, belegt beispielhaft seine postwendende Replik auf ein dezidiert humorloses Schreiben des pfälzischen Weinguts Reichsrat von Buhl aus Deidesheim, das ihn 1986 zu einer Probe in – wie er der angefügten Gästeliste entnehmen kann – illustrer Runde bittet: »Da ich prinzipiell an keinem Presseessen teilnehme, werde ich bei der Faßweinprobe nicht dabei sein. Darüber hinaus bitte ich Sie, meinen Namen nicht wieder auf irgendwelche Listen zu setzen; ich suche mir die Gesellschaft gern selber aus, in der er auftaucht.«

Dass selbstverständlich auch Siebecks Welt nicht schwarzweiß ist, zeigt seine Reaktion auf die Einladung der Casino-Budapest GmbH im örtlichen Hilton-Hotel, die er 1982 wohlwollend prüft und am 16. März beantwortet: »Ich wäre tatsächlich sehr daran interessiert, für den Feinschmecker oder Die ZEIT einen Bericht zu schreiben, der sich mit den Attraktionen Ihrer schönen Stadt beschäftigt. Dieser Bericht würde sich allerdings nicht nur auf das Casino beschränken, sondern die gesamte gastronomische Situation Budapests betreffen. Wenn Sie einige meiner Berichte der letzten Jahre zu ähnlichen Themen lesen, so werden Sie wissen, daß ich mich als Kritiker betrachte, nicht nur als empfehlender Journalist. Sie gehen also das Risiko ein, daß ich das, was mir nicht gefällt, auch entsprechend bezeichne – so es für den Leser von Wichtigkeit ist.«

Siebeck gibt unumwunden zu, er habe Spitzenrestaurants nicht selten verlassen, nachdem ihm statt einer Rechnung ein handgeschriebener Dank des Patrons für seinen Besuch überreicht worden war. Für solch »heikle« Situationen sieht sein Prinzipienkatalog wahlweise vor, ein Trinkgeld zu hinterlassen, das der geschätzten Gesamtrechnung entspräche, das jedoch mangels Beleg »von keinem Finanzamt anerkannt oder von einem Verleger ersetzt« würde. Oder über den Abend kein Wort zu schreiben. Die Frage, welche der beiden Varianten er häufiger wählt – und ob es nicht doch, was nicht völlig undenkbar erscheint, immer mal wieder zu einer belobigenden Berücksichtigung trotz vorausgegangener Einladung kommt –, könnte wohl nur ein akribischer Abgleich seiner Artikel mit seinen Steuererklärungen klären, ohne freilich sehr überraschenden Erkenntnisgewinn erwarten zu lassen.

Dass ein Kritiker »auch eine kostenlose Mahlzeit gerecht und, wenn es sein muss, auch negativ beurteilen« könne, schließt Siebeck nicht grundsätzlich aus, nur sei »erfahrungsgemäß nicht jeder dazu in der Lage«. Dass es sich bei ihm anders verhält, können Legionen kochender Zeitzeugen aus eigenem Erleben bestätigen. Zur Kumpanei ist er schon von seiner Persönlichkeitsstruktur und Weltanschauung her außerstande; die Vorstellung, er habe sich mit einem Küchenchef auf dem Golfplatz oder Tenniscourt getroffen, ist nicht nur deswegen abwegig, weil er sportliche Betätigungen vermeidet.

Summarisch berichtet er dem damaligen Feinschmecker-Chefredakteur Jochen Karsten in einem Brief vom Februar 1987 von einem Gespräch in Monte-Carlo mit einer PR-Mitarbeiterin der den dortigen Tourismus amtlicherseits fördernden Société des Bains de Mer, die er seit vielen Jahren kennt und die sich über das Verhalten einer Gruppe deutscher Journalisten (die »sich am großzügigsten einladen lassen, hemmungslos, bei jeder Gelegenheit«) befremdet gezeigt habe: »Über Restaurants hätten sie nichts gewußt und sich auch nicht fürs Essen interessiert (Feinschmecker!); als sie abreisten, ließen sie sich quittieren, was sie in Wirklichkeit gar nicht bezahlt hatten. Ich kenne diese Typen nicht, die, wie mir versichert wurde, kein Einzelfall sind. Im Gegenteil. Unsere Branche hat einen sehr schlechten Ruf. Verständlicherweise möchte ich mit dieser Schnorrer-Brigade nicht identifiziert werden. Was einst als kritische Beobachtung im Interesse der Leser begonnen hatte, ist zu einer affirmativen Berichterstattung verkommen, die sich vor den PR-Karren der Gastronomie spannen läßt und eingebildete Köche hofiert - wenn nur ein kostenloses Essen dabei herausspringt. Wenn Köche oder Hoteldirektoren mir manchmal erzählen, wie sich meine sogenannten Kollegen bei ihnen aufspielen, dann schäme ich mich bis zur Weißglut. Ich weiß schon, warum ich grundsätzlich nicht zu den Gala-Diners gehe, zu denen ja auch ich ständig eingeladen werde. Wenn ich anschließend lese, wer sich da wieder alles versammelt hat beim 47er Mouton oder bei einer 76er Trockenbeerenauslese, dann finde ich meinen Beruf nicht mehr schön. [...] Die Kritik, die bei uns ja eine ehrenwerte Tradition hat, ist an den Rand gedrängt. Die Tatsache, daß von zwei vergleichbaren Dingen eines immer besser oder schlechter ist als das andere, dieser Ausgangspunkt für jede journalistische Information, spielt kaum noch eine Rolle.«

Für ihn schon. Die zentrale. Lebenslang. Angesichts dieser Gemengelage annähernd ein halbes Jahrhundert zwischen Kaviarbergen und Champagnermeeren knietief durch piemontesische Trüffelspäne zu waten und dabei weithin und weitestgehend zu Recht als unkorrumpierbare Instanz wahrgenommen zu werden, ist als Leistung nicht zu überschätzen.

Noch weit problematischer für seinen Berufsstand erscheint ihm jedoch, dass es außer an persönlicher Unabhängigkeit flächendeckend an der zweiten Grundvoraussetzung für eine ernsthafte kulinarische Berichterstattung fehlt: Ahnung. Daher grassiert ein affirmativer Journalismus als Ausdruck einer menschlich nachvollziehbaren, in der Wirkung aber verheerenden Charakterschwäche. Für Siebeck liegt auf der Hand, dass die meisten Rezensenten mangels Erfahrung zu einem belastbaren Urteil gar nicht fähig sind und aus Unsicherheit – ähnlich ihm selbst bei seiner Maxim's-Premiere – lieber nicht den Vorwurf übler Nachrede riskieren, sondern sich »bequem und sicher« als Lobredner betätigen, die hübsch angepasst die gastronomische Welt in ein falsches, viel zu schönes Licht tauchen. Restaurantkritiker seien da nicht anders als ihre Kollegen vom Technik-Ressort: »Ob Journalisten ein mediokres Auto deshalb so gut finden, weil der Hersteller sie zum Testen nach Marbella hat einfliegen lassen, oder ob sie ein schlechtes Auto nicht von einem guten unterscheiden können, ist letzten Endes gleichgültig.«

Wobei selbst Bestechlichkeit und Inkompetenz zwar weit verbreitete, aber oberflächliche Missstände sind. Als »willfährige Interpreten« bilden Siebecks »Kollegen« bloß ein Symptom, während die eigentlich Verantwortlichen die »Zeitungsverleger« sind: »Sie haben nur eine Zielgruppe im Auge, die Anzeigenkunden. Um die nicht zu verärgern, biegen sie die Wahrheit zurecht, bis sie genau ins Konzept der Warenindustrie passt. Anstatt ihre Leser aufzuklären, belügen sie sie. Dazu setzen sie die Journalisten dermaßen unter Druck, dass diese die Uckermark beschreiben, als wär's die Côte d'Azur und einen Gutedel wie einen Puligny-Montrachet. Ihr Berufsethos, auf das sie dereinst so stolz waren, bekommt ein Armenbegräbnis.«

Mindestens so wichtig wie seine Unabhängigkeit von Wirten und Winzern, wenn nicht wichtiger, ist Siebeck folglich die möglichst weitgehende – und zweifellos schwieriger zu erreichende – Unabhängigkeit von seinen Auftraggebern, von Verlagen und Verlegern, Redaktionen und Redakteuren. Er erreicht sie dank seiner Monopolstellung als unabhängiger, kompetenter und stilistisch unerreichter Meister in einem versagenden Marktumfeld. Eine früh kultivierte Widerborstigkeit samt gut trainiertem Beißreflex trägt dazu bei, das Adjektiv in seiner Berufsbezeichnung »freier Journalist« mit Leben zu füllen.

Unter ausdrücklichem Verweis auf das Jahr 1945 und seinen Vorsatz, »Autoritäten jedweder Art« künftig von sich fernzuhalten, bleibt er immun gegenüber der Versuchung, seine Freiheit gegen die Sicherheit – und Weisungsgebundenheit – einer Festanstellung einzutauschen. Er hält sich, vermutlich zu Recht, für wenig großraumbürotauglich. Auch darin ist er dem eigenwilligen Charakter des ihm angeblich so fremden Vaters gewiss näher, als er sich eingesteht, sind doch Walter Siebecks häufige Branchen- und Arbeitgeberwechsel wohl nicht zuletzt einer für seine Umwelt schwer erträglichen Melange aus Hochmut, Renitenz und Eigensinn zuzuschreiben.

Der Sohn kultiviert diesen Zug über die Jahrzehnte weiter, indem er beispielsweise Wert darauf legt, einen Wecker noch nicht einmal zu besitzen: »Mir darf niemand vorschreiben, wann ich aufstehe.« Nie mehr, erklärt er mit Nachdruck als fast Achtzigjähriger in einem Interview der Süddeutschen Zeitung, wolle er das Gefühl haben, »Aufstehen! Anziehen! Antreten!« hören zu müssen. Auf den Einwand, es gebe doch einen Unterschied »zwischen Wecker und Militärlager«, entgegnet er lapidar: »Für sensible Menschen nicht!«

Seine Abneigung gegen Weisungsgeber geht so weit, dass er bewusst einen Bogen um die Städte macht, in denen die Verlage sitzen, für die er arbeitet. Als im Juni 1975 die Neue Literarische Gesellschaft Hamburg e. V. anfragt, ob er anlässlich des »Saisonbeginnes« einen Vortrag halten möge (»Thema: Von Ihnen zu wählen; Tenor: Essen und was eigentlich dazu gehören sollte«), sagt er die »gleichermaßen schmeichelhafte wie verlockende«, gar »ehrenvolle« Einladung unmissverständlich ab: »Ich wohne am anderen Ende der Bundesrepublik, und wenn ich reise, so niemals in den kühlen Norden. Obwohl ich seit fast zehn Jahren jede Woche für entweder die ZEIT oder den Stern schreibe, kennt man mich dort nur von Fotos. Und so soll's bleiben.«

Woher man ihn redaktionsseitig auch kennt, sind rüde Rückmeldungen, sobald sich jemand mittels Redigat an seinen Texten vergeht. Siebeck kennt seinen Wert, er kennt seine Kunst. Und er beherzigt die alte Regel, eher einmal zu schnell zuzuschlagen als einmal zu viel zu erdulden. Den Feinschmecker-Chefredakteur Wolf Thieme lässt er beispielsweise wissen, er »führe eine Liste mit den Objekten und Verpflichtungen, die ich als erste aufgeben werde, wenn ich meinen Alltag etwas ruhiger verleben möchte. In dieser Liste ist Der Feinschmecker wieder einmal an die erste Stelle gerückt.« Das sei ein Verdienst jenes »geheimnisvollen Redaktionsmitglieds«, das in gewissen Ab-

ständen »seine Kreativität nicht zügeln« könne und in Siebecks Manuskripten »herumfuhrwerkt«: »Der neue Fall betrifft den Pariser Spaziergang. Da wird Topor als ›Künstler‹ und zusätzlich als ›mein Freund‹ bezeichnet. Wie würden Sie es finden, wenn in einem Ihrer Texte stünde ›... aß ich kürzlich mit meinem Freund Augstein, dem Spiegel-Verleger ...‹? Sie würden sich winden vor Peinlichkeit, nehme ich an. Mit Recht. Auch wenn 90 Prozent unserer Leser nicht wissen, wer Topor ist, so spielt das nicht die geringste Rolle. Ob Künstler oder Schornsteinfeger, egal. Die unbeholfene Beflissenheit, zu erklären, was nicht erklärt werden muß, ist in ihrer Dämlichkeit nicht zu übertreffen. Leider steht mein Name über dem Manuskript, also fällt das auf mich zurück. Genau das gleiche bei der Spießigkeit, die sich darin ausdrückt, daß der oder die unbekannte Kreative den Namen Barbara durch ›meine Frau‹ ersetzt. Sollte ich Barbara jemals als ›meine Frau‹ bezeichnen, wird sie mich entweder verlassen haben, oder die Dementia praecox hat mich am Wickel. Leider hat sich der Geisterschreiber damit nicht zufrieden gegeben. Ihm oder ihr genügt es nicht, daß Topor etwas sagt, er muß es ›lustvoll lächelnd‹ sagen. Das, lieber Herr Thieme, ist eine Beleidigung. Es beleidigt mich, weil da jemand glaubt, diese betuliche Formulierung passe in meinen Text und würde ihn sogar verbessern. Dabei wirkt sie wie ein Klumpfuß an einem Stepptänzer. Es beleidigt aber auch Topor. Der lächelt nie. Er lacht, und zwar gellend. Wenn Topor lacht, fallen die Tauben tot von den Simsen. Wenn er wieder einmal nach Hamburg kommt, werde ich ihn in Ihre Redaktion schicken. Dort sitzt nicht nur eine Taube, sondern auch ein Blinder – was die Qualität von Texten angeht. Da soll er lachen, so gellend es geht. Vielleicht habe ich dann endlich Ruhe vor diesem Manuskriptvirus.«

Und fügt – neben »Herzlichen Grüßen« – auch noch das PS an: »Die Brasserie heißt BALZAR und nicht BALSAC.«

Rolf Heyne vom Wilh. Heyne Verlag bittet er Ende Mai 1985, bei einer etwaigen Neuauflage seines Buches »Liebe auf den ersten Biss« aus einem Satz »3 Wörter zu entfernen, die nicht von mir und häßlich sind«. Es handele sich dabei um Füllwörter, die ohne Sinn am Ende eines Absatzes von den Korrektoren eigenmächtig eingefügt worden seien, damit die letzte Zeile schöner aussehe. Damit sei allerdings der ganze Rhythmus »nun zum Teufel; so wie ein Eßlöffel Wasser eine konzentrierte Sauce ruiniert, so haben diese dümmlichen Wörter den Stil verwässert«. Umgehend versichert ihm die Verlagsleitung, die von ihm monierten »dichterischen Einfügungen« des Korrektors seien »natürlich ein hanebüchener Humbug«, man habe mit der »Herstellung ein ernstes Wort gesprochen, damit so etwas nie wieder vorkommt« und bitte »sehr um Vergebung«.

Spätestens ab Anfang der 80er-Jahre kann man in der Beziehung Autor – Verlag im Falle Wolfram Siebecks von klaren Verhältnissen sprechen: Er diktiert weitgehend die Bedingungen. Er weiß, was er kann und was seine Arbeit wert ist. Letzteres zeigen Leserbefragungen durch Redaktionen und Anzeigenabteilungen bei ZEIT und Feinschmecker ebenso wie das unmittelbare Antworten auf seine Texte. Formulierungen wie die des zuständigen ZEIT-Ressortleiters in einer kleinen Dankadresse aus dem Jahr 2004 an ihn – »Es liegt mir sehr am Herzen, dass Sie sich mit Ihren Texten, aber auch persönlich bei uns zuhause fühlen« – erhalten jedenfalls vorher und hinterher eher wenige freie Schreiber aus dem stolzen Pressehaus. Siebeck freut's. Deutlich wichtiger, daran lässt er wenig Zweifel, sind ihm freilich die regelmäßigen Überweisungen.

19.
Goldener Boden

Der Neigung, das Kochen für eine künstlerische Ausdrucksform zu halten und Köche in den Rang von Künstlern zu heben, begegnet Wolfram Siebeck mit gehöriger Skepsis. So, wie er sein eigenes Metier – wohl vor dem Hintergrund seiner frühen Erfahrungen auf dem Feld der Filmkunst – dezidiert realistisch betrachtet, fehlt ihm jede Bereitschaft, die verbreitete Selbstbespiegelung der Herdheroen und ihrer Weihrauchschwenker in Medien wie Gästekreis zu befördern.

Köche sind für ihn »im besten Fall« nicht mehr als »wunderbare Handwerker«, hochrespektabel, gelegentlich gar bewunderungswürdig, wie es sie zu allen Zeiten gegeben habe, »deren Ostereier, Schreibtische, Orgeln, Abendkleider, Silberleuchten, Blumenvasen und dergleichen noch nach Jahrhunderten als Meisterwerke einer verfeinerten Lebensart gelten«. Oder das »Tournedos Rossini«, die »Pêche Melba« und die »Pilzsauce des Herzogs d'Uxelles«. Ob der Trüffelsuppe eines Paul Bocuse oder dem »Salade Folle« eines Michel Guérard ein ähnlicher Nachruhm beschert sein werde, daran hat er erhebliche Zweifel. Wessen er sich dagegen sicher ist: Eine Eigenschaft haben Köche (Köchinnen sind zu Siebecks großen Zeiten in der Spitzenküche weitgehend inexistent) und Künstler für ihn gemein – ihre Selbstüberschätzung. »Kaum ist es ihnen gelungen, eine halbgare Entenbrust im Gegensatz zur herkömmlichen Methode in hauchdünne Scheiben zu schneiden (was den Esser frustriert, weil es dabei nichts zu beißen und zu schmecken gibt); kaum haben sie entdeckt (weil es ein Kollege entdeckt hat), dass Curry und Koriander für die europäische Fischküche eine Bereicherung darstellen, halten sie sich bereits für kreative Kochkünstler.«

Einer solchen Gefahr sieht er sich selbst nicht ausgesetzt. Auch als Autor übt er »bloß ein Handwerk« aus, die ganze »Schreiberei« hält er »für längst nicht so kompliziert« wie beispielsweise das Zeichnen oder Malen: »Denn ein angefangener Satz bedingt eine logische und adäquate Fortsetzung, so wie eine Eisenbahn auf eine gleichmäßige Spurbreite der Schienen angewiesen ist, um ihr Ziel zu erreichen, während eine freihändig gezeichnete Linie den Weg in eine beliebige Freiheit weist, in den Himmel der Phantasie oder in die Hölle der Manier.« Nicht zuletzt darum hat er sie ja Anfang der 60er-Jahre weitgehend aufgegeben.

Stolz ist er darauf, dass ihm bei der Ausübung seines Handwerks nie nennenswerte Blockaden in den Weg geraten. Die Angst vor dem weißen Blatt kennt er schlicht nicht: »Weiße Blätter bzw. ein leerer Bildschirm sind dazu da, beschrieben zu werden. Also schreibe ich, wo auch immer ich bin, und welche Störungen auch auftreten mögen, holterdiepolter über eventuelle Hemmungen hinweg.« Dass man es manchen seiner Texte anliest, nimmt er gelassen in Kauf. Hingebungsvoll amüsiert er sich über vermeintliche literarische Genies in seinem Umfeld wie Barbara König, »ein Groupie der Gruppe 47«, die in den Siebzigern nicht weit von ihm in Dießen am Ammersee wohnt und beharrlich das Rätsel seiner ununterbrochenen Textproduktion lösen will, während ihre eigenen schriftstellerischen Schaffensperioden nach seiner Beobachtung »jenem Planet glichen, der die Sonne nur in fünf Jahren einmal umkreist«, unterbrochen von lähmend langen Abständen, in denen sie nicht fähig ist, auch nur einen Satz zu Papier zu bringen, und ihren Lektor quält. In dieser Disziplin bringt es Siebeck freilich seine ganze Laufbahn hindurch ebenfalls zu einiger Meisterschaft. Sofern er ein Lektorat überhaupt zulässt.

Das Geheimnis seiner beeindruckenden Text- wie zuvor Zeichnungsproduktion ist eine aus schierer Notwendigkeit geborene Disziplin. Er sei, schreibt er, »von der Veranlagung her ein arbeitsscheuer Mensch«. Doch die Umstände (»und die Ansprüche ans Leben«) hätten ihn stets gezwungen, fleißig zu sein. Also setzt er sich, kehrt er aus einem Restaurant zurück, zumindest in der Anfangszeit noch nachts an die Schreibmaschine, verarbeitet schnellstmöglich die frischen Eindrücke, überträgt seine sorgfältigen Notizen oder hört die Kassetten ab, deren Rekorder während des Menüs unter der Serviette versteckt war und die er, scheinbar mit Barbara redend, heimlich mit Beob-

achtungen und Bewertungen besprochen hat. Mit wachsender Routine braucht er derartige Hilfsmittel nicht mehr und geht erst am nächsten Morgen an den Computer, dies jedoch täglich unmittelbar nach dem Aufstehen und mindestens eine Stunde. Zunehmend wichtiger und zunehmend erfahrener wird mit den Jahren Barbara, die zunächst als Tarnung dient, während er das Tonband bespricht (»... die Leute denken sonst: Was redet der Mann da vor sich hin?«), und später als Gedächtnisstütze: »Sie hat einen riesigen Einfluss. Schon deshalb, weil ich immer viel mehr trinke als sie und mich auch aus diesem Grund darauf verlassen muss, dass auch sie was vom Essen mitbekommt.«

Dass Siebeck der Erfolg nicht ganz so beiläufig zufällt, wie er das selbst gelegentlich erscheinen lassen will, ist angesichts der schieren Textmenge zu ahnen, die er seit den 60er-Jahren in Zeitungen, Zeitschriften und Büchern publiziert; unveröffentlichte Manuskripte und Fragmente gibt es obendrein. Es geht auch hervor aus der Bemerkung in einem Interview zu seinem 80. Geburtstag, man müsse »nur« ausdauernd sein und fleißig, »um die Aufmerksamkeit seiner Mitmenschen zu erregen«, und aus der Erinnerung von Barbaras Sohn Brian: »Mitanpacken war Wolfram sehr wichtig. Dass man, wenn man was haben will, was dafür tun muss. Er war ja selbst sehr fleißig, von morgens bis abends saß er hinter seiner Schreibmaschine.« Für den ZEITmagazin-Kontaktmann Wolfgang Lechner ist Siebeck der »zuverlässigste, disziplinierteste freie Mitarbeiter«, den sich ein betreuender Redakteur wünschen könne –Persönlichkeitsmerkmale, die ihm zweifellos nicht in die Wiege gelegt worden sind und bei deren Ausbildung der Bedarf eine nicht unbedeutende Rolle spielt. Siebeck braucht ständig Geld.

Auch dass er die erwähnte Einladung der Literarischen Gesellschaft Hamburg ausschlägt, dürfte mit der Weigerung, in die Stadt seiner Verlage zu reisen, nur unzureichend begründet sein. Wahrscheinlicher liegt es daran, dass die Veranstaltung, die im Hotel Atlantic stattfinden soll (»Ich habe weit Schlimmeres ertragen«), mit einem etwas vagen Angebot verbunden ist – »Welche Honorarforderung würden Sie stellen, wenn Sie überhaupt an einem solchen Scherz interessiert wären?« –, begleitet von dem Hinweis, die »finanzielle Kapazität der Gesellschaft« stehe in »rüdem Gegensatz zum gewählten Etablissement«. Da winkt Siebeck ab; er ahnt, was das heißt. Zu wenig Honorar ist ihm unangenehmer als gar keines.

Wie überhaupt Geld – beziehungsweise ein beklagenswerter Mangel daran – für ihn ein permanentes Thema ist. »Eigentlich«, resümiert er reichlich spekulativ anlässlich seines 80. Geburtstags, müsste ihm ein Imperium gehören, »mit Privatjet und tausend Angestellten«, aber nichts da: »Mein Vater hat das ganze Kapital der Familie vernichtet.« Mit einer gewissen Wehmut erinnert er sich der in seiner Kindheit vom Vater stolz kolportierten Tatsache, dass der Großvater jeden Tag seiner Frau ein Goldstück für den Haushalt gegeben habe, sowie der Anekdote, dieser Opa habe sich mit seinem Bruder zerstritten, weil der, ein Kommerzienrat, ihn, den Drucker, durch einen Diener empfangen ließ.

Nach dem Krieg beginnt Siebeck mehr oder weniger mittellos; alles, was er in seinem Leben ausgeben wird, erwirtschaftet er selbst. Sein Problem: Kaum hat er als Pressezeichner und Satiriker einen einigermaßen auskömmlichen Beruf gefunden, wechselt er zu einem Thema, das Kapitalbildung so gut wie unmöglich macht. Um sich die für einen Restaurantkritiker nötigen Kenntnisse anzueignen, investiert er »jeden Pfennig«, den er verdient, in Reisen zu den berühmten und weniger berühmten Köchen. »Mit einem großen Haus und drei schulpflichtigen Kindern war das keine Kleinigkeit. Aufwendige Anschaffungen wurden zurückgestellt, den flotten Zweisitzer ersetzte ein praktischer Kleinwagen. Nur am Essen wurde nicht gespart und auch nicht am Wein.« Angesichts der gastronomischen Flughöhe, auf der Siebeck von Beginn an segelt, bedeutet das allerhand.

Schon in seinem Text über den ersten Besuch im Maxim's spricht er das Problem klar an, indem er den letzten Akt – die Überreichung der Rechnung – illustriert: »Als sie mir auf einem Teller gebracht wird, ist es halb eins in der Frühe; sie macht, Bedienung einbegriffen, 361 Franc. Ich lege noch 20 Franc dazu (die wirklich Reichen geben in solchen Fällen bekanntlich gar nichts), und der Sommelier, der nicht zufällig gerade in unserer Nähe ist, bekommt 10 Franc. ›Those Were the Days‹ spielt die Kapelle, als wir dem Ausgang zustreben; jemand, der unsere Mäntel in der Hand hat, sagt ›Vielen Dank, Monsieur‹, dann reißen die beiden Knechte die Tür für uns auf, ein letztes Mal greife ich in die Tasche, und als wir endlich in die dunkle Nacht hinausgehen, den Schlager der Mary Hopkin summend, habe ich für ein unvergessliches Abendessen für zwei Personen umgerechnet 285 Mark ausgegeben. Ein Werbeslogan fällt mir ein: ›Es war schon immer etwas teurer, einen besonderen Geschmack zu haben.‹«

Wie kostspielig es ist, bei den ersten Adressen in Paris zu verkehren, erfährt Siebeck freilich schon Jahre vor seinem ersten professionellen Abstecher in eines dieser Häuser. Als Filmkritiker auf dem Festival von Tours lernt er bei einem Empfang in einem der »von einer internationalen Kunst-Schickeria« bewohnten umliegenden Landhäuser Max Ernst kennen, der ebenfalls ein Haus in der Touraine besitzt. Der Surrealist bittet den jungen Journalisten, ihn in seiner Wohnung in einem Pariser Stadtpalais an der rue de Lille zu besuchen – sowie zu einem

Abendessen ins Voltaire vis-à-vis des Louvre am Pont Royal, in dessen Verlauf er Foie gras, Langustenragout, Fasan bestellt und sich anschließend von Siebeck einladen lässt, der darauf seinen Paris-Aufenthalt bankrott abbrechen muss.

Anders als ein Literaturkritiker kann Siebeck seinen Beruf nicht auf dem heimischen Sofa ausüben, sich seine Kompetenz nicht anlesen. Er muss hin an den Ort des Geschehens, muss konkret erleben, worüber er berichten will und urteilen soll. Er muss zu den Zentren der Entwicklung reisen und adäquat gekleidet persönlich erscheinen. Anders als beim Theaterkritiker ist es dabei mit einer – im besten Fall gesponserten – Eintrittskarte nicht getan, und während selbst Weltliteratur nie wesentlich mehr kostet als der kleine Heimatroman, wird es in der Gastronomie sofort hochpreisig, sobald das Feld der Bratkartoffeln verlassen wird.

Noch in seinem letzten Interview mit dem Stern klagt Siebeck 2014, es sei »grauenvoll teuer«, essen zu gehen. Zu diesem Zeitpunkt liegen Speisekarten aus mehreren Jahrzehnten seiner »kulinarischen Entdeckungsreisen« (und alte Steuerunterlagen) auf dem Dachboden von Schloss Mahlberg. Ab und zu fällt ihm etwas davon in die Hand und verdeutlicht ihm, »warum mir das Dach nicht gehört, unter dem ich in der Burg schlafe. Es sind nicht selten unerhörte Summen, die ich ausgegeben habe, um dem Wohlgeschmack der Grande Cuisine und den Techniken der damaligen Kochkünstler auf die Schliche zu kommen. Wenn ich überlege, in wie viel mehr Restaurants ich war, von denen keine Speisekarte Zeugnis ablegt, und wenn ich dann hochrechne, mit welcher Summe ich die europäische Gastronomie subventioniert habe, könnte mir schwindelig werden.« Nachdem infolge des Kochkurses in Ammerschwihr seine »Suche nach der besseren Qualität« begonnen hat, verändert sich auch sein soziales Verhalten: »Der um diese Zeit übliche Erwerb des Eigenheims fiel aus.«

Siebeck hält das für unerlässlich, um dem für den Kritikerberuf typischen Teufelskreis von Ahnungslosigkeit und Arbeitslosigkeit zu entkommen. Um wirkliche Ahnung zu kriegen, muss er seine Recherchen finanzieren, und um seine Recherchen finanziert zu kriegen, muss er Kompetenz vorweisen können. Er hat das Glück, dass in seinen Anfangsjahren die Kompetenz allgemein niedrig und die wirtschaftliche Potenz der Verlage allgemein hoch ist. Seine ersten Besuche bezahlen die Veranstalter der Filmfestivals mit ihren Gutscheinen für ausländische Journalisten, später tun es die Redaktionen. Die Kluft dazwischen überbrückt er konsequent durch private Investitionen. Er habe, sagt er, ganz Europa aus eigener Tasche abgefressen; das ist sozusagen sein »Universitätsstudium«. Ohne gehe es nicht. Das praktische Wissen vom Wein, vom Essen, die Erfahrung also, sei teuer erkauft: »Die hohen Menükosten in einem Gourmetrestaurant kann sich ein gut verdienender Familienvater höchstens einmal im Monat leisten. Ein Journalist eigentlich überhaupt nicht. Tut er es dennoch, lebt er über die Verhältnisse ...« Hinzu kommt: Jeder Autor muss sich warmschreiben, und besonders bei Restaurantkritiken braucht es Übung. Erst die fünfzigste, vielleicht sogar erst die hundertste wird richtig gut, erst dann ist man sicher im Urteil. »Jeder, der zum ersten Mal eine Languste angesichts des Mittelmeers gegessen hat, womöglich noch in einer primitiven Strandbaracke, ist fest davon überzeugt, dass es die beste der ganzen Küste war.«

Ständig fragen Leser Siebeck, was sie anstellen müssten, um seinen Beruf ausüben zu können. Seine Antwort ist jedes Mal dieselbe: Maßstäbe ausbilden, indem man seinen eigenen Geschmack konsequent »dem Geschmack der hohen Küche« anpasse. Also dort essen, wo die allgemein anerkannten Könner arbeiten, und deren Interpretationen studieren: »Man muss sich unterwerfen.« Vorlieben und Abneigungen könne sich allenfalls leisten, wer umfassend informiert und geschmacklich absolut sattelfest ist. Am besten also: »Im Lotto gewinnen. Mit dem Geld zwei Jahre lang in allen Spitzenrestaurants Europas essen. Wenn man dann immer noch Appetit auf Bratkartoffeln hat, noch einmal von vorn anfangen.« Nichts zeichne einen guten Restaurantkritiker mehr aus als »Durchhaltevermögen«.

Als Siebeck 1969 in Widdersberg mit Barbara zusammenzieht, hat er als neuer Familienvater nicht allein die Miete für ein Riesenhaus an der Backe, sondern dazu noch drei Kinder von ihrem Exmann (»schwierig war nur das Geldverdienen, das Zusammenleben nicht«). Nachdem die finanzielle Krise durch Produktivitätssteigerung und Tätigkeiten für gut zahlende Illustrierte wie Playboy oder Jasmin überstanden ist, wird es besser. Mit Schreiben vom 21. April 1978 bestätigt Henri Nannen, »auf eine weitere gute Zusammenarbeit« hoffend, dass Siebecks monatliches »Pauschalhonorar« beim Stern zum 1. Mai 1978 »auf DM 5500,-- angehoben wird«.

Zu Siebecks 75. Geburtstag erklärt Theo Sommer, langjähriger Chefredakteur, Herausgeber und später »Editor at Large« der ZEIT, der Kolumnist habe im Rahmen seiner Tätigkeit für die Zeitung »etwa den Gegenwert eines Atomkraftwerks verfressen«. Dem widerspricht der so Geehrte nicht, hält es für vielleicht ein wenig übertrieben und legt Wert darauf, die ZEIT nur mit einem Bruchteil der Kosten zu belasten, die auf seinen gastronomischen Streifzügen anfallen, und stets bloß zu bestellen, was er sich auch privat leisten würde. Da er in goldenen Zeiten gestartet ist, handelt es sich dabei allerdings um keine gravierende Einschränkung.

Das Print-Geschäft läuft in den Siebzigern glänzend: Der Werbemarkt boomt bei geringer Konkurrenz, denn die Auflagen sind groß, die Anzeigenpreise hoch, die Verlagshäuser stark und die Leser loyal. Folglich erlaubt man sich manche Extravaganz, zum Beispiel den Auftrag an Wolfram Siebeck, sich einmal einen Maßanzug bei Rudolf Mooshammer schneidern zu lassen, um darüber für den Stern zu berichten. Der Dreiteiler aus Kaschmir und Seide, sandfarben mit feinem Fischgrät, der »möglicherweise in jener Zeit das teuerste Kleidungsstück war, das je ein Journalist trug«, kostet Gruner + Jahr zum Schluss 4357 D-Mark – nach heutiger Kaufkraft um die 7000 Euro – und ist Siebeck kurz darauf zu eng. Der zugehörige Artikel erscheint nie im Stern. Dafür doppelseitig in der ZEIT, gegen ein weiteres Honorar.

Im September 1987 resümiert Siebeck für seine Münchner Steuerberaterin Lieselotte Knoll, die ihm »leider« unerfreulicherweise »doch nochmal ins Gedächtnis« hat rufen müssen, »was dem Finanzamt Lahr zusteht«, wie sich seine wirtschaftliche Lage darstellt. 1986 seien insgesamt 111 Rezepte von ihm erschienen. »Fast alle habe ich zweimal, viele drei- und sogar viermal probiert, bis die richtige Fassung gefunden war; bei nur wenigen Rezepten gelingt das auf Anhieb. Ganz wenig gerechnet wären das 200 Rezepte, jeweils für 4 bis 6 Personen gekocht, von sehr unterschiedlichem materiellem Aufwand. Da ich nicht dafür bekannt bin, eine schlichte Billigküche zu propagieren, ist es gerechtfertigt, mit einem Betrag von 300,- Mark pro Rezept zu kalkulieren – einschließlich Experimente mit passendem Wein.« Bei einem von ihm überschlagenen »Gesamterlös der angeführten Publikationen von rund 100 000,- Mark allein im Jahr 1986 (die Bucheinkünfte gehen ja noch weiter!)« scheinen ihm die überschlagenen Kosten von 33 300 angemessen. »In den Jahren davor war es nicht viel anders, und 1987, das lässt sich schon mit Sicherheit voraussagen, wird es genauso sein.« Von seinen Pauschalistenverträgen als Kolumnist und weiteren Einkünften aus Buchverträgen mit entsprechenden Kosten ist hier nicht die Rede.

Siebeck selbst hält sich also nicht unbegründet für einen »gutverdienenden« Journalisten und erklärt dies mit nicht geringer Süffisanz mit seinem kurzen Intermezzo im Bochumer Schildermalerbetrieb. Dort habe er selbstverständlich seine Lehre nicht zu Ende gebracht: »Ohnehin hatte ich nichts anderes gelernt, als Rechnungen zu schreiben.« Was er in seinem späteren Berufsleben mit ausgesprochener Könnerschaft tut.

In einem Rechtsstreit des Jahres 1981 (den Siebeck gewinnt) betont der Nymphenburger Verlag, der Kläger habe für einen Verlagsvertrag »ein unüblich hohes Honorar zugestanden er-

halten«. Rolf Heyne unterstreicht ein Jahrzehnt später, im Januar 1992, ebenfalls, Siebeck sei ein »aus der Masse herausragender Autor«, für den der Heyne-Verlag »stets bereit« gewesen sei, »Höchsthonorare zu bezahlen«. Noch Ende der 90er-Jahre, als der Wind sich für die Branche bereits deutlich zu drehen beginnt, erhält Siebeck beim Verlag M. Schauenburg GmbH für ein Paris- und ein Provence-Buch jeweils 100 000 DM Garantiehonorar, Anfang der 2000er für ein Berlin-Buch immerhin noch 60 000 DM als Pauschalvergütung nebst Zuschuss zu den Recherchekosten. Ein Feinschmecker-Sonderheft »Siebecks Kochschule« mit zehn neuen und gut 50 alten Rezepten wird 2004 mit 12 500 Euro zuzüglich Spesen honoriert, ein Feinschmecker-Bookazine »Siebecks deutsche Küche« 2009 mit 25 000 Euro. Im November 2011 schreibt er in einer Mail an den Verleger der Badischen Zeitung, was die Honorierung angehe, solle man sich »auf einen Tarif einigen und nicht jedes Mal aufs Neue verhandeln«. Ihm schwebe ein Stufentarif vor, je nach Textlänge zwischen 1500 und 4000 Euro, »wie ich das seit Jahren gewohnt bin«. Zudem kündigt er eine Rechnung für ein Interview in Höhe von 1200 Euro mit getrennter Post an.

Siebecks Nachlass enthält zahlreiche Briefe an Verleger und Verlage, die belegen, dass er seine Interessen ebenso eloquent wie konsequent durchsetzt. Mit Blick auf eine ausgebliebene Mehrwertsteuerzahlung für das Paris- und das Provence-Buch informiert er im Juni 1999 den Schauenburg-Verleger: Obwohl er sie »mehrfach angemahnt« habe, sei sie immer noch nicht auf seinem Konto eingetroffen. »Am 10. Juni ist die Einkommensteuervorauszahlung fällig, und da das Finanzamt bei mir weniger geduldig ist als ich bei Ihnen, werde ich in drei Tagen mein Konto überziehen müssen. Die Sollzinsen stelle ich

Schauenburg in Rechnung. Das Ganze ist eine höchst unseriöse Angelegenheit und veranlasst mich, die Angebote anderer Verlage wieder mit größerem Interesse zu studieren.« Er endet mit: »Ich hoffe, Sie verstehen meinen Standpunkt«, und grüßt »wie immer herzlich«.

Im Mai 1992 bescheinigt er dem Heyne-Verlag, er registriere »angestrengte Bemühungen«, sich vor der Zahlung vereinbarter Raten zu drücken (»Ein Autor, dem der Verlag insgesamt elf Bücher verdankt, erwartet ein klein wenig mehr Interesse für seine Projekte und Wünsche als alle drei Monate einen Brief, in dem ihm die Kosten für Umschlagentwürfe vorgerechnet werden«). Gegenüber der Heyne-Buchhaltung zeigt er sich im April 1988 irritiert, über mehrere seiner Titel »seit Jahr und Tag keine Abrechnung erhalten« zu haben: »Wieso nicht? Und wieso wird ›Liebe ...‹ jetzt mit DM 3,14 pro Buch abgerechnet, früher aber mit 3,18 und davor mit 3,40 DM? Autoren sind häufig naiv und stellen dumme Fragen. Dennoch wäre ich Ihnen sehr verbunden, wenn Sie mir eine, sicherlich naheliegende, Erklärung geben könnten, damit ich weiß, womit ich mein Geld verdiene und womit nicht.« Im Jahr darauf lehnt er die Offerte für eine Taschenbuch-Ausgabe seines Buches »Eine Prise Süden« knapp ab: »Der angebotene Betrag von 8000,- DM ist indiskutabel. Wenn ich davon meine Steuern bezahlt habe, bleibt mir ein knapper Wochenlohn übrig. Dafür gebe ich die Möglichkeit nicht aus der Hand, zu einem anderen Zeitpunkt ein besseres Resultat zu erzielen.«

Durchweg erfolglos bleiben Versuche, Siebeck zu Ehrenämtern oder anderen unentgeltlichen Verpflichtungen zu motivieren, etwa im Jahr 1980 zum Eintritt in eine Jury der »Gastronomischen Akademie« in Berlin (»Als freiberuflicher Journalist ist es mir einfach nicht möglich, meine Zeit und meine Arbeit ehrenhalber für etwas zur Verfügung zu stellen, mag der Aufwand auch noch so gering, der Anlass noch so nützlich sein«). Das Angebot eines »REDAKTIONSBÜRO LOHBERG« aus 7031 Holzgerlingen vom September 1982, als Gegenleistung für einen Text »zwei Liter allerfeinstes, allererstes, kaltgeschlagenes, jungfräuliches Olivenöl von unseren eigenen Bäumen in der Toskana« zu übersenden, beantwortet er mit dem Hinweis, er lasse sich »aus Prinzip nicht in flüssiger Währung bezahlen«, ergänzt durch das Postskriptum: »Wenn Sie, wie Sie schreiben, für die Beiträge keine Honorare zahlen, stecken Sie dann den ganzen Gewinn in die eigene Tasche? Und wenn ja, ist dieses Verfahren bereits patentiert?«

So erfolgreich Siebeck Honorare aushandelt, so wenig ist er nach eigener Ansicht ein »großer Finanzkünstler«, wo darüber hinausgehende wirtschaftliche Fragen berührt sind. Auf seinem Bankkonto befindet sich demnach »nie eine nennenswerte Summe. Was hereinkam, wurde ausgegeben.« Bis zum Schluss öffnet er jeden Bankauszug in der Hoffnung, »dass eine Überweisung einen Ausflug nach Paris ermöglicht oder für einen neuen Laptop reicht«. Wenn quartalsweise die Einkommensteuervorauszahlung fällig ist und vom Finanzamt automatisch abgebucht wird, rutscht er »regelmäßig in die roten Zahlen«. Größere Schulden macht er freilich nie; die Vorstellung, in Abhängigkeiten zu geraten, ist ihm unerträglich.

Statt eine Immobilie zu kaufen, wohnt er daher nacheinander in fünf Häusern zur Miete, »und es waren schöne, große Häuser gewesen, die ich mir als Eigentümer nie hätte leisten können«. Einzig das Haus in der Provence – diese »Klitsche« – erwirbt er »im Übermut« und legt darin weit jenseits der Lebensmitte sein Erspartes an, »anstatt für unser Alter vorzusorgen«. Eine deutlich lukrativere Investition im Süden lässt er sich bereits Jahrzehnte zuvor durch die Lappen gehen, als ihm in den 50er-Jahren eine findige Sekretärin des WAZ-Feuilletons rät, für zwei D-Mark je Quadratmeter Teile des Sandstrands einer italienischen Insel zu kaufen. Er trifft sich dort sogar mit einem Immobilienmakler, entscheidet sich aber trotz einer malerischen Gesamtsituation (»Das Meer war blau, der Himmel war blau und weit und breit kein Mensch zu sehen«) bei insgesamt mondähnlicher Leere dagegen, auch nur so wenig zu investieren. Man kennt die Gegend auf Sardinien heute als Costa Smeralda.

In den Sechzigern würde es möglicherweise sogar für Paris reichen, was gewiss keine schlechte Investition wäre. Allerdings: Es soll »ja nicht nur eine Dreizimmerwohnung« sein.

Dass er niemals Vermögen bildet, »immer so am Abgrund« lebt und »natürlich« stets über seine Verhältnisse, »wenn man die Bedürfnisse eines rechtschaffenen Deutschen zum Maßstab nimmt«, erklärt Wolfram Siebeck schließlich zur Tugend. Während in der Finanzkrise von 2008 »ringsherum alle um ihr Erspartes zitterten«, habe er »gelassen« bleiben können. Als Maxime formuliert er apodiktisch: »Wenn ihr euch zwischen Eigenheim und der Eintrittsgebühr für die Schule des verfeinerten Lebensgenusses entscheiden müsstet, kennt ihr meine Antwort.« Und weiter: »Die soziale Absicherung« müsse man »auf dem vorgeschriebenen Minimum halten«, sonst drohten »geistige Lähmung und der frühe Tod«.

Siebeck trägt gern teure Anzüge und fährt – soweit er es sich leisten kann – schnelle Autos. Und: Er rechnet nicht. »Auch nicht, wenn wir wegen eines ohnehin sehr teuren Brotes nach Straßburg fahren, bei welcher Gelegenheit dann noch ein Ris de Veau gekauft und ein Restaurantbesuch fällig wird.« Die Konsequenzen sind ihm dabei bewusst; in einem Interview zum 80. Geburtstag prognostiziert er unsentimental, nach seinem

Tod werde es wohl vor allem heißen: »Der ist leider in Armut gestorben!« Es berührt ihn nicht sehr. Schon Jahre vorher beschreibt er seine Philosophie in diesem Sinne abschließend: »Wenn Bernard Loiseau in Saulieu mir gestenreich beschreibt, was ich in wenigen Minuten zu essen kriege, wenn Serge Dubs in der Auberge de l'Ill mir verheißungsvoll die Weinkarte reicht und Ducasse wie ein Hohepriester der Kochkunst zum Dessert im Luxus-Ambiente des Louis XV. in Monte-Carlo erscheint und sich bestätigen lässt, dass er wie ein Weltmeister gekocht hat – in solchen Momenten erscheint mir der Verzicht auf eine bürgerliche Absicherung als die glücklichste Entscheidung meines Lebens.«

Für ihn ist die Rechnung aufgegangen.

20.
Anderswo

Dass Wolfram Siebeck seine frühesten kulinarischen Erweckungserlebnisse zu Beginn der 60er-Jahre ausgerechnet in Zagreb und Bergamo hat – an groben Holztischen unter Weinranken gekiester balkanischer Gartenwirtschaften bei Ražnjići und Ćevapčići und an der langen Tafel einer norditalienischen Familienfeier –, davon ist später nicht mehr viel zu spüren. Frankreich ist und bleibt sein Fixstern, an ihm muss sich alles messen, was sein Gefallen erringen will. Die Anwesenheit des Guide Michelin ist Grundvoraussetzung für sein Interesse. Die Schweiz hat es da naturgemäß leicht, sie liegt ja ganz in der Nachbarschaft; Belgien, wo Barbaras Sohn Shawn lebt, mit seinem wallonischen Anteil ebenso. Österreich ist ein Spezialfall. Spanien und besonders Italien fällt es schwer, Siebeck für sich zu gewinnen.

Letzteres nicht zuletzt, weil ihm die blinde Italienliebe bis -besoffenheit seiner Landsleute auf die Nerven geht. Gleichschritt ist ihm zuwider, und sei er im Tarantella-Takt. Außerdem bietet ihm die Konstellation ein viel zu verlockendes Potenzial bunter Publikumsbeschimpfungen und Provokationen, das er weidlich auskostet, wenn er beispielsweise die Begeisterung für Pasta (»Dumm- und Dickmacher«) mit der deutschen Infantilität erklärt, nicht kauen, sondern »nur lutschen« zu wollen: »Wie Babys.«

Die Überflutung der Bundesrepublik mit Eisdielen und Pizzerien ab Mitte der 50er-Jahre empfindet Siebeck als eine Art Tsunami samt Nudelwelle, die an der allgemeinen Esskultur wenig verbessert habe. Allzu zügig hätten die geschäftstüchtigen Padroni sich auf die deutschen Idiosynkrasien eingepegelt und folglich jede Ambition eingestellt, um stattdessen ihre Gäste durch schmalzschwangere Carbonara mit Formschinken, Cappuccino mit Sprühsahne und zähe Tintenfischringe aus dem tiefgefrorenen Zehn-Kilo-Beutel zu beglücken. Sogar in Italien selbst findet er – obgleich er sein erstes großes Rezept in Twen, motiviert durch Fleckhaus in der Toskana, im Februar 1969 dem Vitello tonnato widmet (»Versuchung auf Italienisch«) – nach flüchtiger Besichtigung wenig Erbauliches. Leicht pikiert attestiert schon Hildesheimer in seiner Spiegel-Besprechung der »Kochschule«: »Für Diätküche gibt es andere Bücher, sowie für jene, denen das Wort ›unfranzösisch‹ nicht so schlecht klingt wie dem Autor, der auch in den Zwei-Sterne-Restaurants Italiens möglichst französisch ißt.«

Siebeck meint, Anfang der Siebziger seine »Grand Tour durch Italien« längst hinter sich und alles Wesentliche gesehen zu haben. Venedig interessiert ihn weit mehr als die »Nudelparadiese zwischen Mailand und Rom«; die Toskana findet er an manchen Stellen »unleugbar schön«, aber »die Schlichtheit der lokalen Gastronomie« reizt ihn kaum – »der Weinbau humpelte mühsam dem Weltniveau hinterher, und über alles legte sich die übertriebene Schwärmerei der deutschen Urlauber«. Deren Zuneigung zur italienischen Küche kann er nachvollziehen, teilen kann er sie nicht: »Die italienische Küche wird jeder lieben, dessen Geschmacksempfindungen noch normal sind. Sie ist natürlich und eindeutig, unkompliziert und übersichtlich. Eine Melodie in C-Dur. Doch sie verändert sich nicht (es sei denn zum Schlechteren), und somit fehlt ihr für den Berufsesser jenes stimulierende Element, ohne das weder die Küche noch die Künste Bedeutung hätten: die Lust an der Provokation, das Streben nach Neuerungen, die Dissonanzen. Das in Olivenöl getunkte Brot, dazu Salami, Knoblauch, ein Stück Käse und Rotwein, das ist auch für mich der Inbegriff kulinarischer Harmonie – vorausgesetzt, die einzelnen Bestandteile sind wirklich von bester Qualität. Meistens ist der Rotwein jedoch undiskutabel, die Wurst voll Nitrit und der Käse mittelmäßig.«

Unter konsequenter Ausblendung des Stellenwerts von Caterina de' Medici in der Geschichte der französischen Hochküche ist Siebeck überzeugt, alles, was in Italien kulinarisch relevant sei, müsse auf irgendeine Art von Frankreich beeinflusst sein: »Sogar der Mailänder Marchesi, der einzige Italiener, der seine heimatliche Küche modernisiert hat, holte sich sein Rüstzeug in Roanne bei den Brüdern Troisgros. (In der Enoteca Pinchiorri in Florenz, die andere Adresse, bei der mit der italienischen Küchentradition gebrochen wird, steht eine Französin am Herd.)«

Ähnlich verhält es sich mehr oder minder mit dem Rest der von Siebeck bereisten Welt, die er seinen Lesern aus der Perspektive des skeptisch-interessierten Beobachters als Ansammlung eher fremder Skurrilitäten erschließt. Beginnend in Moskau, das er, animiert durch seine früheren Fahrten nach Polen und auf den Balkan, im Winter 1974 für das ZEITmagazin besucht. Er wohnt im »nach Lysol stinkenden« Hotel Ukraina in einer der stalinistischen Sieben Schwestern, leidet unter schlechten Matratzen, einer Verpflegung zwischen »notorischer Kohlsuppe und geräuchertem Stör« (die russische Küche bestehe ansonsten, wie »allgemein bekannt«, aus Wodka und grusinischem Rotwein), und die Reise bleibt ihm vor allem in Erinnerung, weil er sich im Moskauer Schriftstellerklub mit dem Dichter Jewgeni Alexandrowitsch Jewtuschenko bis zur Besinnungslosigkeit besäuft.

Noch weiter östlich, in Japan, das er drei Jahre später für den Stern begutachtet, fasziniert ihn zwar »der ästhetische und ritualisierte Vorgang des Essens, im Vergleich zu dem ein höfisches Déjeuner bei Ludwig XIV. wie ein wüstes Picknick wirken mußte«. Dass er »in der japanischen Küche wunderbare Leckereien entdeckt hätte«, kann er freilich nicht behaupten: »Dazu war das alles zu fremd, von ganz anderen Harmonievorstellungen geprägt und einer anderen Logik verpflichtet, als daß eine europäisch geschulte Zunge Gefallen an den meistens schwach gewürzten Speisen finden könnte. Auch die Sojasauce ist, ob scharf oder süß, nicht in der Lage, einen Anhänger elsässischer Sahnesaucen dem Zenbuddhismus zuzuführen.« Nach »drei Tagen« kann Siebeck sie nicht mehr sehen, verrenkt sich überdies den Rücken beim Aufstehen aus dem Schneidersitz von der Tatami-Matte, weigert sich, Fugu zu probieren, schluckt aber immerhin lebende Jungaale, empfindet ein Kaiseki-Mahl als »Gipfel an Verfeinerung« und eine kapitale Sashimi-Variation als »so kunstvoll verziert wie bei uns höchstens mal eine Geburtstagstorte«, freilich zu einem Preis, zu dem er »in einem Pariser Luxusrestaurant ein vollständiges Menü« hätte bestellen können.

Unter der Überschrift »Ein Barbar im Teehaus« kann er den Lesern der Wirtschaftswoche im Mai 1985 seine Beobachtung übermitteln, es stimme nicht, »dass alle Japaner Giftschlangen essen und dicke, fette Raupen; das tun nur wenige«. Gleichwohl sei die japanische Küche »von Europa aus gesehen« alles andere als »normal«, was nicht »am unbegreiflichen Verzicht auf Butter, Sahne und Käse« liege, sondern daran, »dass es den Japanern nicht so sehr darauf ankommt, wie eine Speise schmeckt, sondern wie sie aussieht«. Vieles habe »nach unseren Geschmackskategorien« mehr Ähnlichkeit »mit marinierten Badeschwämmen, mit Reifen-Flickzeug oder eingelegten Notizbüchern als mit dem, was wir unter Delikatessen verstehen«. Shabu-Shabu und Sukiyaki halte er für »eine bedauerliche Verschwendung«, da die dünnen Fleischscheiben in Sekunden durchgebraten beziehungsweise -gekocht seien und »damit ihre Saftigkeit« einbüßten. Andererseits konzidiert er, dass es »in der Fischküche« – abgesehen von einigen Leckerbissen wie »Seezunge in Champagnersauce« – »auf der ganzen Welt« keine ähnlich delikaten und angenehmen Zubereitungen gebe.

Um angesichts einer »Sehnsucht nach europäischer Küche, die sich nach dem ersten Liter konsumierter Sojasauce einstellen kann«, allzu schweren Entzugserscheinungen vorzubeugen, besucht Siebeck die japanischen Ableger der französischen Spitzenköche. Wenn auch mit mäßigem Erfolg: »Anspruchsvolle Feinschmecker können dann durch den Namen Paul Bocuse verführt werden, der in Tokio eine Filiale seines berühmten Restaurants eingerichtet hat. Doch von der bescheidenen Weinkarte bis zu den mehr oder weniger deftigen, großen Portionen entspricht dort alles dem Niveau eines ganz normalen Pariser Bistros, nur die Preise erinnern an die drei Sterne, die der Meister zu Hause voller Stolz zeigen kann. Da ist das Maxim's im Sony Building schon besser, diese verblüffende Imitation des Pariser Luxusrestaurants. Aber das Wahre sind weder die Plüschkombinationen noch das Lammkarree provenzalisch. Aus ersteren pfeift die Klimaanlage kalte Winde in die Kragen der Gäste, letzteres kommt tiefgefroren aus Neuseeland.«

Da er in China nicht einmal schlechte Kopien der französischen Hochküche erwarten kann, erspart er sich die Reise dorthin. Und überhaupt: »Die chinesische Küche ist in ihrer vollendeten Form total verkünstelt und undurchschaubar; ihre populäre Form jedoch ein wüstes Durcheinander mit immer denselben acht Gewürzen.« Dieses Klischee korrigiert er Jahre später so diskret wie dezent, als er in Wien nahe dem Naschmarkt das Restaurant Green Cottage einer »genialen« Köchin – »jung, hübsch und schüchtern« – namens Frau Wu entdeckt, deren »absolute Hochküche« er in einem seltenen Anfall von ungebremstem Enthusiasmus als »hinreißend« und »reine Poesie« empfindet: »zarte Gebilde, die manchmal an die Kunst des Papierfaltens denken ließen«, »chinesische Küche, konvertiert zu europäischen Inhalten«. Dass Frau Wu »nach einem wichtigen Kaderwechsel in Peking, wie er im modernen China alle zwanzig Jahre stattfindet«, plötzlich auf rätselhafte Weise verschwindet, bedauert Siebeck über alle Maßen. Und es bestärkt ihn in seinem Argwohn gegenüber autoritären politischen Kräften.

Dass er ein tiefes Misstrauen auch gegenüber den USA hegt, ergibt sich fast zwangsläufig aus seiner politischen und kulturellen Prägung in den linksintellektuellen Kreisen der 60er- und 70er-Jahre – ein solides Vorurteil gegenüber ihrer Küche inklusive, die erfreulich übersichtlich aus seiner Perspektive ohnehin nur ein Gewürz kenne: »Ketchup«. Ansonsten bedürfte es im Oktober 1977 nur noch eines »Ox Grills im Sonoma Valley, um mich zurück nach Old Europe zu wünschen«:

»Ein Ox Grill ist eine öffentliche Veranstaltung, die in kleinen Städten vor dem Rathaus, in größeren auf städtischen Grünflächen stattfindet. Eine kleinere Version wird Barbecue genannt und kann überall und zu jeder Zeit stattfinden, wo es Nachbarn gibt. Dem europäischen Beobachter wird dieses Ritual wie eine Grillparty im Freien vorkommen. Doch damit hat es so wenig Ähnlichkeit wie der Zusammenstoß zweier Radfahrer mit einer

Massenkarambolage auf der A 44. Beim Ox Grill stehen die Bürger hintereinander in langen Reihen, nachdem sie für eine bestimmte Summe einen Gutschein und einen Pappteller erworben haben. Mit diesem in der Hand nähern sie sich einer durch Rauchschwaden kaum zu erkennenden Low-Tech-Feuerstelle, wo ihnen ein großes, schwarzes Ding ausgehändigt wird, das sie eiligst in Sicherheit bringen. Bei dem großen Schwarzen handelt es sich um ein Stück vom Rind, welches so lange der Hitze ausgesetzt wird, bis es einem Steinkohlebrocken nicht nur ähnlich sieht, sondern auch dessen Genießbarkeit annimmt. Die Beliebtheit dieser Art des Essens erklärt sich auch damit, daß dazu sowohl Bier als auch Coca Cola getrunken werden kann; nach meinen Beobachtungen jedoch nicht aus dem Pappbecher, welcher dem Kaffee vorbehalten ist, sondern aus Dosen.«

Immerhin: »In den noblen Restaurants von New York«, stellt Siebeck milde fest, »kochen französische Köche fast so gut Französisch wie unsere deutschen Küchenchefs.« Manchmal kochten dort auch Italiener. Was ihm gefällt, ist die »antrainierte Freundlichkeit des Personals«. All die muffeligen Portiers, geistesabwesenden Empfangsdamen und »beleidigten Hausdiener«, mit denen man es in Europa »ständig« zu tun habe, »wären in Amerika arbeitslos«.

Nicht ganz unbeteiligt an Wolfram Siebecks so wenig schlüssigem wie hingebungsvoll gepflegtem kulinarischem Eurozentrismus ist möglicherweise seine stets latent mitschwingende Sorge, innerhalb kürzester Zeit zu verdursten. Zwar gibt er zu, als »Euro-Chauvi« müsse er »wohl oder übel zur Kenntnis nehmen«, dass die kalifornischen »Neugründungen« im Napa Valley und andernorts mit ihrem »Kellertechnik-Schulwissen« erstklassige Weine produzierten. Ein paar Tage kann er mit Wodka oder notfalls mit Sake – »ohne ihn für die erstaunliche Küche«

Japans »notwendig zu finden« – über die Runden kommen. So richtig wohl fühlt er sich aber nur, wo sich seit Menschengedenken rebenbestandene Hügel sanft über den Horizont erheben: »Große Weine wachsen vor allem in Frankreich, und sie wachsen auch in Deutschland. Dass auch in anderen Ländern große Weine wachsen, ist möglich und wird von Leuten, die die entsprechende Staatsangehörigkeit besitzen, nachdrücklich versichert.«

In Österreich zum Beispiel, was er jederzeit umstandslos einzugestehen bereit ist. Kaum einen Ort liebt Siebeck mehr als Wien. Er ist »vernarrt« in diese Stadt, sie hat ihn »behext, verzaubert und bezirzt«: »Und wie alle Liebhaber möchte ich immerzu über meine Liebe reden, ihre Schönheit preisen und mich ihrer Anmut erinnern.« Es mag an der kulturellen Kontinuität der alten Habsburger-Metropole liegen, die den ihm immer noch lieben Balkan in sich trägt; es mag an der speziellen Wiener Melange aus Weltläufigkeit und Erdung, Charme und Chuzpe, Eleganz und Bodenhaftung, ironischer Boshaftigkeit und verborgener Herzenswärme liegen, die ihm so gut gefällt, an der intakten Architektur sowieso. Vor allem aber liegt es an einem »kulinarischen Klima«, in dem sich die Veränderungen einer »unkulinarischen Moderne« langsamer entfalten als anderswo. Es ist das Gewicht, das die Wiener den leiblichen Genüssen zubilligen (»Die Wiener reden übers Essen wie die Londoner übers Wetter: inbrünstig und andauernd«), ihr »unbeirrbares Verlangen nach Qualität beim Schultersterzl und beim Grünen Veltliner«. Der beruhigende Anblick von Zeitungslesern in den Kaffeehäusern, die Ober im Frack, Schrammelmusik beim Heurigen, die rollenden Knödel der Beislwirtin ... Das alles sei nur ein Teil von Wien, schreibt Siebeck, »ich weiß es. Aber es ist der lebendigste Teil, der menschlichste.«

Er ist der »Stadt verfallen«, sie gehört ja auch »objektiv gesehen zu den schönsten der Welt«. Und weil er daraus kein Geheimnis macht, lädt ihn Wiens Bürgermeister Helmut Zilk nach der freundlichen Besprechung eines Innenstadt-Beisls in der ZEIT mittels eines äußerst freundlichen Briefs ein, ihm bei seinem nächsten Wien-Besuch weitere lohnende Adressen zu präsentieren. Während Wolfram Siebeck in Deutschland über weite Strecken seiner Laufbahn – nicht völlig unerklärlicherweise – aus der politischen und staatstragenden Sphäre eine gewisse Kühle, wo nicht harsche Ablehnung entgegenschlägt, wird er in Wien auf Veranlassung höchster Kreise und mit Unterstützung der Stadtverwaltung zu einer Art von Artist in Residence. Von 1986 bis 1994 verbringt er viermal drei Wintermonate mietfrei in einer großen Wohnung in zentraler Lage im 1. Bezirk – am Bauernmarkt, mit Blick auf den Eingang des Stephansdoms – und schreibt über die Beisln, Kaffeehäuser, Heurigen und erstklassigen Restaurants.

Dass er dies, Grundvoraussetzung seiner Arbeit, trotz der erfahrenen Wohltaten unbeeinflusst in seiner Auswahl und nicht durchgängig im Ton lobender Zustimmung tut, wird in der Stadt von Karl Kraus, Alfred Polgar und Egon Friedell allseits vorausgesetzt, und Siebeck stellt sich würdig in diese Tradition: »Als in jeder Hinsicht ahnungslosem Fremdling war es mir vergönnt, gleich am ersten Tag kopfüber in eine Brutstätte des Wiener Schmäh zu fallen, die nur fünfzig Meter von unserer Wohnung an der Peterskirche existierte. Gutruf hieß der Schuppen, war (und ist) eine dunkle, schmuddelige Bar voller Säufer, Schwätzer, Angeber, Künstler, Ehebrecher, Schiffversenker und woraus die kettenrauchende Bohème der Wiener Journaille sonst noch besteht. Sie tranken schlechten Wein aus miserablen Gläsern, welche auf meine Initiative bereits im zweiten Winter gegen bessere ausgetauscht wurden. Auch beim Weinkauf konnte ich manchmal Einfluss nehmen. Hingegen prallten meine Verbesserungsvorschläge zur hauseigenen Küche an der traditionellen Gleichgültigkeit der als Stammgäste auftretenden Besitzer der Bar ab.«

Siebeck liebt Wien, und Wien liebt Siebeck. 2007 wird ihm das Goldene Verdienstzeichen des Landes Wien verliehen, wozu Elisabeth Gürtler, in Personalunion Chefin des Hotels Sacher, des Opernballs und der Spanischen Hofreitschule, dem lieben »Herrn Professor Siebeck« »sehr, sehr herzlich« gratuliert – »wirklich verdient«; drei Jahre später lädt ihn das österreichische Umweltbundesamt als Referenten bei einem »Science Event« zum Thema »Biologische Vielfalt« ein. Schon 1975 lässt ihn der spätere Bundespräsident Alexander van der Bellen in einem Leserbrief wissen, mit »großem Vergnügen« lese er seine Artikel »über jene Köstlichkeiten, mit denen die deutsche Küche unseren Magen beleidigt«.

Siebeck revanchiert sich, indem er stattdessen das hohe Lob auf Wien singt. Und vor allem auf seinen Wiener Lieblingsort schlechthin: den Urbanek am Naschmarkt, Stand 46, ein Feinkostimperium auf ganzen 13 Quadratmetern, Wiens kleinste Bühne. Theatralisch irgendwo zwischen Volksoper und Bauerntheater angesiedelt, wird hier tagein, tagaus dasselbe Stück in wechselnder Besetzung gegeben, eine Art »Kir Royal« mit Speckstullen. Nirgendwo in der Stadt finden sich edlere Schinken, fettere Würste, saftigeres Roastbeef, goldenerer Käse, kühlerer Wein und vor allem: perlenderer Schmäh (»Kennst' den Soundso?« »Sicher!« »Woher?« »Vom Wegschau'n.«). Die Kulisse bilden eine brummende, vierstöckig belegte Kühltheke, furnierte Weinregale, Tannengirlanden aus Fernost, Tiroler Schnitzereien, kleine Rosensträuße und dazwischen in jedem freien

Winkel ein gargantuanisches Wimmelbild aus Trockenwürsten und glänzenden Pasteten, blütenweißem Lardo, strammen Schweineschenkeln aus dem Friaul oder vom eichelgefütterten Ibérico, Mangalitza-Blutwurst, Hirschschinken aus dem Ausseer Land, Eselsalami aus dem Veneto, Wildschweinschinken aus der Toskana, Ziegenkäse aus dem Waldviertel, dotterblumengelbem Bergkäse aus Vorarlberg, Türmen von Époisses- und Vacherin-Schachteln und Bauerng'selchtem vom Fleischhauer Lechner aus dem Mostviertel.

Hier, am Ziel aller »gralssuchenden Feinspitze«, steht Siebeck wieder und wieder an kalten Wintertagen in drangvoller Enge und entdeckt das »Eigentümliche einer Wiener Spott- und Scherzgesellschaft mit ihren Macken, ihrer Genussfreude und ihrer Doppelbödigkeit«: »Jeder kannte jeden oder lernte jeden kennen, der sich dort zu bestimmten Stunden einfand in der Gewissheit, den Tag mit delikaten Schmankerln und frischen Weinen in bester Gesellschaft zu verbringen.« Kein Ort erfüllt ihn »noch Jahre später« mit »jener schmerzhaften Sehnsucht«, wenn er an Wien denkt, vergleichbar nur dem Silvesterkonzert der Wiener Philharmoniker – »rauschhaft und mitreißend«.

21.
Never complain, never explain

Dass es neben Paris und Wien noch eine dritte Stadt gibt, der Wolfram Siebecks Liebe gehört, hat mit ihrem kulinarischen Angebot am allerwenigsten zu tun. Londons Fish and Chips, Bangers and Mash und Steak and Kidney Pie nehmen in seinem journalistischen Oeuvre exakt den Platz ein, der ihnen zukommt: keinen.

Die Entbehrungen in der Kriegsgefangenschaft und der erste Kontakt mit Worcestershiresauce, mittels derer er sich in den nächtlichen Kneipen der 50er-Jahre erfolglos bemüht, mehlgebundene, fleischarme Konserven-Gulaschsuppen in etwas Essbares zu verwandeln, bestärken ihn früh in der Überzeugung, von den britischen Inseln sei wenig Wohlgeschmack zu erwarten. Wie die Deutschen betrachtet er die Engländer als »Puritaner«, denen »jede Art von kulinarischer Verfeinerung verdächtig« sei – »ihre Genügsamkeit halten beide für ein Verdienst«.

Wie seine Liebe zu Frankreich, so beginnt auch seine Beziehung zu England literarisch. Und familiär: Kurz nach dem Kriegsende heiratet seine Tante Elfi, eine Schwester der Mutter, einen freundlichen englischen Soldaten, der später als Reuters-Korrespondent in Afrika, Moskau und Berlin arbeitet und seine Erlebnisse – denen zum Bedauern seines angeheirateten Neffen nichts vom Glamour des Fleet-Street-Typus anhaftet, wie ihn Evelyn Waugh beschrieb – schließlich in zwei selbst verlegten

Autobiografien veröffentlicht und jedem zum Kauf anbietet, der zufällig seine Wege kreuzt. Als Anregung ungleich wichtiger ist für Wolfram Siebeck die Existenz einer Bibliothek im Fehmarner Kriegsgefangenenlager. Mit ihr kann er sich über seinen vor Hunger schmerzenden Magen hinwegtrösten und erkennt den Englischunterricht als die einzige Errungenschaft seiner kurzen Gymnasialkarriere, die ihm später nützen wird.

Auf Fehmarn freundet Siebeck sich mit Lord Peter Death Bredon Wimsey an, dem Helden der eleganten Kriminalromane von Dorothy Leigh Sayers, und mit Bertie Wooster, der seine unauslöschliche Liebe zu P. G. Wodehouse begründet. Bei ihnen findet er das Umfeld, das ihm gefällt, das sein England-Bild prägt und nach dessen Spiegelungen in der Realität er auf seinen Reisen nach London sucht, sosehr ihn anfangs auch die kulturellen und intellektuellen Bezüge der Stadt reizen – 1963 trifft er bei dem Schriftsteller, Regisseur und Maler Jakov Lind in Hampstead bei Lammkoteletts den späteren Nobelpreisträger Elias Canetti, dessen »Blendung« ihn gut anderthalb Jahrzehnte zuvor tief beeindruckt hat, und im Juni 1967 ist er gerade in den Trickfilm-Studios und -Ateliers von Soho unterwegs, als das »Sergeant Pepper«-Album der Beatles herauskommt. Auf die Dauer jedoch begeistert ihn vor allem das Lebensgefühl der britischen Upper Class. Dazu begibt er sich sogar auf den Golfplatz: Zum ersten und einzigen Mal nimmt er auf Beckenham Place Park in Lewisham einen Schläger in die Hand und hinterlässt eine Spur der Verwüstung.

Einen intensiven Einblick in die Sphäre seiner Wodehouse-Helden Bertie Wooster und Butler Jeeves, Lord Emsworth, Stanley Featherstonehaugh Ukridge und Aunt Agatha erhält er, als ihn – Mitte der 70er-Jahre bereits zu einigem Renommee gelangt – in Widdersberg die Direktoren des Dorchester, des Landhotels Lygon Arms in den Cotswolds und von Chewton Glen in Hampshire besuchen und ihn zu einer Rundreise überreden. Bei der werden die Kulissen und Szenerien seiner Romane plötzlich reale Gegenwart, die Salons und Drawing Rooms, Clubs und Country Estates, Gärten und Terrassen, Luncheons, Dinners, Tea Partys und Wochenenden auf dem Land.

Im Dorchester erscheinen die Gäste abends im Smoking, und in seiner Küche erkennt Siebeck im Schweizer Anton Mosimann eine Art britischen Witzigmann, der Englands »Nierenfett-Küche den Killervirus der Nouvelle Cuisine« einpflanzt. Er liebt die Atmosphäre viktorianischen Glanzes, wie sie im Rules – jenem »nostalgischen Juwel aus dem frühen 19. Jahrhundert, dem Kultur, Dekoration und Lebensart eine unsterbliche Seele eingegeben haben« –, bei Simpsons in the Strand und in anderen Hochburgen des Roastbeefs die Zeiten überdauert haben, als wäre Indien nie von der Krone abgefallen. Er sitzt im Savoy Grill, in dem Noël Coward seinen Stammtisch gehabt hat, isst bei Wilton's in St. James Räucherlachs, Dover Sole und Bread and Butter Pudding, und dazwischen zieht es ihn immer wieder in die Tate Gallery zu Turner, Constable, Millais, Hunt und Rossetti. Nach mehreren Traumreisen durch Englands Westen ist er für einen Moment fast versucht, statt in ein Mas in der Provence in ein britisches Cottage zu investieren.

Im kultivierten England fühlt Siebeck sich heimisch. Die romanhafte Upper Class taugt nicht schlecht zum Spiegel seiner Persönlichkeit. Weder vergeistigter Intellektueller noch bourgeoiser Franzose, vom preußischen Arbeitsethos so weit entfernt wie von lärmenden Ausschweifungen südlicher Hedonisten, wirkt er mit seiner distanzierten Exzentrik, seiner schüchtern-überheblichen Ironie und seinem grandiosen Witz- und Stilempfinden wie einem britischen Gesellschaftsroman der 30er-Jahre entsprungen. Dass er ein Snob ist, ein Snob im Wortsinne, das weiß er und räumt es gerne ein: »Snob, das ist ja die Abkürzung für sine nobilitate, gemeint sind Leute ohne Adelstitel, die aber dazugehören wollen und sich dafür unglaublich anstrengen. Aufsteiger. Ich war ja mittellos, als ich anfing. So gesehen bin ich ein Snob, ja.« Er weiß, dass man als Habenichts gesellschaftlich sehr weit kommen kann, wenn man mit der entsprechenden Anspruchshaltung Intelligenz und gut verborgenen Fleiß in die Waagschale wirft. Zumal ihn vor dem größten Risiko des Aufsteigers, der grellen Geschmacklosigkeit, eine ferne familiäre Erinnerung samt Frack im elterlichen Kleiderschrank schützt. Und eine an Gleichgültigkeit grenzende Gelassenheit den Widrigkeiten und Ernsthaftigkeiten des irdischen Daseins gegenüber, die so manchem Marquess Respekt abnötigen könnte.

Was Siebeck auch leistet, er tut es – zumindest sobald ein öffentlicher Anschein davon existiert – mit allergrößter anstrengungsloser Beiläufigkeit. Vom Schildermaler zum Kunststudenten, vom Pressezeichner zum Trickfilm-Experten, vom Filmjournalisten zum Satiriker und dann zum Gastronomiekritiker – nichts davon ist von langer Hand kalkuliert oder energisch vorangetrieben, kein Kurswechsel wohlüberlegt; wann immer er in eine neue Richtung geführt wird, geschieht das zufällig. Nichts liegt Wolfram Siebeck ferner als Verbissenheit, er nimmt hin, was kommt, ohne zu murren. Gleichmütig resümiert er: »Wenn ein Leben durch Zufälle bestimmt wird und nicht planmäßig verläuft, weil kein Plan vorhanden ist, dann sagt das einiges über die Person aus, die sich da ohne großen Widerstand vom Schicksal treiben lässt. Nur was sagt es aus? Ich habe nie darüber nachgedacht.«

Jede Form prätentiösen oder auch ernst gemeinten Tiefsinns ist ihm zuwider, die Oberflächlichkeit in allem, was er tut, ein selbstbewusst vorangetragenes Mantra: »Wer da leugnet, dass die interessantesten Dinge auf der Oberfläche unseres Lebens zu entdecken sind, soll sich dorthin verziehen, wo der Morast am tiefsten und die Gedanken am dunkelsten sind. Er wird sich nicht in schlechter Gesellschaft befinden. Beide Lokalitäten habe ich stets zu vermeiden gesucht. So entging ich der Suche deutscher Feuilletons nach dem Tiefsinn und der Bedeutungsschwere.« Schon in seinen journalistischen Anfangsjahren nerven ihn die sorgsam gepflegten Angstneurosen seiner Zeitgenossen – die fatalistische Liebe zu den Weltuntergängen von Picassos »Guernica« bis zu Francis Bacon –, garniert durch eine aus seiner Sicht »künstliche Bedeutungsvertiefung« der flankierenden Kunstkritik. Wenn er ihn überhaupt sucht, dann sucht er mit Karl Kraus den Tiefsinn an der Oberfläche.

Und macht nur dort keine Kompromisse, wo es um Eleganz und Äußerlichkeiten geht.

Während sein Vater Monokel zum Maßanzug trägt, besteht sein Sohn ab dem Bundestagswahlkampf der CDU des Jahres 1994 (»Auf in die Zukunft, aber nicht auf roten Socken«) konsequent auf roter Fußbekleidung als Ausweis gepflegter Verschrobenheit. Und auf allererster Qualität bei Schneidern wie Schustern. Seine Hemden und Anzüge, Tweedjacken und handgenähten Lederschuhe kauft er sooft wie möglich in London. Seine Eitelkeit – zu der er unumwunden steht – zeigt sich schon auf frühen Fotos im schweren Wehrmachtsmantel, den er lässig zurückschlägt, und in dandyhafter Reporterpose auf einer Parkbank in Bochum. Als er am 8. Mai in Boizenburg an der Elbe auf die ersten Amerikaner trifft, fallen ihm sofort ihre »beneidenswerten beigen Stiefeletten« auf, mit denen sie ungezwungen in ihrem Jeep sitzen. Als er aus der Gefangenschaft entlassen wird, besitzt er neben seinem Metallgeschirr eine flauschige weiße Stoffbahn, Beute aus einem geplünderten Lastwagen, die er sich blau einfärbt und zu einem »auffällig modischen« Wintermantel verarbeiten lässt.

In den Bierkneipen von Altenbochum trägt der Teenager Wolfram Siebeck Ringelsocken und holt sich dafür manche Portion Prügel von Altersgenossen. Am Ende seiner Akkordeon-Bemühungen tauscht er das Instrument gegen einen kratzigen Anzugstoff ein, lässt sich daraus einen Zweireiher nach Art amerikanischer Komiker in den schmissigen Musikfilmen jener Zeit schneidern und wird so laut seiner eigenen Einschätzung wahrscheinlich »der eleganteste Arbeitslose Bochums«.

Der eleganteste oder zumindest extravagantest gekleidete gastronomische Autor des Landes ist er mit Sicherheit. Daran, dass ihm diesen Rang niemand streitig macht, arbeitet er mit bemerkenswerter Entschlossenheit, wenn er sich etwa auf dem Umschlag seines 1992 erschienenen Buches »Das Haar in der Suppe hab' ich nicht bestellt« in einer Aufmachung präsentiert, die in ihrer ästhetisch-programmatischen Skurrilität Monty Python zur Ehre gereichte. Mit D'Artagnan-Bart und karierter Schirmmütze überragt er da eine Marktfrau in Kopftuch und Kittelschürze, die ihm zwischen Spargelbündeln zwei Sellerieknollen zur Begutachtung hinhält und den Eindruck erweckt, sie lerne dabei einiges. Siebeck hat einen Einkaufszettel in der lederbehandschuhten Hand, trägt eine karierte Pelerine in Tweed, darunter ein Tweedsakko und Krawatte – die perfekte Mischung aus Sherlock Holmes und dem Earl of Dorincourt im Stadttheater Gütersloh, dabei, mit Blick auf eine später notierte Maxime, ein wenig überambitioniert: »Sei bedacht auf dein Äußeres. Hier ist man bei traditionell englischen Vorbildern auf der sicheren Seite.«

Was das Komfortbedürfnis angeht, gilt das ebenso. Die britische Hotellerie hält Siebeck für die »zivilisierteste der Gegenwart«, nirgendwo habe der Gast so häufig wie hier die Chance, »in einem Ambiente von erlesenem Geschmack und ungewöhnlich privater Atmosphäre zu wohnen«. Er, der immer in alten Häusern gelebt hat, findet hier einen Rahmen, der seinen »anspruchsvollen Vorstellungen von Stil und Komfort« gerecht wird.

Zwar sitzen im Dorchester Grill jede Menge älterer Herrschaften unter funzeligen Lampen, die sich »wie eh und je« riesige Fleischlappen von der richtigen Seite des Beefs abschneiden lassen und ansonsten »Kochkunst für etwas halten, das Leuten überlassen werden sollte, die Frösche essen«. Aber dass die Welt dem großartigen Britannien zugleich – Sherry! Madeira! Port! Claret! Gin! – herrlichste Genüsse verdankt, hält Siebeck wiederum für keinen Zufall. Nicht grundlos werden in den Romanen und Kurzgeschichten englischer Autoren seit den 30er-Jahren »mehr Luncheons und Dinners beschrieben« und spielen »Hotels wie das Ritz, das Savoy und The Dorchester eine größere Rolle als Hotels und gutes Essen in der gesamten übrigen westlichen Literatur zusammengenommen«. Hier, in einer Welt des eleganten Müßiggangs, hier, wo der Zeitvertreib dem eigenen Amüsement gewidmet ist, hier fühlt Wolfram Siebeck sich zu Hause und verstanden, er, der die meisten Ereignisse seiner Biografie als »Produkte seiner Lebenslust«, seiner »Genusssucht« empfindet.

Wie als Echo einer besseren Welt plädiert er, wo er nur kann, für antizyklische Schwelgerei, empfindet jedes ostentative Ritual – den »feinen« Restaurantbesuch zum Jahrestag, das zwanghafte Ausgehen am Samstagabend nach einer durchlittenen Woche – als geradezu unerträglich. Nicht anders als die Dandys des 19. Jahrhunderts vertritt er das Credo, man könne erst dort von »Esskultur« sprechen, »wo am hellen Tage Zeit und

Geld für kulinarischen Genuss investiert wird«, wo englische Picknicks und Champagnerfrühstücke in den Gärten von Pariser Luxushotels den Tag strukturieren (»Das ist die Stunde, da Deutschlands Bosse sich einen Cheeseburger ins Büro bringen lassen«). So unsinnig er eine Unterscheidung zwischen Gourmet und Gourmand findet – »ein leidenschaftlicher Feinschmecker kennt am Ziel seiner Wünsche keine Hemmungen« –, so unbegreiflich ist ihm jede Leibfeindlichkeit: »Wir haben nur dieses eine Leben, und das ist kurz. Wieso sollte ein intelligenter Mensch seine guten Seiten nicht genießen wollen?« So zweckfrei, so zwangfrei wie irgend möglich. Hedonistisch. Exemplarisch satirisch illustriert von Honoré Daumier mit dem »Austernliebhaber« in seiner »Galerie physionomique« von 1836.

Den scheint Siebeck vor Augen zu haben, als er seine eigene Liebe zu Austern beschreibt: »Es gibt kaum etwas Essbares, das so großen Genuß verschafft, ohne zu sättigen; keine andere Speise bietet sich in solcher Natürlichkeit dar und vermittelt uns dennoch das Gefühl höchster Raffinesse. In jeder Handbewegung, mit der der Esser sich nun eine Auster holt, liegt eine unendlich große Erwartungsfreude, die auch nach dem zweiten Dutzend nicht geringer wird. Wenn man die Auster zum Munde hebt, sie mit der kleinen Austerngabel vom Boden der Schale löst (sofern das nicht schon in der Küche gemacht wurde), in den Mund nimmt, abschmeckt und hinunterschluckt und schließlich den in der Schale verbliebenen, köstlich kühlen Saft ausschlürft, dann erlebt man einen der Momente, die für den Feinschmecker gleichbedeutend sind mit Lebensqualität. Dazu der Weißwein – nach jeder Auster einen Schluck! – und zwischendurch ein kleines Stückchen Graubrot mit Butter – ich gestehe, dass ich dafür alle Wunderwerke der feinen Küche hergebe. Wieviel subtiler ist doch dieser Genuß als jede andere Art von Esserei, die ja doch nach viel zu kurzer Zeit bereits zur Sättigung führt. Deshalb aber auch ist das Essen von Austern ein wirklicher Luxus.«

Ein Luxus, der selbst dem offensteht, der bei geringen Mitteln über die richtige Haltung dem Dasein gegenüber verfügt. Dürftige Finanzen lässt Siebeck jedenfalls als Ausrede nicht gelten – und noch weniger als Angriffsfläche –, kann er doch am Beispiel der Bauarbeiter in der Provence zeigen, was trotzdem geht. »Serge und seine Helfer« treiben ihn mit ihrem Wirken an seinem Sommerhaus zwar in Armut und Wahnsinn, geben dazwischen aber ein Musterbeispiel kulinarisch-kultureller Überlegenheit ab: »Im krassen Gegensatz zu deutschen Bauarbeitern tranken sie kein Bier, und anders als andere französische Handwerker verschwanden sie zur Mittagszeit nicht für zwei Stunden in verschiedenen Richtungen. Stattdessen zelebrierten sie ein komplettes Mittagessen, als wäre es ein Picknick in Glyndebourne. Einer holte aus seinem kleinen Kastenwagen eine Heizplatte und schloss sie an der Steckdose an, die ihnen noch vor Minuten den Strom für ihren Schlagbohrer geliefert hatte. Ein anderer hatte plötzlich drei Forellen in der Hand, der Dritte steuerte Brot, eine dicke Scheibe Entenleberterrine, Oliven und eine Flasche Rotwein bei. Sodann bereiteten sie sich mit der Begeisterung von Pfadfindern zwischen Bautrümmern und Zementmischmaschine ein Mittagessen, das sich ebenso der Tradition wie der französischen Esskultur verdankte. Im Laufe der Wochen habe ich mich immer wieder zu ihnen an den dick mit Gips überkrusteten Tisch gesetzt und mich an der Zubereitung beteiligt, wobei ich dies und das sogar von ihnen gelernt habe.«

Ob beim Champagnerfrühstück im Bristol, beim Dinner im Dorchester oder auf der südfranzösischen Baustelle – Siebeck liebt seinen Beruf. Nichts bereitet ihm größere, spannungsvollere Vorfreude als der Moment, in dem ihm ein Kellner die Karte reicht: »Eine große Ruhe überkommt mich. Setzt einen wahren Fresser hinter eine gute Speisekarte, und ihr seht einen glücklichen, selbstvergessenen Menschen. Kein Bücherwurm kann ein Buch seines Lieblingsdichters freudiger in die Hand nehmen.« Menschen, Lesern, die ihm vorhalten, es gebe wichtigere Dinge als Hechtklößchen mit Sauce Nantua, entgegnet er routiniert: »Gibt es auch. Es gibt aber auch Menschen, die Dinge nicht danach beurteilen, ob sie wichtig sind, sondern danach, ob sie Freude machen. Und was das angeht, so gibt es auf die Dauer wenig Sachen, die mehr Freude machen als ein erlesenes Essen. Das wußten schon die alten Römer; und das wird auch noch im nächsten Jahrhundert so sein – wieviele Krisen und Revolutionen es bis dahin auch geben mag.«

Was Wolfram Siebeck in London findet wie wohl nirgendwo sonst auf der Welt, ist eine kommunikative Haltung, die seinem Charakter perfekt entspricht: kühl, ironisch, deutlich und diskret. Seit der Premierminister Benjamin Disraeli sie in die berühmte Formel »Never complain, never explain« fasste und dies zu Beginn des 20. Jahrhunderts zur lange Zeit unangefochtenen Strategie der Königsfamilie wurde, besteht auch Siebecks Role Model. Er kritisiert. Er nörgelt. Wehleidig klagen tut er nie. Und sich entschuldigend erklären schon gar nicht. Damit folgt er einer stolzen, kulturell tief verankerten britischen Tradition – von Lord Byron über Oscar Wilde bis zu Margaret Thatcher, Vivienne Westwood, Monty Python und den Sex Pistols (P. G. Wodehouse: »Es ist eine gute Regel, sich niemals zu entschuldigen. Die richtige Art von Leuten will keine Entschuldigungen, und die falsche Art nutzt sie gemein aus.«). Als Siebeck achtzigjährig im Interview mit seiner ZEIT behutsam gefragt wird, ob man nicht nach einem derart langen, »erstklassigen«

Leben in den besten Hotels und Restaurants drohe, »betriebsblind zu werden«, antwortet er umstandslos: »Ja.« Und erklärt auf die verständliche Nachfrage »Und wie beugt man dem vor?« so knapp wie abschließend: »Gar nicht. Ich bin doch nicht verrückt, wieso sollte ich dagegen ankämpfen?«

»Lasst euch nicht verbiegen, sondern lebt im eigenen Rhythmus dahin. Kümmert euch nicht darum, was die Nachbarn von alledem halten. Vermeidet Mitgliedschaften in Vereinen, Clubs (außer dem ADAC), Parteien und Verbänden.« Das sind seine Grundsätze. Auf die Frage, ob er die Deutsche Akademie für Kulinaristik, in der Praktiker und Theoretiker gemeinsam an einer Qualitätssteigerung arbeiten, durch seine Beteiligung befördern wolle, antwortet er bloß: »Ich bin nie gerne dort, wo andere sich drängen.«

Was Wolfram Siebeck hinter seiner ironischen Kühle verbirgt und was viele Menschen überrascht, die ihm zum ersten Mal begegnen, ist Schüchternheit. Sein Abscheu gegen jede kumpelhafte Vertraulichkeit, den er für seinen Beruf als zwingend empfindet, seine Herablassung, seine gelegentlich mehr oder weniger erfolgreich unterdrückte Aggression - sie haben ihre Wurzeln nicht zuletzt in der Tatsache, dass er im Kern ein scheuer Einzelgänger ist. Er hasst Small Talk und beherrscht ihn nicht. Wer von seinen vielen Anhängern sich ihm bei einer zufälligen Begegnung im Restaurant oder Hotelfahrstuhl begeistert als Fan zu erkennen gibt, erntet als Dank nicht selten ein schwer zu deutendes, zwischen belästigter Abwehr und bemühter Freundlichkeit schillerndes Gebrummel. Jünger sind ihm fremd, sogar seine eigenen: »Will man in seinem Kreise nicht gestört sein, so ist fühlbare Distanziertheit das adäquate Mittel, um seine Umwelt auf noch größerem Abstand zu halten.«

So eitel er ist, der große Auftritt liegt ihm nicht, die öffentliche Rede schon zweimal nicht. Alles Laute, Auftrumpfende ist ihm unangenehm. Einziges Paradestück auf dem Feld der darstellerischen Künste bleibt ein Stuhltrick, den er als Anfang Zwanzigjähriger im Rosenkabarett des Professor Lichtwald einstudiert und auch noch als reifer Herr zur Verblüffung der Anwesenden vorführt, wenn er sich steif über zwei Stuhllehnen legt und auf seinem Bauch das Gewicht eines Erwachsenen tragen kann. Hier freut ihn der Beifall, der ihm bei allem Selbstbewusstsein grundsätzlich verdächtig ist. Dass er nur für eine Minderheit schreibt, ist ihm Gewissheit, dass dies gut so ist, ebenso: »Misstraut der Masse, deren Meinung und vor allem deren Geschmack.«

Auch seine Freundschaften wählt er mit Zurückhaltung. Im Interview gefragt, wie viele er habe, antwortet er ausweichend und wahrheitsgemäß: »Ich weiß nicht.« Und als insistiert wird – »Also enge, gute Freunde, von denen Sie sagen würden ...« –, unterbricht er barsch: »Mein Gott, hören Sie auf, die liegen alle unter der Erde.« Freunde gewinne man nur, wenn man in einer Großstadt lebe und sich häufiger sehe. In Mahlberg und in Puy-Saint-Martin jedenfalls nicht, soll das heißen. Zugleich stört ihn am Wohnen im französischen Süden die »Anziehungskraft, die eine provenzalische Adresse auf Freunde und Verwandte ausübt. Sie kommen unverhofft und nennen es spontan.« Weil er von Anfang an keine Gästezimmer eingeplant hat, macht es ihm »ziemliche Schwierigkeiten, gelegentliche Besucher unterzubringen«.

Zwar rät er seinen Lesern: »Eure Freunde: Sucht sie unter Essern und Weinliebhabern«, doch er selbst sucht in Wirklichkeit nicht. Oft regiert bei seinen Kontakten die Oberflächlichkeit: »Ein schöner Nebeneffekt meines Berufes ist es, daß man viele

Gleichgesinnte trifft. Das gemeinsame Lieblingsthema verkürzt den Weg zur Freundschaft auf angenehme Weise. Wenn sie die gleichen Weine mögen, dieselben Köche schätzen, haben passionierte Feinschmecker genügend Gesprächsstoff für viele Begegnungen. [...] Manchmal dauerte es Jahre, bis ich dahinterkam, daß der kenntnisreiche Gourmet, mit dem zu essen und zu trinken immer ein Vergnügen war, seine Frau auf abscheuliche Weise betrog, die Rechtsradikalen unterstützte oder seine Konkurrenz erbarmungslos niedermachte.« Schon aus dem Ruhrgebiet war Siebeck als junger Mensch Richtung Süden »regelrecht

geflüchtet«, weil er fürchtete, dort »verkümmern« zu müssen in einer »Kameraderie«, bei der er »trotz jahrelanger Vertrautheit stets der Außenseiter war«.

Roland Topor ist durch die Jahre wohl sein bester Freund, der Verleger Günter Holland gehört zum engsten Kreis, Haug von Kuenheim, eine Zeit lang Loriot, der in der bayerischen Phase zu Weinproben vorbeischaut, mit Siebeck bukolische Ausflüge an die Côte d'Azur unternimmt und ihm durch eine »antibürgerliche Spottlust und gewisse ästhetische Gemeinsamkeiten« verbunden erscheint – bis die ZEIT im Dezember 1979

ein Loriot-Porträt (»Der Herr auf dem Sofa«) von Siebeck veröffentlicht. Der führt den folgenden Bruch darauf zurück, dass er sich geweigert habe, den »genialen Artisten« einen »Satiriker« zu nennen, weil dem die dafür nötige »Portion Bösartigkeit« fehle. Jahrelang sprechen der »liebenswürdige Humorist« und der einst mit politisch-gesellschaftlichen Humoresken gestartete »Gastrotester« kein Wort mehr miteinander.

Im innersten Kern ist Wolfram Siebecks Leben ein Paarlauf mit Barbara, bei dem sie aufeinander bezogen sind – und beide auf ihn. Auch sie hat kein gesteigertes Interesse an ihrer Umwelt (»Welche Freundinnen? Ich habe keine«) und ist wie er weitgehend unempfindlich gegenüber Einreden aller Art. Sie sei »in so einem wilden, unnormalen Haushalt groß geworden«, dass es ihr »vollkommen egal« sei, »ob andere mich für ein gutes oder schlechtes Mädchen halten«. Motto: »Mach die Dinge so, wie du denkst, und hab keine Angst vor dem, was die Leute sagen.« Dazu gehört, dass sie selbst in diesem exklusiven Duett einander ihren Raum lassen, als »Geheimnis« ihrer Ehe »getrennte Schlafzimmer« angeben: »Es geht in Beziehungen immer auch um die innere Freiheit.« Eine Lektion, die in der britischen Upper Class von jeher als reine Selbstverständlichkeit gilt, wie jeder Grundriss eines halbwegs standesgemäßen Landhauses beweist.

22.
Versöhnungen

Spätestens mit 70 Jahren sieht Wolfram Siebeck Ernest Hemingway zum Verwechseln ähnlich: weißgraues, seitlich gekämmtes Haar über gebräuntem Teint, ein kantig-robustes Gesicht, blitzende Augen unter buschigen Brauen, ein von dichtem hellgrauem Vollbart umrahmter sinnlicher Mund. Ihm gefällt der Vergleich mit dem Nobelpreisträger naturgemäß – dem unbequemen Einzelgänger, Verächter aller Autoritäten und Kultivator seines Eigensinns sowie, vorsorglich, seines Nachruhms. Außerdem ist er weit davon entfernt, sich mit seinem beginnenden achten Jahrzehnt der gesetzlichen Regelaltersgrenze zu unterwerfen. Seine Kolumnen stehen Woche für Woche in der ZEIT, Monat für Monat im Feinschmecker; allerlei andere Artikel und Buchprojekte, Interviews und Verpflichtungen füllen seinen Kalender.

Vorfreudig bis erwartungsvoll setzt er sich noch nach mehr als 30 Jahren an den Tisch und spricht die Zauberformel, die das ewige Ritual auslöst, das ihn fasziniert wie eh und je: »Herr Ober, die Speisekarte, bitte!« Nach wie vor kommen keine »Ferienwünsche« auf, er erholt sich »am besten zu Hause an der Schreibmaschine«. Siebeck genießt seinen Beruf in vollen Zügen als »ein ausdauerndes Vergnügen« und gibt unumwunden zu: »Die Vorstellung des Laien vom schönen Leben des Berufsessers ist im Großen und Ganzen zutreffend.«

Natürlich erfordert es Opfer, es hat einen Preis. Besuche von Theater, Kino, Lesungen und Konzerten fallen für Siebeck weitgehend aus, denn »dummerweise« finden die wichtigen Ereignisse, die eine Großstadt bietet, eben zur gleichen Stunde statt: »Wenn Rühmkorf ans Mikrofon klopft oder Brendel seine Oktavengreifer knetet, reicht gleichzeitig der Oberkellner dem Gast die Speisekarte. Während der normale Zeitgenosse sich entscheiden kann für entweder ›Nosferatu‹ bei Enno Patalas im Filmmuseum oder ›Kalbsbries Rumohr‹ im Tantris, hat der Berufsesser keine Wahl.«

Wird es ihm gelegentlich zu strapaziös, betteln Leber und Magen mal um Gnade, legt er ein paar Reistage ein: Reis mit Ingwer und Äpfeln, Curryreis mit Rosinen, Gemüsereis mit Safran. Doch spätestens nach vier Tagen packt Siebecks die Unruhe: »›Wir waren schon so lange nicht mehr in Schaffhausen‹, sage ich. Und Barbara, die auf all das nicht anders reagiert als ich, ergänzt: ›Oder bei Girardet!‹ – ›Oder in Verbier!‹ – ›Wie wär's mit Husser in Marlenheim?‹ – ›In drei Stunden könnten wir in Saulieu sein!‹ Und so weiter. Die Koffer sind schnell gepackt, darin hat sie Routine. Ich erledige derweil die notwendigen Reservierungen. Nichts ist verheißungsvoller als die Fahrt über die Autobahn nach Paris, wenn ich dort im Taillevent, im Lucas-Carton, im Restaurant des Hotel Crillon oder bei den verwegenen Jungköchen in ihren Restaurants Apicius, Arpège, Clos de Longchamp, Table d'Anvers und L'Ambroisie einen Tisch bestellt habe. Wie freue ich mich immer wieder in der Gewissheit, dass es ein Katzensprung nach Sulzburg ist, wo die Familie Steiner den Hirschen, eines meiner Lieblingsrestaurants, betreibt; wie tröstlich, dass ich in einer Stunde bei dem großartigen Hans Stucki in Basel sitzen kann oder oben im Schwarzwald, wo in Baiersbronn zwei der besten deutschen Futterstellen unangestrengt demonstrieren, wie ein hochkulinarisches Ereignis abzulaufen hat.«

Zumal er an diesen wie an vielen anderen Plätzen spätestens mit Anbruch der 90er-Jahre als eine Art mythische Erscheinung empfangen wird, als legendäre Instanz – wo nicht geehrt, da doch wenigstens gefürchtet. Er gehört, erstaunlich genug für einen gastrosophischen Publizisten, zum intellektuellen Inventar der Republik. Ignorieren kann ihn niemand, der sich in Deutschland mit kulinarischen Themen beschäftigt und eine grobe Vorstellung davon hat, was ein Feuilleton ist.

Neben den weiterhin regelmäßig eintreffenden und gern entgegengenommenen Empörungsschreiben häufen sich allmählich die amtlichen und halbamtlichen Belobigungen. Die Bundesministerin für Verbraucherschutz, Ernährung und Landwirtschaft Renate Künast lädt ihn zu einem »Runden Tisch Wein« in die Hauptstadt, der Ministerpräsident von Rheinland-Pfalz Kurt Beck dankt unter dem Landessiegel für ein Siebeck-Lob »der Pfalz, des Pfälzer Weins und des Pfälzer Essens«, mit dem er ihm »nicht nur aus dem Magen, sondern auch aus der Seele gesprochen« habe und auf das ihn »etliche Genuss-Menschen und Siebeck-Verehrer« bereits hingewiesen hätten. »Diese schöne ZEIT-Seite« werde er »aufbewahren und mit Erlaubnis des Autors bei Tischreden zitieren«.

Egon Bahr erläutert Siebeck per Leserbrief die Vorzüge des »Hamburgers« als »letzte Zuflucht« in den Weiten des nordamerikanischen Kontinents, gemessen an dem, was die »normale amerikanische Küche der Provinz« sonst so bietet: »Man wusste wenigstens, was man an ihm hatte, und es war wenig zu verderben; denn ein Steak kann man nicht immer essen, und nicht überall gibt es chinesische oder mexikanische Küchenoasen.« Hoffmann-und-Campe-Geschäftsführer Manfred Bissinger organisiert ein Treffen mit Gregor Gysi, worüber dieser sich »sehr freut«. Günter Verheugen, Vizepräsident der EU-Kommission in Brüssel, setzt dem »lieben Herrn Siebeck« auf drei Briefseiten die Feinheiten des europäischen Lebensmittelrechts unter besonderer Berücksichtigung der Hygienebestimmungen für kleine, lokale und traditionelle Produzenten auseinander, weil er beim Nachlesen einiger Ausgaben des ZEITmagazins, die er sich »nicht zuletzt« wegen der Kolumnen des Adressaten »aufbewahrt«, eine aus seiner Sicht kommentierungsbedürftige Philippika gelesen hat (»Der Rohmilchkäse ist vom Aussterben bedroht. Wie konnte es dazu kommen?«).

Kühn laden die Freunde der Thüringer Bratwurst e.V. Siebeck, sich vorauseilend entschuldigend, zur Besichtigung des 1. Deutschen Bratwurstmuseums (»Der Schwerpunkt unseres Engagements liegt dabei mehr im kulturhistorischen Bereich als im Anspruch, die beste Bratwurst anzubieten«) in die »Bratwurstmetropole« Holzhausen ein. Ebenso erfolglos bitten der Rumohrsche Familienverband und die Sempergesellschaft um »wohlwollende Unterstützung« bei der Rekonstruktion des Grabmals für Carl Friedrich von Rumohr zu dessen 225. Geburtstag im Jahr 2010.

Siebecks 75. Geburtstag feiert im September 2003 Dr. Christina Weiss, Staatsministerin beim Bundeskanzler und Beauftragte der Bundesregierung für Kultur und Medien, mit einem euphorischen Stoßseufzer: »Sie haben uns Deutsche erlöst! Von einem Einerlei aus Knödeln und Kartoffeln, aus fetten Soßen und panierten Schnitzeln. Sie haben uns gelehrt, dass wir Kalmare essen, Möhren karamellisieren und Kalbsfleisch mit Salbei würzen können. Sie haben uns beigebracht, dass zwischen Schalotten und Zwiebeln ein Unterschied besteht. Und dass wir Zuckerschoten nicht garen sollten, bis sie weich und formlos werden. Mit Ihren Streifzügen durch die Küchen und Weinkeller haben Sie uns Kochen als Kunst und Kulturleistung in all seinen Facetten präsentiert. Nicht nur als Geschmacksverfeinerung und Lustgewinn, sondern als Ausdruck von Fantasie, Individualität und Selbstbestimmung. Sie haben bewiesen, dass Gerichte und Getränke würdige Objekte der Kritik sind, und Sie verfügen souverän über alle Zutaten, die ein Kritiker braucht: Geschmack und Stil, Geduld und Leidenschaft, Humor und Appetit.«

Für diese »und viele andere Erleuchtungen zum Wohle unseres Gaumens und unseres Geistes« dankt Weiss amtlicherseits und gratuliert »auf das Herzlichste«. Baden-Württembergs Ministerpräsident Erwin Teufel schließt sich an und übermittelt im Namen der Landesregierung seine besten Wünsche für Gesundheit, persönliches Wohlergehen und »Freude an Ihrem vielfältigen Schaffen«, verbunden mit einem »Wort des Dankes und der Anerkennung« für Siebecks »einmaligen« Ruf »weit über Deutschland hinaus«; als der »renommierteste deutsche Gastronomie-Kritiker« könne er »mit Stolz und Genugtuung« auf sein »Lebenswerk« blicken.

Zwei Wochen später ehrt Bundespräsident Johannes Rau Siebeck zum Tag der Deutschen Einheit mit anderen »verdienten Bürgerinnen und Bürgern« bei einem Festakt im Großen Saal von Schloss Bellevue. Umrahmt von Robert Schumann (aus den »Stücken im Volkston«) und Johannes Brahms verliest der Königshaus-Experte Rolf Seelmann-Eggebert mit sonor-distinguierter Stimme zu »Wolfram Siebeck, Mahlberg, Baden-Württemberg« die Begründung für das Verdienstkreuz 1. Klasse des Verdienstordens der Bundesrepublik Deutschland: »Seine Bücher und Kolumnen haben für die Qualität von Essen und Trinken Maßstäbe gesetzt. Damit hat er im Zeitalter von ›fast food‹ und Fertignahrung versucht, der fortschreitenden Verflachung der Koch- und Ernährungsgewohnheiten entgegenzuwirken. Dabei gilt seine Aufmerksamkeit nicht nur den ›sternen- und kochmützenbekrönten‹ Spitzenrestaurants, sondern auch der ›bürgerlichen Küche‹ deutscher Haushalte.«

Die offizielle Anerkennung seines Werks und Wirkens durch Frankreich ereilt Siebeck charakteristischerweise und zu seiner nicht geringen Genugtuung bereits anderthalb Jahrzehnte früher. Am 25. Mai 1989 trifft mit amtlichem Briefkopf der RÉPUBLIQUE FRANÇAISE aus Bonn ein Schreiben auf Burg Mahlberg ein, in dem »M. Wolfram Siebeck, Chroniqueur gastronomique« durch den Attaché Agricole der französischen Botschaft beschieden wird, Henri Nallet, Ministre de l'Agriculture, habe entschieden, ihm den Grad eines Chevalier du Mérite Agricole zu verleihen, eines Ritters der Verdienste um die Landwirtschaft. Diese Auszeichnung würdige seine erfolgreiche Laufbahn als gastronomischer Kolumnist, in der er seinen zahlreichen Lesern immer wieder Qualität und Vielfalt der französischen Lebensmittelkultur nähergebracht habe.

Sechs Jahre später folgt per Ministererlass das Offizierskreuz des Ordens.

Die Verwandlung der Meriten in konkreteren Nutzen erfolgt so elegant wie zielstrebig auf verschiedenen Wegen. Die MS Europa verheißt unter der Überschrift »Siebecks Sinne – Spanische Leidenschaften:

Köstliche Küche, feurige Rhythmen zwischen Barcelona und Teneriffa« eine »Gourmetkreuzfahrt« in seiner Begleitung vom 31. Oktober bis zum 7. November 2002. ZEIT REISEN exklusiv bietet an vier Terminen im Jahr 2010 Kochkurse »in Wolfram Siebecks Küche« mit »Champagnerempfang und Gourmetmenü« für jeweils bis zu elf Personen »(€ 740 p. P. im DZ)« mit dem Versprechen: »Auch Wolfram Siebeck wird die ganze Zeit dabei sein, Ihnen über die Schulter schauen und auch mal mithelfen. Früher oder später (meistens früher) wird er die erste Flasche Wein öffnen. Anschließend bittet Barbara Siebeck zu

Tisch, gemeinsam verspeisen Sie das selbst Zubereitete und haben viel Gelegenheit, mit Wolfram Siebeck über seine Kochrezepte und seine bissigen Restaurantkritiken zu diskutieren – oder auch nur darüber, welcher Wein wohl am besten zum nächsten Gang passen würde.«

Siebeck-Kochwettbewerbe der ZEIT mit prominent besetzter Jury aus Politik, Kultur und Gastronomie in verschiedenen deutschen Städten plus Wien stärken überdies die Leser-Blatt-Bindung, finden einige Resonanz in anderen Medien und halten Anzeigenkunden. Verena Schröder, Leiterin der Unternehmenskommunikation der ZEIT, informiert im Juli 2002 die Verlagsleitung über die Ergebnisse der Kochkonkurrenz »Ein Menü für Siebeck« per Hausmitteilung: »Mittels der Presse-Resonanz auf unsere Veranstaltungsreihe konnten wir feststellen, dass wir in Printmedien zitiert wurden, die zusammen eine verkaufte Auflage von 16 748 155 Exemplaren erzielen – das entspricht einem Anzeigenäquivalent von 275 194,29 Euro.« Im Licht dieser Gesamtlage lässt sich Siebeck, der seine Grundstimmung zeitlebens als »in Rage« charakterisiert, mit Beginn des 21. Jahrhunderts zu einer gewissen – vorübergehenden – Milde hinreißen.

Er sieht in diesen Jahren manches ein wenig versöhnlicher. 2007 schreibt er in einem Buch über die heimische Küche: »Doch wie immer man zur deutschen Küche steht, sie ist eine Erfolgsstory: Am Anfang war die pure Sättigung – heute wird vielerorts die Kochkunst gefeiert. Man könnte fast von einem Märchen sprechen.« Der Anteil an Feinschmeckern sei gestiegen; dass heute jeder Supermarkt Bioprodukte verkaufe »und nicht mehr nur irgendwelche kleinen Bäuerlein verkrumpelten Salat feilbieten«, sei ein positives Zeichen. Und mit Blick auf die vielen Sternerestaurants quer durch die Republik: »Wirklich erstaunlich ist, dass unsere Gastronomie ein nie dagewesenes Niveau erreicht hat. Es ist kaum zu glauben: ein Volk, das aus Angst vor Seuchen und Bakterien fast zu Vegetariern geworden und stolz auf seinen Geiz ist, dass diese kleinbürgerlichen Kostverächter hingehen und rund dreihundert Restaurants ermöglichen, weltweit eine Spitzenstellung einzunehmen.« So wie sich nach 1945 »deutschnationale Patrioten in friedliche Demokraten verwandelten«, so habe sich in den letzten 30 Jahren eine »nicht minder wunderbare Metamorphose der deutschen Quark-Apologeten zu angehenden Feinschmeckern« ergeben.

Mit Wärme spricht er plötzlich von Montaigne, der um 1580 durch Deutschland gereist sei und in seinem Tagebuch bedauert habe, seinen Koch nicht mitgenommen zu haben. »Der hätte hier nämlich noch was lernen können! Als Franzose! In Deutschland!« Und selbst in der einfachen Regionalküche findet Siebeck Lichtblicke: »Der rheinische Sauerbraten! Auch Sauerkraut kann wunderbar sein, wenn es nicht teutonisch mit Schweinshaxen und solchem Zeug verschandelt wird. Königsberger Klopse. Und sogar die alpenländische Küche. In technischem Sinne ist das, was ihr Bayern da macht, zwar nicht toll. Aber es gibt dort diese Akzeptanz der Produkte, eine Natürlichkeit, das macht es sympathisch.«

Wenn er von seiner Burg in die Rheinebene schaut, sieht er am Horizont die Chance aufleuchten, dass es »bald Wild-, Geflügel- und Fischhändler auch hier geben« werde »und noch mehr gute Restaurants«. Selbst im Europa-Park, dessen Achterbahnschienen ihm Teile des Vogesenblicks verstellen, gibt es seit 2012 ein gleich zweifach vom Michelin besterntes Restaurant. Kurz: Einen »Rückfall zur Mehlschwitze« hält er für »unwahrscheinlich«, die sei »ebenso überwunden wie die flächendeckende Begeisterung für Militärmusik«. Allerdings habe sich die »Grundeinstellung zum Essen« hierzulande aus seiner Sicht natürlich »keineswegs geändert«. Und sicher ist er sich, dass jede positive Entwicklung »von oben« komme, von ambitionierten Köchen (und deren Rezensenten) vermittelt sei: »Alles, was mit Kulinarik zu tun hat, bleibt in Deutschland im Bereich des Elitären.«

Selbst zur Begutachtung von Berlin, der Eisbein-Kapitale im märkischen Sand (»Eine anspruchsvolle Gastronomie hat es in dieser Stadt nie gegeben«), ringt er sich kurz nach der Jahrtausendwende durch. Untergebracht nicht klassisch-elegant wie im geliebten Wien, sondern so preußisch-praktisch wie spesensparend in einem schmucklosen Apartmenthaus in der Behrenstraße, besucht er Adressen der »Economy-Class« – das Entrecôte, Sale e Tabacchi, Ottenthal, Monsieur Vuong, Kuchi, die Enoteca Il Calice und das KaDeWe – und findet mehr oder weniger freundliche Worte. Sehr wohlwollend beurteilt er die Brasserie McBride's in den Heckmann-Höfen gleich neben der Neuen Synagoge an der Oranienburger Straße, die Barbaras Sohn Brian betreibt – mit Enten-Confit, Lammkarree, mariniertem Tafelspitz, Sauerkrauteintopf, Rouget in intensiver Bisque und einer animierenden Weinkarte ganz nach Siebecks Geschmack. Anders als die Berliner Schrippen-Kultur. Über die Einrichtung eines Wettbewerbs zu deren Verbesserung nach Vorbild des Pariser Grand Prix de la Baguette (»Denken Sie daran, wie es der französischen Monarchie erging, bloß weil das Brot so schlecht war!«) verhandelt er mit dem Regierenden Bürgermeister Klaus Wowereit, was dieser – obgleich ihm Siebecks Schilderungen seiner gastronomischen Erlebnisse in Berlin »schon von Amts wegen bisweilen etwas hart« erscheinen – gegenüber der Handwerkskammer aufzugreifen verspricht.

Dass Siebeck auch seinen 80. Geburtstag offiziell in der Hauptstadt feiert, entspricht seiner Rolle und seinem Selbstverständnis. Privat freilich lädt er die Familie ins Drei-Sterne-Restaurant und Hotel Bareiss in Baiersbronn ein, um »standesgemäß zu tanzen und zu singen, zu essen und zu trinken bis in den nächsten Tag hinein«. Im Kaminzimmer serviert Claus-Peter Lumpp in Olivenöl pochierten Kabeljau auf Steinpilzen, Cassolette von Rebhuhn und Gänsestopfleber, Variationen vom Milchkalb und eine Topfen-Panna-Cotta-Creme mit Bühler Zwetschgen.

Nach Berlin sendet der gleichaltrige Tantris-Patron Fritz Eichbauer Glückwünsche, in denen er sich an die gemeinsam geschlagenen Schlachten der 70er-Jahre erinnert: »So hat jeder

von uns auf seine Art das Qualitätsbewusstsein in unserem Land gefördert – es war nicht immer leicht, die vielen Vorurteile einzureißen. Wir haben aber nicht bereut.« Bundespräsident Horst Köhler schließt sich an: »Seit fünf Jahrzehnten bereichern Sie mit Ihren Kolumnen und Büchern die Speisezettel, die Tische und die kulinarischen Bibliotheken unseres Landes. Kurzum: Sie bereichern das tägliche Leben der Menschen. Sie haben großen Anteil daran, dass gutes Essen und Trinken immer mehr Anhänger gefunden hat und heute als Teil unserer Alltagskultur begriffen wird.«

Selbst der Oberbürgermeister von Duisburg meldet sich, nachdem er »dem wohlmeinenden Hinweis eines Kollegen« entnommen hat, dass Siebeck in Duisburg zur Welt gekommen ist: »Offen gesagt: Das wusste ich bislang nicht.« Umso herzlicher gratuliert er namens der Geburtsstadt und verbindet die Gratulation mit einer Einladung: »Wenn es Sie einmal in unsere Region führt, würde ich Sie gern persönlich davon überzeugen, dass es hier inzwischen einen durchaus sehenswerten blauen Himmel und weitaus mehr als Currywurst und Döner gibt.« Siebeck verzichtet.

Und gibt sich ansonsten angesichts der Würdigungen etwas geniert: »Ich will nicht leugnen, dass es mich stolz machte. Gleichzeitig wunderte ich mich jedoch, was an meinem Dauerthema so interessant sein könne, dass man mich derart ins Scheinwerferlicht drängte.« Mit Freude registriert er bei der Party zu seinen Ehren im Hotel Ritz-Carlton versöhnliche Gesten wie die Grußadresse von Paul Bocuse und vor allem, dass Eckart Witzigmann seinen lang gehegten Groll überwindet, ihm Anerkennung zollt – das »deutsche Küchenwunder« sei ohne Wolfram Siebeck nicht möglich gewesen – und nach 21 Jahren der Sprachlosigkeit noch einmal Kalbsbries Rumohr für ihn zubereitet. In einem Interview der Süddeutschen Zeitung zu seinem eigenen 75. Geburtstag erwähnt »Jahrhundertkoch« Witzigmann acht Jahre später keinen Namen öfter als den Wolfram Siebecks.

Der Höhepunkt des Abends aber ist für den Jubilar die Laudatio von Joschka Fischer. Siebeck – der »distanzierte Linke«, der »Kaviar-Linke« (»Wunderbares Wort, so einer bin ich!«), der sich 1968 zehn Jahre zu alt fühlt, »um noch Spaß an der Randale zu haben«, und der zum Protest gegen die Notstandsgesetze der Regierung Kiesinger »effektvoll und wirkungslos« streikt, indem er seine Humor-Kolumne in der ZEIT ausfallen lässt –, fühlt sich in dem verstanden, was der ehemalige Außenminister und Vizekanzler über ihn zu sagen hat. Wie wichtig es sei, sich auf dem Weg zu Veränderungen gelegentlich demonstrativ außerhalb des Konsenses zu stellen – sei es in weißen Turnschuhen bei der Vereidigung zum Minister oder mittels eines vollmundigen Lobs des Kaviar-Frühstücks bei gleichzeitiger Verunglimpfung von »Mutters Küche«, in der Erinnerung an Hawaii-Toast und die allgegenwärtige Maggi-Würze als Gegengift zur ostalgischen Verklärung und politischen Nutzbarmachung der angeblich so guten alten Zeit. Für Fischer (»Kulinarisch betrachtet, war das geteilte deutsche Vaterland durchaus ein Graus«) ist Siebeck eine Figur der Subversion, die sich »nichts vorsetzen« lasse und »falschen Autoritäten« die Maske vom Gesicht reiße. Was für Fischer umgekehrt in diesem speziellen Fall nur eingeschränkt gilt, wie seine Frau Minu dem Stern verrät: »Wenn man Menschen fragt, wen sie in ihrem Leben gerne treffen würden, lauten die Antworten gemeinhin Kofi Annan, Quentin Tarantino, Woody Allen oder den Papst. Bei Joschka Fischer war die Antwort immer: Wolfram Siebeck.«

Ijoma Mangold berichtet für die Süddeutsche Zeitung vom Abend und von Fischers Verweis auf den Berliner Historiker

Heinrich August Winkler und dessen große Erzählung »Der lange Weg nach Westen«, die 1000 Jahre deutsche Geschichte nach vielen Ab- und Sonderwegen glücklich im wiedervereinten Deutschland enden lässt, fest integriert in die westliche Allianz: »Einen Aspekt des langen Wegs nach Westen hatte Winkler übersehen: Auch kulinarisch war Deutschland zuletzt im Westen angekommen. Keiner hat dafür mehr geleistet als Wolfram Siebeck. Mit geradezu adenauerischer Unbeirrbarkeit hat er, für den östlich der Elbe ebenfalls die asiatische Steppe begann, die Bundesrepublik an der französischen Küche Maß nehmen lassen: Nie wieder Mehlschwitze, Bratklopse und Eisbein!«

23.
Nachgeschmack

Dass er ununterbrochen älter wird, erkennt Siebeck daran, »dass die Alten immer jünger werden«. Und er selbst wird – spät, aber doch – korpulenter. Er lässt sich zwei neue Hüftgelenke einsetzen; zu hohen Blutdruck und Diabetes ignoriert er ebenso geflissentlich wie sämtliche medizinischen Ratschläge, die zur Folge haben könnten, ihm den Spaß am Leben zu nehmen. In Salzburg hat er Jahre zuvor in einer Talkshow Sir Peter Ustinov gegenübergesessen und beeindruckt wahrgenommen, wie der seinen mächtigen Bauch nach Churchill-Art mittels eines maßgeschneiderten hohen Hosenbunds (Savile Row) verbarg. Siebeck nimmt sich ein Beispiel.

Zugleich kriegt er im Alter ohnehin »nicht mehr so viel runter«. Vielgängige Menüs gehören für ihn der Vergangenheit an, maximal sind es drei Gänge, am liebsten isst er am späteren Nachmittag. Sein Weinkonsum bleibt vom fortschreitenden Alter unberührt. Im ZEITmagazin erklärt er schon 1998, in den »geschmacklichen Nuancen« eines Lebens liege dessen Qualität, »nicht in der Zahl der Jahre, die es dauern kann«. Dass seines auch eine beachtliche Quantität erreicht – was angesichts seiner Gewohnheiten manche Beobachter ebenso verblüfft wie beim zweiten berühmten ZEIT-Autor Helmut Schmidt –, nötigt ihm keine größere Demut ab.

Als Bert Gamerschlag ihn im Sommer 2003 für ein großes Stern-Porträt zum 75. Geburtstag in Südfrankreich besucht, findet er Siebeck in nicht eben heiterer Stimmung. Ein kleines Mittagessen aus Sardinen, Kaninchenterrine mit Totentrompeten, Bergkäse, Baguette und Melone, dazu erst ein leichter Weißer von der Rhône, dann ein Roter aus dem Cahors und ein Gewürztraminer, wird im Schatten eines Olivenbaums begleitet von allerlei Lamento. Gamerschlag hält es fest: »Wer altert schon ganz in Würde? Verfall ist schrecklich, der eigene wie der allgemeine. Auch wenn er sich blendend hält, er ›verschimmelt‹, sagt Siebeck, ›man sieht den Augen an, wenn man zu viel säuft‹. Siebecks Augen sind noch klar, aber seine Tränensäcke ähneln Backpflaumen. Vielleicht kommen die nicht vom Wein, sondern vom Verschließen der Augen aus Ekel. Siebecks Gesicht unterliegt ein Ausdruck der Trauer. Seine Stimme klingt gepresst, klagend. Er sagt viel ›Ach‹. Ach, der Sommer. Ach, die Dürre. (Wir sind in Frankreich.) Ach, es wird nie mehr regnen. [...] Es wird ihm alles zu viel. Das Massenhafte, die Autos, die Autobahnen, diese Pizzabuden, die Menschen, ›der Pöbel‹. Der Pöbel? ›Der Pöbel!‹ Wirklich, pardon – der Pöbel? ›Ja, mein Gott, das habe ich doch garantiert schon irgendwo geschrieben, oder?‹ Es ist ja alles nicht mehr aufzuhalten, nicht wahr.«

Von Altersmilde ist bei Siebeck auch nach der Jahrtausendwende keine Spur zu finden. Lustvoll wie eh und je attackiert er »orientierungslose Köche« und »ahnungslose Gäste«, absurde Restaurant-Rankings und »mediale Hypes«, die als Maßstab den guten Ruf bei den Kennern ersetzen und die gastronomische Kultur profanieren wie Bestsellerlisten die Literatur und die Charts die populäre Musik. Er will »keine Rücksicht mehr auf ungebildete Leser nehmen« und auf kulturlose Hamburger-Freunde sowieso nicht: »Die Leute fressen das Zeug, bis sie platzen. Man kann nur hoffen, dass die dann auch wirklich platzen.«

Wenn er sich je Illusionen gemacht hat – wofür wenig spricht –, ist er zum Ende seiner Karriere gänzlich desillusioniert; er selbst nennt sich einen »verbitterten Greis«. Die Zeiten hätten in Deutschland »den Hedonismus nur kurz gestreift«, beobachtet er: »Unsere Freizeitgesellschaft sehnt sich nach Spanien, wo es heiß und billig ist. Bekenntnisse zu wahrer Lebensqualität sind ihr nicht zu entlocken.« Über deutsche Köche und deutsche Gastronomie werde zwar viel geschrieben, aber im Alltag merke man davon nichts: »Die Spitzenköche reüssieren, aber unten tut sich kaum etwas. Das passt zur deutschen Geschichte. Revolutionen von unten sind nicht unsere Sache.« Die »Genussfeindlichkeit« hingegen sei »Bestandteil unseres Nationalcharakters«: »Da können Fresswellen, Edelfresswellen, Spitzenrestaurants und was weiß ich nicht alles kommen; in Deutschland herrscht immer noch die gleiche Aversion gegen Verfeinerung! Das ist dieses verdammte protestantische Erbe. Verfeinerung gilt als dekadent. [...] Das ist alles ›welsch‹. Dekadenz ist für die Deutschen der Teufel schlechthin. Sie widerspricht allem, was wir unter ›Leitkultur‹ verstehen: dem Urigen, dem Ehrlichen, dem Klaren, dem Aufrichtigen – eben all dem ganzen unmenschlichen Schwachsinn, der uns jede Verfeinerung vom Leib hält. Auch in den Sitten.«

So sitzt er da in der Wärme des Südens im schattigen Innenhof seines Hauses, spült Oliven mit leicht gekühltem Cahors herunter und nörgelt. Und Gamerschlag reist zurück nach Hamburg und schreibt: »Was für ein Leben. Was für ein Glück. Was für ein Geschenk. Eine wunderbare Frau, ein herrliches Haus, die feinsten Hotels, das beste Essen, die größten Weine, ein Bombenjob – da kann man auf die Dauer vergessen, woher man gekommen ist, dass man bis zum Hals in Sahne steht und zu ersticken droht.«

Die Luft wie die Lust nimmt Siebeck aber eigentlich bloß der Verdruss, aus seiner Sicht wenig bis nichts erreicht zu haben. Selbst dass die Tage der Mehlschwitze vorbei, die Deutschen also wenigstens aus dem Gröbsten raus seien, will er nicht glauben: »Nichts ist wirklich vorbei. Vergessen, ja. Verdrängt auch. Kann aber jederzeit wiederkommen.« Überhaupt werde alles nur noch schlimmer. »Die Vielfalt wird immer weiter eingeschränkt werden«, prophezeit er: »Ein riesiger Konzern wird uns ernähren und uns vorschreiben, was wir zu essen haben.«

Andere sind da nicht so pessimistisch. Ferran Adrià etwa, der Innovator von der Costa Brava, hält große Stücke auf die Lebensmittelingenieure. Erst, so postuliert er, hätten sie den Tomaten die Haltbarkeit angezüchtet, dann Farbe und Schnittfestigkeit – und nun käme der Geschmack dran. Kurz, das Essen werde immer besser. Und Siebeck? Applaudiert dem Katalanen.

Ausgerechnet er, der glühende Frankophile, der kulinarische Klassiker schlechthin – er macht Adrià und sein verrücktes El Bulli in Deutschland überhaupt erst bekannt, als er im Oktober 2000 seine Kolumne mit dem Titel »Der Außerirdische: Bei Ferran Adrià« in der ZEIT veröffentlicht. Drei Jahre, bevor die New York Times dasselbe in Amerika nachholt.

Leicht indigniert bemerkt der Süddeutsche-Autor Arno Makowsky im Interview mit Siebeck, er fahre offenbar neuerdings »auf Kochexzesse« ab, auf »Gemüse als Gelees« und Suppen in Reagenzgläser. »Mal ehrlich: Muss das wirklich sein?« Und Siebeck entgegnet kühl: »Ich kenne den Adrià sehr gut und mag ihn wegen der Unbedingtheit, mit der er seine elitäre, spinnerte Position durchsetzt.« Wie ein fernes Echo seiner Tage bei den haschischrauchumwehten Experimentalfilmtagen in Knokke begeistert den alternden Siebeck diese schräge, eigensinnige und »artifizielle Extremküche«, in der er »überzeugende Kreationen« erkennt – genial, völlig neu und originell. Und auch als Mensch gefällt ihm Adrià, ein surrealistischer Virtuose ist ihm »allemal lieber« als ein pathetischer Gutmensch.

Außerdem: Dass »ohne Mode« in der Küche gar nichts gehe, kein markanter Stil entstehen könne, ist Siebeck völlig klar. Ebenso, dass es dazu der »Neureichen und Parvenüs« bedürfe – also eher nicht seines ZEIT-Publikums: »Die Geburtshelfer für Kunst sind halt oft die Leute, vor denen es dem Künstler graust.«

Anders, als viele ihm, dem gastrojournalistischen Monument, unterstellen, ist er eben kein Konservativer. Noch in seinen hemmungslosen Widersprüchen blitzt sein liberal-anarchisches Temperament auf. Und zwar systematisch, wie er nochmals 2007 beweist, als er seinen Lesern als erster Berichterstatter René Redzepi und dessen Noma in Kopenhagen schmackhaft macht, und das, wie er freimütig eingesteht, ohne diese radikal-

regionale Avantgarde »selbst korrekt interpretieren« zu können. Sicher ist er sich aber sofort – drei Jahre, bevor der Weltruhm des Noma ausbricht –, dass diese »nordische Gegenwelt zu Ferran Adrià« schlicht »oberste Kategorie« sei: »Ich bin hingerissen davon.« Es wird seine letzte maßgebliche gastronomische Wegweisung sein.

Siebecks letzte große Reise führt ihn 2009 nach Amerika. Kein Land, nach dem er sich sehnt. Immerhin ist nach den langen Bush-Jahren inzwischen Barack Obama und damit die Hoffnung ins Weiße Haus gewählt worden. Siebeck schlägt, achtzigjährig, der ZEIT einen aktuellen Bericht über Washingtons Gastronomie vor. Geplant wird eine Mini-Serie für das Frühjahr (»Siebeck isst in Washington«) nach einer Woche Aufenthalt Mitte Februar. Die Redaktion verspricht, ihn nett unterzubringen (»Ritz-Carlton, Hyatt, Four Seasons …«), über ihren Korrespondenten herauszufinden, »wer der Siebeck von Washington D.C.« ist, um die beiden zusammenzubringen, will außerdem Flugkarten, Visum und Reservierungen vermitteln. Bestens organisiert, wird der Trip zum Desaster.

Schon in Zürich vor dem Abflug kann Siebeck kaum ertragen, bei der nach dem 11. September weithin verstärkten Kontrolle seine Schuhe ausziehen zu müssen, abgetastet zu werden und das Handgepäck vorzuführen, als wäre soeben »ein Schwerverbrecher« seiner Statur und seines Alters »aus dem Zuchthaus ausgebrochen«. Nach der Landung in Washington wird es für ihn noch unangenehmer. Bei der Einreise muss er »über eine Stunde in einer nur sehr langsam kriechenden Schlange« verbringen, über die sich außer ihm niemand aufzuregen scheint. Wie die »Sheriffs von der Law-Enforcement-Truppe« ihm Formulare aushändigen und »mit bösen Blicken aus zusammengekniffenen Augen ungeduldig beobachteten, ob diese fuckin' foreigners auch keine falsche Handbewegung« machen, wie er mangels Tischen seine Zollerklärung auf dem Boden kniend ausfüllen muss – was er in einer wilden Überzeichnung mit Szenen aus dem amerikanischen Foltergefängnis Abu Ghraib im Irak vergleicht –, all das berührt seine tiefsten Ängste und Abneigungen, seine lebenslange Schreckensvorstellung, »in Reih' und Glied« stehen zu müssen, »von dumpfen Sadisten angebrüllt und zum Gleichschritt gezwungen zu werden«. In Washington mit 80 sieht er sich ihr näher als je zuvor in all den Jahrzehnten seit 1945.

Sehnsuchtsvoll erinnert er sich vergangener Zeiten, der Lässigkeit, mit der er Ende der Siebziger auf dem Weg zu einem extravaganten Lunch im prunkvollen Penthouse des Dorchester mit Loriot, Haug von Kuenheim, Gert von Paczensky und Jürgen Schmidt vom Bremer Feinkosthaus Grashoff am Zoll in Heath-

row als Ersatz für den vergessenen Reisepass eine bei der Lufthansa mitgenommene Ausgabe der ZEIT mit seiner Kolumne vorlegt – und damit durchkommt. Tempi passati. Im Washington des Jahres 2009 liegen die Dinge völlig anders, und auch der inhaltliche Ertrag seines zehntägigen Aufenthalts – recht lustlose Besprechungen der Restaurants im St. Regis und Four Seasons sowie der Konditorei-Kette Le Pain Quotidien und des Bistros Kinkead's – ist nicht zu vergleichen mit Anton Mosimanns damaligem Menü hoch über den Bäumen des Hyde Parks (acht Gänge, 21 Flaschen Wein).

Dass sich die ZEIT angesichts der Washingtoner Spesen in Höhe von 5600 Euro »erschüttert« zeigt (»Wir können Ihnen Auslagen in dieser Höhe nicht erstatten – sie übersteigen schlichtweg unseren Rahmen. Bitte schicken Sie eine neue Rechnung, die erheblich unter der ersten liegt«), ist ebenfalls eine neue Erfahrung für Siebeck. Wenig später gibt ihm der Chefredakteur während eines Essens zu verstehen, dass er generell von allen ZEIT-Mitarbeitern die höchsten Spesen macht. Es hebt seine Stimmung nicht.

Überhaupt empfindet er die Tatsache, dass die »Respektspersonen«, die in den Verlagen über seine Arbeit entscheiden, neuerdings seine Enkel sein könnten, als »verdächtig«. Er muss sich »davor hüten, sie merken zu lassen, wie wenig ich von ihrer Befähigung« halte. Es gelingt ihm nur unzureichend.

Auch alte Verbindungen wie die zum Feinschmecker, dessen Kolumnist er seit Jahrzehnten ist, bleiben nicht ungetrübt, wenn die Chefredaktion – sicher nicht völlig anlasslos – etwa zur gleichen Zeit vorschlägt, man möge zur »Kolumne künftig einfach mehr Gedanken austauschen«, ihn »auch mal mit Material beliefern«. Und irgendwann die Frage im Raum steht, ob ihm »alles zu viel« werde, ihm Reisen für frische Eindrücke fehlten, er »leer geschrieben« sei oder ihm schlicht »das Thema zum Hals raushängt«.

Zum Jahreswechsel 2009/2010 vertraut Wolfram Siebeck einem Freund per Brief an, er ahne, dass eine »Fronde der Jungredakteure und Sparschweine« ihn ersetzen wolle (»Sie wissen nur nicht, durch wen«). Der ZEIT-Verlagsleitung schreibt er, man habe ihm Ende des Jahres 2009 redaktionsseitig »eine mehr als unerfreuliche Zukunft in Aussicht gestellt«: die Planung, den Bereich Essen und Trinken des ZEITmagazins auf mehrere »junge Redakteure« aufzuteilen und ihm »die Reste zu überlassen«. Bitter fügt er an, er habe sich »sehr gefreut«, seine Arbeit vom Verlag »durch die schöne Feier zu meinem Geburtstag so eindrucksvoll gewürdigt« zu sehen. »Gilt das alles ein Jahr später nicht mehr?«

Dabei geht es nicht bloß um die Ehre: »Sie werden verstehen, dass mich die Aussicht auf ›erhebliche Honorareinbußen‹ in meinem Alter sehr beunruhigt. Schließlich verfüge ich über keine der Privilegien, die einem Angestellten den Lebensabend erleichtern. Ich bitte Sie deshalb zu überprüfen, ob die vom ZEITmagazin geplanten Veränderungen überhaupt nötig sind, das heißt, ob sie der ZEIT von Nutzen sein würden oder nicht. Es wäre bedauerlich, wenn sie mir schadeten, ohne meinen Lesern einen akzeptablen Ersatz zu bieten.« Dass es keinen solchen gibt, ist ihm ausgemachte Sache. Etwas anderes behauptet auch niemand. Was ihn nicht tröstet.

Chefredakteur Giovanni di Lorenzo müht sich mit Sanftmut und Argumenten um Glättung der Wogen, spricht von »Dankbarkeit und Wertschätzung«, von einer »ZEIT ohne Wolfram Siebeck«, die sich niemand vorstellen könne oder wolle. Er möge schreiben, solange er Freude daran habe, man werde den erforderlichen Freiraum jederzeit gerne schaffen und die Artikel angemessen zu honorieren wissen, und auch den ZEIT-Kochwettbewerb werde man mit Begeisterung weiter austragen. Vergebens. Die Aussicht, man werde die wöchentliche Kolumne »in den nächsten ein bis zwei Jahren umwidmen«, versetzt Siebeck in Zorn und wirtschaftliche Sorge. Woran der Hinweis di Lorenzos nichts ändert, es gebe »auf der ganzen Welt wohl keinen zweiten Autor, der im 82. Lebensjahr noch diese Präsenz hat, und es gibt bei der ZEIT überhaupt keinen Mitarbeiter, der so gut entlohnt wird. Und das sage ich Ihnen nur, weil es auch Ausdruck unserer Wertschätzung für Sie ist.«

Sie wird nicht erwidert. Siebeck spricht von »Schreibverbot«, erwartet – »grob geschätzt« – eine Reduzierung seiner Einkünfte um zwei Drittel bis drei Viertel und argwöhnt, man wolle »den angeblich größten Spesenmacher der Redaktion loswerden« und ihn Hartz IV ausliefern. Er fühlt sich schäbig behandelt, will Abfindungsansprüche prüfen lassen und rechnet vor, seit Jahrzehnten habe der Verlag an ihm »den bezahlten Urlaub gespart, die Jahresprämien, Überstunden, Tariferhöhungen und was es da an Zuwendungen in der Branche gibt«, während er im Gegenzug seine »Honorare allesamt in meine Weiterbildung investiert habe, welche dann wieder der ZEIT zugute kam, was, wie ich glaube behaupten zu können, zum Erfolg des Blattes nicht wenig beigetragen hat«.

Den Vorschlag, gemeinsam einen Erben auszuwählen (»Es kann zwar keinen zweiten Siebeck geben, aber vielleicht einen, der von Ihrem Rat, Ihrem Wissen und Ihrer Erfahrung profitiert und den Staffelstab weitergereicht bekommt«), empfindet er als freundliche Anregung, »dem, der mich eines Tages beerdigen soll, die Handhabung des Spatens« beizubringen. In einem letzten Versuch, das Unabwendbare abzuwenden, wirft er sein ganzes Gewicht als unentbehrliche Idealbesetzung in die Waagschale und malt aus, welche Anforderungen ein Nachfolger erfüllen – und stellen – müsste:

»Ich kann dazu nur ganz allgemein sagen, dass er als seriöser Restaurantkritiker Erfahrungen haben muss, welche über den lokalen Rahmen hinausgehen. Überdies muss er das Recht haben, mindestens mit einer zweiten Person essen gehen zu können. Anhand von drei, vier Gängen allein lässt sich eine Küche nicht seriös beurteilen. Darüber hinaus sind Alleinesser lustlos, verdächtig und neigen in ihren Berichten zur Pedanterie. [...] Sodann sollte ein Berufsesser als Hobbykoch erfahren sein, und wenn er Rezepte beschreibt, muss das anschaulich geschehen, und immer unterhaltsam; im Idealfall witzig. Dabei darf er ruhig eine subjektive Meinung haben und entsprechende Kommentare machen. Das gilt für Kochbücher im Allgemeinen.

Sie sollten geschrieben sein wie Pornografie, sodass man nach der Lektüre sofort in die Küche eilen und zur Tat schreiten will. Ferner sollte ein Kritiker, der um seinen Ruf besorgt ist, sich von den unzähligen Einladungen fernhalten, mit denen unsereiner überschüttet wird. Gala-Diners und Weinverkostungen können sehr verführerisch sein, weil ein Journalist dabei genussvolle Erfahrungen sammeln kann, die normalerweise außerhalb seiner Reichweite liegen. Doch solche Einladungen sollten absolut tabu sein. [...] Der Verzicht auf eine Vertikal-Degustation von Mouton Rothschild ist hart und verlangt Charakter. Aber es hilft nichts. Mag auch über die Hälfte der Kollegen Gefälligkeitsberichte produzieren; wer eine seriöse Zeitung vertritt, darf nicht dazu gehören wollen. Junge Redakteure, die eine Familie gegründet und eine Wohnung gekauft haben, sind fast nie in der Lage, die Unkosten, die der Beruf eines Fulltime-Kulinarikers erfordert, aufzutreiben, ohne die häusliche Situation zu gefährden. [...] Warum wohl gibt es in Deutschland so wenig namhafte Berufsesser? Warum bleibt die Berichterstattung über Küche und Keller bereits im Sumpf des Affirmativen stecken, bevor sie die Plattform erreicht, von der aus kulinarisch-gesellschaftliche Bereiche kritisch kommentiert werden können?«

Es hilft alles nichts.

Am 20. April 2011 endet – 2317 Ausgaben, nachdem er am 18. November 1966 mit dem Text »Rotkäppchen und der Volvo« auf der Humorseite debütiert hat – Wolfram Siebecks Kolumnisten-Tätigkeit für die ZEIT. Damit ist eine Ära vorbei. In den folgenden Jahren veröffentlicht er noch den einen oder anderen Text, schreibt auch noch einige Ausgaben lang monatlich für den Feinschmecker, versucht sich mit überschaubarem Erfolg an einem Blog (»Wo isst Siebeck?«). Aber klar ist: Die Kreise sind eng geworden.

Am 24. September 2012, fünf Tage nach Siebecks 84. Geburtstag, erinnert ihn die Direction Générale der Finanzverwaltung des Départements Drôme schriftlich daran, dass er die Grundsteuer für sein Haus in Puy-Saint-Martin ungeachtet des Verkaufs zum 9. Januar 2012 weiterhin schulde. An den Rand notiert er mit Bleistift: »à payer au prorata temporis« – anteilig zu zahlen.

24.
Epilog: Digestif in Mahlberg

Die 20-Uhr-Tagesschau des 7. Juli 2016 kennt vor allem ein Thema: Migrationskrise. Bund und Länder einigen sich im Kanzleramt auf die Finanzierung der Integrationskosten, angesichts der Übergriffe in der bereits mehr als ein halbes Jahr zurückliegenden Silvesternacht beschließt der Deutsche Bundestag zudem eine Verschärfung des Sexualstrafrechts. Heiterer wird es nicht. Bevor Jan Hofer zum Wetter überleitet, taucht hinter ihm in weichem Grau das Bild eines freundlich lächelnden älteren Herrn unter einer Edelstahl-Dunstabzugshaube in einer gekachelten Profiküche auf, das karierte Hemd geöffnet, den Blick aus blitzenden Augen direkt auf die Zuschauer gerichtet. Darunter die Zeile: »Trauer um Gastrokritiker. Wolfram Siebeck gestorben.«

In seinem sonoren, klar artikulierten Bariton verliest Hofer die Meldung: »Der Publizist und Gastronomiekritiker Wolfram Siebeck ist tot. Er starb im Alter von 87 Jahren nach kurzer Krankheit, wie seine Familie mitteilte. Seit den 1950er-Jahren zelebrierte Siebeck in Kolumnen und zahlreichen Büchern die Lust am Essen. Immer wieder zog er gegen Fastfood, Fertiggerichte und Nahrungsmittelzusätze ins Feld. Siebeck warb dafür, lieber selbst zu kochen, lehnte Kochshows allerdings ab.«

Was Wolfram Siebeck noch deutlich mehr ablehnt als »Kochshows«, ist Pathos. Statt einer Trauerfeier findet darum an einem

Samstag sechs Wochen später, zwei Tage vor seinem 88. Geburtstag, in Mahlberg ein Fest zu seinen Ehren statt. Ohne staatstragende Reden, aber mit vielen Köchen und Winzern. Marc Haeberlin ist da und Eckart Witzigmann, Otto Koch und Franz Keller, Dieter Biesler und Otto Fehrenbacher, die Familie Hellmann aus dem Aigle d'Or in Osthouse, Madeleine Jakits vom Feinschmecker und Wolfgang Lechner von der ZEIT. Fritz Keller vom Kaiserstuhl, Hermann Dörflinger aus dem Markgräflerland und der Burgenländer Roland Velich haben Weine in großen Flaschen mitgebracht. Es gibt Gänseleber, Kalbskopf und Kutteln, Bries und Aal. Barbara Siebeck sieht hinreißend aus in einem weißen Hosenanzug mit schwarzer Schleife am Revers; später wird sie Siebecks Krawatten, Hosenträger und rote Socken zur Erinnerung unter den Gästen verteilen.

Erinnert haben auch die Zeitungen in den Tagen und Wochen zuvor an »Deutschlands berühmtesten Restaurantkritiker«, den »Fresspapst«, den »Jahrhundert-Kritiker«, die »schärfste Zunge der Nation«. An jenen »Siebeck«, dem es, wie die ZEIT festhält, nicht anders als Duden, Knigge und Picasso gelungen ist, seinen Nachnamen zum Markenzeichen zu machen. Der Stern schreibt von »einem Leben im Champagner-Bad«, Siebeck habe »die kulinarische Westbindung geschaffen« und »die Küchenfenster aufgestoßen, hinter denen es bis dahin nach Kümmel, Kohl und Koteletts roch«. Mit Willy Brandt: »Wir wollen mehr Verfeinerung wagen.« Vincent Klink schreibt über seinen »Schutzpatron« und dessen Gedankenwelt, »die man Köchen auf Rezept verschreiben müsste«, mit »angewandtem Humanismus« habe Siebeck unbeirrt »gegen die Leibfeindlichkeit des Puritanismus gekämpft und gegen das schlechte Gewissen, das untersagt, auch zu sich selbst barmherzig zu sein«.

So persönlich und grundsätzlich wie sieben Jahre zuvor im Berliner Ritz-Carlton ordnet Joschka Fischer nun in der ZEIT die Elogen. Siebeck habe sein Leben und sein Land verändert und »sehr viel besser« gemacht: »Dafür bin ich ihm für immer dankbar.« Fischer erinnert sich an eine Republik vor Siebeck. Und ihr Gegenbild: »Ja, Frankreich! Man kann sich heutzutage kaum mehr vorstellen, wie es damals war, Mitte der 60er-Jahre als junger Deutscher das erste Mal nach Paris zu kommen oder Südfrankreich zu entdecken. Es war ein kulinarisches Schlaraffenland. Selbst wenn die Reisekasse mehr als knapp bemessen war, selbst wenn man vin rouge ordinaire, Baguette, fromage und Salami am Straßenrand verzehrte: Es war eine andere Welt als das karge Vaterland. Und dann und wann in einem Fernfahrerrestaurant (ausgeschildert als ›Les Routiers‹ – je mehr Lastwagen davor zur Mittagszeit parkten, desto vielversprechender!) für kleines Geld steak frites, haricots verts mit Lammkoteletts, Olivenöl und Knoblauch, Schnecken, Krevetten, dazu bisher völlig unbekannte Kräuter und zum Dessert eine crème caramel. Leben wie Gott in Frankreich eben! Schließlich entdeckten wir in unseren Wohngemeinschaften in Frankfurt auch den Propheten all dieser Köstlichkeiten in deutscher Sprache, der zudem (völlig undeutsch) die Ironie liebte, nicht den Bierernst, und dennoch mit heiligem Zorn und lockerer Feder gegen die kulinarische Wüstenei im Vaterland anschrieb. Es war Wolfram Siebeck! Das ZEITmagazin wurde alsbald zur wöchentlichen Pflichtlektüre, um die man sich wegen Siebecks Kritiken, Kolumnen und Rezepten in der WG donnerstags balgte. Wolfram Siebeck machte Lust auf gutes Essen, auf die grande cuisine, die sich in den frühen Siebzigern auch langsam in Deutschland auszubreiten begann. Er nahm uns mit seinen Kritiken die Schwellenangst, indem er uns das Maul wässerte und zugleich Wissen vermittelte. Kopf und Bauch kamen bei ihm gleichermaßen zu ihrem Recht! Geld wurde fortan zurückgelegt, sodass man es sich etwa alle drei Monate in einem hervorragenden Restaurant gut gehen lassen konnte.«

In der Stube vor dem Austritt zum Söller der Burg Mahlberg liegt auf dem Tisch eine dicke Sammelmappe mit alten Zeitungsartikeln über Siebeck, darin Auszüge aus der New York Times (»You could say that Wolfram Siebeck's almost single-handed campaign to transform the way Germans eat began with his discovery that shallots were unavailable in Germany«), der gehässigen Bild-Zeitung (»Fresspapst flog aus Schlemmerlokal«) und auch ein Artikel aus der Dresdner Morgenpost, erst wenige Jahre zuvor erschienen: »Deutschlands berühmtester Feinschmecker kocht über – Gourmet-Papst haut Sachsen in die Pfanne«. Dass »die Ikone der deutschen Gastro-Kritik« (»Sachsens Sterne-Köche sind empört«) bestimmt hat, ihren kompletten Nachlass samt Schreibmaschine und Tonbändern ausgerechnet nach Dresden zu geben, davon weiß von der Festgemeinschaft an diesem rauschhaften September-Samstag so gut wie niemand. Ein letztes Mal verweigert Siebeck sich allen Erwartungen, indem er dafür sorgt, dass seine Bücher und Artikel, Skizzen und Manuskripte, Notizen und Speisekarten, seine Korrespondenz und Fotoalben künftig im Deutschen Archiv der Kulinarik an der Sächsische Landesbibliothek – Staats- und Universitätsbibliothek bewahrt und ausgewertet werden. Und das in der höchstwürdigen Nachbarschaft eines Exemplars des ersten jemals gedruckten Kochbuchs, einer Speisekarte zur Petersburger Hochzeit des letzten russischen Zaren und einem Menübuch des Buckingham-Palasts aus den 1950er-Jahren mit handschriftlichen Anmerkungen der Queen.

Zum Nachlass gehört ein spätes Gedicht. Es trägt den Titel »Glücklichsein«. Ungeahnt, ungewohnt zärtlich und poetisch schreibt Wolfram Siebeck darin vom Glück als Summe kleiner Freuden: ohne Stau von Hamburg nach Basel fahren. Freunde anrufen, und es ist nicht besetzt. Zeit haben zu lesen. Das erste Glas Riesling an einem Sommerabend. »Nichts hören, nichts sehen, nichts glauben, was Autoritäten verkünden.« Eine Frau lieben, die diese Liebe erwidert. Slim Gaillard hören. Im Engadin auf einer blühenden Wiese liegen. Eine pochierte Poularde à l'estragon. Paris im Oktober. Der Gesang der Nachtigall. Vor allem aber: »Im Vollbesitz meiner geistigen Kräfte an das Gute im Menschen glauben.«

Am frühen Morgen des rauschenden Abschiedsfests auf Burg Mahlberg, Barbara Siebeck hat sich längst zurückgezogen, sitzt ein Grüppchen angetrunkener Restgäste windschief auf einem Sofa in einem der Salons, die ausgeteilten Siebeck-Krawatten nach Indianerart um die Stirn gebunden, trinkt die Überbleibsel aus den Weinflaschen und denkt noch einmal an die Tagesschau-Meldung sechs Wochen zuvor. An den dämlich banalen Nachrichtentext. An die prominente Platzierung, 20 Uhr, immerhin. »Egal«, sagt einer, »das Beste kam sowieso erst nach der Tagesschau!« Das Beste? »Klar! EM-Halbfinale. Das hätte ihm gefallen.« Ratlosigkeit.

»Frankreich – Deutschland in Marseille: zwei zu null.«

25.
Nachwort: GOAT

Dass Muhammad Ali der »Greatest Of All Time« war, steht für jeden außer Zweifel, der ihn boxen sah. Der erlebte, wie er tanzte, wo andere stampften, der die intellektuelle Kontrolle begriff, mit der er seine Kämpfe gewann – und vor allem: der sah, mit welch unvergleichlicher Lässigkeit er Selbstinszenierung und sportliche Brillanz zu einem einzigartigen Gesamtkunstwerk verband. Daran änderte auch nichts, dass er sich irgendwann taktisch ausrechnen ließ, seine Gegner wie sein Publikum unterschätzte und am Ende deutlich zu lange im Ring blieb.

Niemand schrieb in Deutschland früher und länger, eleganter und witziger über Essen und Trinken, über die köstlichsten Höhen und düstersten Abgründe des Kulinarischen als Wolfram Siebeck. Mit ihm, mit seiner elegant gestalteten Heyne-Serie (»Eine Prise Süden«, »Nicht nur Kraut & Rüben«, »Wenn Madame den Deckel hebt«, »Frisch gewürzt ist halb gewonnen«), begann Ende der 80er-Jahre mein Interesse an einem Thema, das unser Leben und unser Zusammenleben, unsere Landschaften und Traditionen durch die Jahrtausende wohl entscheidender geformt hat und formt als jedes andere.

Das erste Mal begegnete ich Wolfram Siebeck kurz nach der Jahrtausendwende in Illhäusern, wo sonst. In der Auberge de l'Ill saßen wir im Jahr 2001 an einem wunderbar warmen Mittwochmittag Anfang Mai am offenen Fenster, schauten auf den träge unter der Trauerweide vorbeiziehenden Fluss und aßen Mousseline von Froschschenkeln. Oskar Lafontaine saß ebenfalls mit am Tisch: Anlass des frühsommerlichen Essens war ein Doppelinterview für die Welt am Sonntag zur kulturellen Kompetenz der Deutschen in Fragen des Kulinarischen. Siebeck polterte verlässlich, Lafontaine konnte mit einigem Stolz darauf verweisen, zu seiner Zeit als Ministerpräsident einen Spitzenkoch für die saarländische Landesvertretung in Bonn verpflichtet zu haben, an dessen Wirken sich Wolfram Siebeck – »In Frankreich leistet sich jeder General einen Privatkoch!« – gern erinnerte (»'81er Tignanello und ausgezeichnete Ravioli mit Blutwurst«).

Anschließend sahen wir uns immer mal wieder und zu den unterschiedlichsten Gelegenheiten, in Mahlberg natürlich, wo ich ihm ein Kalbsbries briet (er fand es zu fest), bei seinen ZEIT-Kochwettbewerben (»Ingwer wird gewinnen!«), bei unserem gemeinsamen Freund Hermann Dörflinger in dessen schöner Probierstube, zu Siebecks halbrunden und runden Geburtstagen in Bayrischzell und Berlin – und natürlich in guten Restaurants: im Freiburger Colombi, in Brians Brasserie in Berlin, in der Rebstock-Stube der Familie Frey in Denzlingen, bei den Haeberlins und zum Mittagessen im Schwarzen Adler in Oberbergen, wo Fritz Keller zur Feier des Tages einen 76er Chambertin von Armand Rousseau und zum Comté einen 59er Château-Chalon entkorkte.

Über meinem Herd hängt ein großer weißer Teller, den Siebeck mir herrlich dadaistisch bemalt hat (»Frau Schawan, Sie verlassen den katholischen Sektor!«). Das war nach unserem letzten Interview für den Stern im April 2014, in dem er mir auf den Wunsch nach seiner Henkersmahlzeit die einzig vernünftige Antwort gab: »Was Leichtes. Zwei Dutzend Austern.«

Im Jahr 2015 kuratierte ich eine Ausstellung von Barbara Siebecks Polaroids im schönen Blankenhorn-Palais in Müllheim im Markgräflerland. Ganz zum Schluss, drei Monate vor Wolfram Siebecks Tod, gab es auf seiner gelben Burg hoch über dem Rheintal dann noch einen Gugelhupf vom Café Burger in Lahr – und dazu einen erstklassigen Saar-Kabinett.

In David Humes »Of the Standard of Taste« steht der wunderbare Satz: »Klarer Verstand mit feinem Gefühl verbunden, durch Übung verbessert, durch Vergleiche vervollkommnet und von allen Vorurteilen befreit – all dies erst verleiht den Worten der Kritiker Gewicht.« Das hätte zwei Jahrhunderte später auch Siebeck schreiben können. Der Einwand, dass es bei ihm mit den Vorurteilen so eine Sache sei, hätte ihn nicht groß gestört. Der Hinweis auf seine öfters hemmungslos widersprüchlichen, ab und an von keiner größeren Sachkenntnis getrübten Postulate ebenfalls nicht. Wie er überhaupt kaum aus der Ruhe zu bringen war. Er liebte und lebte sein Leben in heiterer Gelassenheit. Er war ein Liberaler, obwohl er das angesichts der doppelten Bedeutung des Wortes sicher nicht gern gehört hätte.

Siebeck nahm wenig wirklich ernst oder gar wirklich schwer. Den Witz da zu verstecken, wo ihn der Zensor – und mancher Leser – nicht findet, war ihm eine beständige Freude. Wenn es um die Kunst des vergnügten Lebensgenusses geht und um die richtigen Prioritäten im Alltag, lässt sich viel von ihm lernen. Wenn es um Fragen des Stils geht, um Lässigkeit und Disziplin, ebenfalls.

Bert Gamerschlag, einer der an einer Hand abzuzählenden Autoren in diesem Land, die ähnlich gut über Essen und Trinken schrieben und schreiben wie Wolfram Siebeck, erinnert in seinem Nachruf an die goldgerahmte Mahnung vis-a-vis von Billy Wilders Hollywood-Schreibtisch – »How would Lubitsch do it?« Und hält für alle Zeiten fest: »Wer immer über Küche schreibt, sollte sich fordernd fragen: Wie würde Siebeck es anpacken?«

Dem ist nichts hinzuzufügen.

26.
Bibliographie

Lady Chatterleys Füße. Eine Monographie des Fußes. Köln: DuMont Schauberg, 1961.
Gewusst wie und sechsundvierzig andere Satiren. Zürich: Diogenes, 1970.
Klappe zu, Affe tot. München: Nymphenburger, 1973.
Wolfram Siebecks Kochschule für Anspruchsvolle. München: Nymphenburger, 1976.
Kulinarische Notizen. München: Nymphenburger, 1980.
Kochen bis aufs Messer. Ein Seminar. München: Nymphenburger, 1982.
Sonntag in deutschen Töpfen. München: Nymphenburger, 1982.
Aller Anfang ist leicht. Ein Kochseminar. Hamburg: Hoffmann und Campe, 1983.
Eine Prise Süden. Das neue Kochseminar. München: Heyne, 1984.
Liebe auf den ersten Biss. München: Heyne, 1985.
Nicht nur Kraut & Rüben. München: Heyne, 1985.
Vorsicht, bissiger Hummer! München: Heyne, 1986.
Wenn Madame den Deckel hebt. München: Heyne, 1986.
Frisch gewürzt ist halb gewonnen. München: Heyne, 1987.
Das leckere Dutzend. München: Heyne, 1989.
Die Feinschmecker-Kochschule. München: Heyne, 1989.
Die Weinstuben des Elsass. München: Heyne, 1991.
Das Haar in der Suppe hab' ich nicht bestellt. Frankfurt am Main: Eichborn, 1992.

Über Wein. Frankfurt am Main: Eichborn, 1992.
Die schönsten Bistros von Paris. München: Heyne, 1993.
Die Rosine im Kuchen. Frankfurt am Main: Eichborn, 1994.
Die Beisln von Wien. München: Heyne, 1995.
Meine Sommermenüs. Frankfurt am Main: Eichborn, 1995.
Die Kaffeehäuser von Wien. München: Heyne, 1996.
Ich kochte das Dinner for one. Frankfurt am Main: Fischer, 1998.
Mit Wolfram Siebeck in Paris. Lahr: Schauenburg, 1998.
Mit Wolfram Siebeck in der Provence und an der Côte d'Azur. Lahr: Schauenburg, 1999.
Mit Wolfram Siebeck in Wien. Lahr: Schauenburg, 1999.
Alle meine Rezepte. Pöcking: Eurocultour, 2002.
Berlin – die Gastronomie. Nürnberg: Burgschmiet, 2002.
Frau Hoffmanns Erzählungen. Frankfurt am Main: Schöffling, 2003.
Frau Hoffmanns neue Erzählungen. Frankfurt am Main: Schöffling, 2006.
Die Deutschen und ihre Küche. Berlin: Rowohlt, 2007.
Siebecks Seitenhiebe. München: Gräfe und Unzer, 2008.
Das Kochbuch der verpönten Küche. Heidelberg: Edition Braus, 2008.
Siebecks Küchenknigge. Heidelberg: Edition Braus, 2010.
Wolfram Siebeck isst unterwegs. St. Pölten/Salzburg: Residenz, 2011.
Kulinarische Skizzen. München: ZS, 2016.

© Jennifer Weyland

ZUM AUTOR

Dr. Christoph Wirtz schreibt seit über 20 Jahren über sämtliche Facetten der Genusskultur, veröffentlichte seine Texte als Autor, Kolumnist und ehemaliger Chefredakteur des Gault&Millau u. a. regelmäßig in der Welt am Sonntag, dem Stern oder dem Magazin Der Feinschmecker. Vermutlich wäre es ohne eine frühe Begegnung mit Wolfram Siebecks Büchern nie dazu gekommen.

IMPRESSUM

Projektleitung: *Tom Mathony*
Text: *Dr. Christoph Wirtz*
Lektorat: *Boris Hohmeyer*
Covergestaltung: *Katharina Fesl*
Coverillustration: André Laame
Satz: *Uhl + Massopust, Aalen*
Herstellung: *Frank Jansen*
Producing: *Jan Russok*
Druck & Bindung: *Westermann Druck, Zwickau*

1. Auflage 2026

Neumühlen 17, 22763 Hamburg
ISBN: 9783965845589
Redaktionsanschrift:
ZS, Edel Verlagsgruppe GmbH,
Kaiserstraße 14b, 80801 München
www.zsverlag.de/kontakt
www.edelverlagsgruppe.de/kontakt

LIEBE LESERINNEN, LIEBE LESER

wie schön, dass Sie ein Buch von ZS in den Händen halten. „Jetzt leben!" ist das Motto unseres Verlages. Es steht für Inspiration und Genuss, Unterstützung und Motivation. Ob Gesellschaft und Politik oder Gesundheit und Kulinarik bieten wir inspirierende Sachbücher, die aktuelle Themen weiter denken. Unsere Autorinnen und Autoren sind Menschen, die zu ihrem Thema wirklich etwas zu sagen und zu schreiben haben.

UNSER VERLAGSHAUS

Mit Standorten in Hamburg und München zählt die Edel Verlagsgruppe zu den größten unabhängigen Buchanbietern Deutschlands. Zur Gruppe gehören die Verlage Dr. Oetker Verlag, Edel Sports, JUMBO, KARIBU und ZS.

ZS - Ein Verlag der Edel Verlagsgruppe
www.zsverlag.de
www.facebook.com/zsverlag
www.instagram.com/zsverlag

Mit freundlicher Unterstützung der

ccdl foundation
Christian C.D. Ludwig - Foundation
www.ccdl.foundation

BILDNACHWEIS

Uwe Aufderheide: Vorlage Coverillustration; © Shawn McBride | Will McBride Archive: S. 66; © Deutsche Fotothek / Barbara Siebeck: S. 86, 87, 94, 138, 193 (2), 265, 269, 277, 279, 281, 285; Nachlass Siebeck, Wolfram (1928-2016): S. 14, 16 (2), 19, 27 (2), 38, 40 (2), 44 (2), 45, 49, 68, 73, 101, 110, 135, 137, 144, 146, 152, 173, 198, 202, 214, 219, 227, 256, 257, 264; Tantris / Sigrid Neubert: S. 79.